广东省化妆品工程技术研究中心资助项目
广东省化妆品专业示范基地资助项目
广东省省级实验教学示范中心资助项目

全国高等院校化妆品专业系列教材

化妆品安全性评价实验

主　　编　赵　平
副主编　卢秀霞　徐　畅
编　　者　（按姓氏笔画排序）
王　艳　卢秀霞　冯承恩
宋凤兰　赵　平　徐　畅

科学出版社
北京

内 容 简 介

本书为高等院校化妆品安全性评价实验教材。全书共七章，包括对化妆品中重金属杂质、禁限用物质、准用物质的检测，微生物安全性评价，毒理性实验和人体化妆品安全性评价检验方法等。本书紧密结合化妆品生产实际，取材广泛，内容新颖全面，在实验技术和内容上进行了认真筛选，参考了最新的化妆品检验标准，对化妆品禁限用物质、毒理安全性的检测、操作要点等作了重点阐述，力求满足实用型创新人才培养的需要。

本书可作为高等院校应用化学、精细化工、生物化工、制药工程等与化妆品研发和生产相关本科专业及化妆品科学与技术专业研究生教学的实验教材，也可为从事化妆品及原料生产、检验及监管等工作的技术人员及应用研究的科技人员提供参考。

图书在版编目（CIP）数据

化妆品安全性评价实验 / 赵平主编. —北京 ：科学出版社，2018.6

全国高等院校化妆品专业系列教材

ISBN 978-7-03-057947-8

Ⅰ. ①化… Ⅱ. ①赵… Ⅲ. ①化妆品–安全评价–实验–高等学校–教材 Ⅳ. ①TQ658-33

中国版本图书馆 CIP 数据核字(2018)第 131230 号

责任编辑：王 超 胡治国 / 责任校对：郭瑞芝

责任印制：赵 博 / 封面设计：陈 敬

科学出版社出版

北京东黄城根北街 16 号

邮政编码：100717

http://www.sciencep.com

北京科印技术咨询服务有限公司数码印刷分部印刷

科学出版社发行 各地新华书店经销

*

2018 年 6 月第 一 版 开本：787×1092 1/16

2025 年 3 月第三次印刷 印张：12

字数：285 000

定价：49.80 元

（如有印装质量问题，我社负责调换）

丛书前言

化妆品产业是美丽经济和时尚事业，解决的是清洁、干燥、瑕疵、皱纹等问题，近三十年在我国得到了迅猛发展，取得了前所未有的成就。由于受收入水平提升带来的消费层次升级、消费习惯改变等因素的影响，我国化妆品产业将在未来一段时间继续保持稳定增长态势，产业发展空间巨大。我国化妆品市场中，外资名牌产品占据重要地位，而民族企业因为人才、技术及资金等因素的制约，难以在品牌策划、产品开发和质量保障等诸多方面与跨国企业相抗衡，尤其是在原料开发、新剂型创新等基础研究方面比较薄弱，仍处于初级阶段。对于培养化妆品人才的高等教育来说，目前只有少数几个高校在应用化学、轻化工程或生物学专业中开设化妆品方向，相关的课程体系还需要尽快建立和完善。

为适应全国高等院校化妆品专业人才培养的需要，创建一套符合我国化妆品专业培养目标和化妆品学科发展要求的专业系列教材，以教学创新为指导思想，以教材建设带动学科建设为方针，广东省化妆品工程技术研究中心设立化妆品专业教材专项资助资金，组织成立“全国高等院校化妆品专业系列教材”编审委员会，根据化妆品学科对化妆品技术人才素质与能力的需求，充分吸取国内外化妆品教材的优点，组织编写了这套化妆品专业系列教材——“全国高等院校化妆品专业系列教材”，这对于推动我国高等院校化妆品专业发展与人才培养具有重要的意义。

本系列教材涵盖专业基础课、专业核心课、专业选修课、实践环节课和专业综合训练课，重点突出化妆品专业基础理论、前沿技术和应用成果，包括中药化妆品学、生物化妆品学等理论课教材，以及香料香精实验、表面活性剂实验、化妆品功效评价实验、化妆品安全性评价实验、化妆品质量分析检测实验、化妆品配方与工艺学实验等实验指导书，力求做到符合化妆品专业培养目标、反映化妆品学科方向、满足化妆品专业教学需要，努力创造具有适用性、系统性、先进性和创新性的特色精品教材。

本系列教材主要面向本科生、研究生，以及相关领域的科学工作者和工程技术人员。我们希望本系列教材既能为在校大学生和研究生的学习提供内容先进、论述系统的教材，又能为从事化妆品研究开发的广大科学工作者和工程技术人员的知识更新与继续学习提供合适的参考资料。

值此“全国高等院校化妆品专业系列教材”陆续出版之际，谨向参与本系列教材规划、组织、编写的教师和科技人员，向提供帮助的从事化妆品高等教育的教师，向给予支持的科学出版社，致以诚挚的谢意，并希望本系列教材在全国高等院校化妆品专业人才培养中发挥应有的作用。

申东升

2017年2月

前　言

化妆品的使用在我国具有悠久的历史，以往为奢侈品的代名词。随着我国城镇化率的提升、人口结构的变化、收入水平的提高，国民生活逐渐步入精致消费阶段，“旧时王谢堂前燕，飞入寻常百姓家”，化妆品现在已被归为人们继住房、汽车、旅游之后的第四大消费热点，被誉为美丽经济，时尚事业。我国的化妆品市场近三十年来强势崛起，已经成为全球第二大化妆品市场。未来随着市场需求潜力不断释放，依托我国庞大的人口基数，化妆品产业具有巨大的成长空间。然而，伴随着化妆品行业的繁荣和化妆品使用的日益广泛，化妆品的安全问题也日益受到消费者的密切关注。作为与人民群众生活息息相关的健康产品，国家加大了对化妆品安全的监管力度，从研发、生产、流通等各个环节制定了一系列法规，保障化妆品行业的健康发展，保护消费者的合法权益。化妆品安全性评价的任务就是利用化妆品检验技术及检测和评价方法，对化妆品理化性状、稳定性、微生物污染状况、禁限用物质及含量、化妆品毒性和人体安全性进行检测与评价。化妆品安全性评价的目的在于确保化妆品的质量与安全，预防不安全的化妆品造成的伤害，保障人群健康，提供科学依据。

本书为全国高等院校化妆品专业系列教材，由“全国高等院校化妆品专业系列教材”编审委员会组织编写，教材内容注重突出基本理论、基本知识和基本技能。

全书共七章。第一章为化妆品安全性评价的概述，介绍化妆品安全性评价的背景和方法；第二章介绍化妆品中重金属杂质的几种代表性检测方法；第三章和第四章分别为化妆品中禁限用物质和准用物质的检测方法；第五章为化妆品中微生物检测的基础知识，主要介绍了化妆品中微生物检测的手段和方法；第六章和第七章分别为化妆品的毒理安全性和人体安全性评价。实验章节的每一个实验都列出了实验目的、实验原理、仪器与试剂、操作步骤、实验注意事项、思考题六个部分。

本书取材广泛，内容新颖全面，共安排了 60 个实验，在实验技术和内容上进行了认真筛选，参考了最新的化妆品技术规范，对化妆品及其原料的禁限用物质的检测、毒理及人体安全性评价的操作要点、仪器设备的使用作了重点阐述，力求启迪学生思路、拓宽视野、满足创新型人才培养的需要。

本书可作为高等院校应用化学、精细化工、生物化工、制药工程等与化妆品研发和生产相关本科专业及化妆品科学与技术专业研究生教学的实验教材，也可供从事化妆品及原料生产、检验及监管等工作的技术人员，以及应用研究的科技人员参考。

本书由赵平主编，卢秀霞、徐畅为副主编。第一章由赵平编写，第二章由徐畅编写，第三章由宋凤兰编写，第四章由卢秀霞编写，第五章由王艳编写，第六章和第七章由冯承恩编写。全书由赵平统稿，卢秀霞、徐畅审稿并校对。除书末列出的参考文献以外，还参阅和引用了国内外大量文献资料，在此谨向所有作者致以真诚的谢意。

科学技术发展日新月异，各类新型化妆品层出不穷，安全性评价的内容和方法时有更新，限于编者水平，存在不足之处在所难免，恳请读者不吝指正。

赵　平

2017 年 7 月

目　　录

第一章

化妆品安全性评价概述

第一节　化妆品安全性的基本知识

1. 化妆品的定义与分类　化妆品属于日用化学品，是以涂抹、喷洒或其他类似的方法施于人体表面任何部位，以达到清洁、消除不良气味、护肤、美容和修饰目的的产品。

按照中华人民共和国国家标准（GB/T18670-2017），化妆品也可分为护理类化妆品、清洁类化妆品及美容修饰类化妆品。护理类化妆品是对人体表面起保养作用的化妆品，清洁类化妆品是对人体表面起清洁卫生作用或消除不良气味的化妆品，而美容修饰类化妆品是施于人体表面，起到美容修饰、增加人体魅力作用的化妆品。

化妆品也可统分为普通用途化妆品和特殊用途化妆品两大类。普通用途化妆品包括发用类、护肤类、彩妆类、指甲类、芳香类，特殊用途化妆品分为育发、染发、烫发、脱毛、美乳、健美、除臭、祛斑美白、防晒共九类产品。依据我国《化妆品卫生监督条例》，生产特殊用途的化妆品，必须经国务院卫生行政部门批准，取得批准文号后方可生产。

2. 化妆品的特性　各类化妆品既有个性又有共性，它们共有的特性主要在于高度的安全性、良好的使用性、一定的功效性及相对的稳定性等几个方面。

（1）高度的安全性：化妆品是与人类密切接触的日常生活必需品，使用频率和频次很高，部分成分可以透过皮肤或黏膜进入血液中，所以化妆品比外用医药品对人体的影响更为深远。化妆品的安全性是指化妆品对施用部位不可产生明显刺激或致敏，且必须没有感染性。化妆品是由多种成分组成的，其各组分的安全性在很大程度上决定了最终产品的安全性，特别对一种新化妆品添加成分，必须经过安全性评价认定后方可使用。

（2）良好的使用性：化妆品的使用性是指在使用过程中的感觉，如“润滑”“黏性”“弹性”“发泡性”等。由于不同消费者对化妆品产品的使用目的和感觉要求也不尽相同，因此，不同年龄、不同肤质的消费者应在不同季节选择适合自己、感觉舒适的化妆品。

（3）一定的功效性：化妆品的功效性是指产品的功能和使用效果。现代化妆品集洁肤、护肤、养肤、美肤于一身，特别是各种强化功效的化妆品均有特定的功能要求。功效化妆品是根据皮肤组织的生理需要和病理的改变，选择添加具有相应功效的物质，使产品兼具美容效果和保健作用。

（4）相对的稳定性：化妆品的稳定性是指在其储存、使用过程中，即使在炎热和寒冷的环境中，化妆品也能在一段时间内保持原有的性质，其香气、颜色、形态均无变化。由于化妆品大都属于胶体分散系，该体系始终存在着分散与聚结相互对峙的倾向，尽管体系存在乳化稳定剂，但其实化妆品本质上是热力学不稳定系统——胶体系统，获得的只是暂时的稳定，所以化妆品的稳定性是相对的，对一般化妆品来说，要求其具有2～3年的稳定期限即可，而不是也不可能是永久稳定的。

3. 不安全化妆品对人体造成的损害 高度的安全性是化妆品最重要的特性也是最基本要求。影响化妆品安全性的因素多种多样。化妆品安全风险存在于研发、生产、流通及使用等各个环节。原料质量差、原料处理不当、产品配方变更、产品工艺变更、清洁不当、操作不当、交叉污染及其他人为因素等，都有可能影响到化妆品的安全性，导致化妆品安全事故的发生。

不安全化妆品给人体造成的损害最常见的是皮肤病。根据国家发布的《化妆品皮肤病诊断标准及处理原则》，常见的化妆品皮肤病主要有以下 6 种。

（1）化妆品接触性皮炎：指接触化妆品而引起的变应性接触性皮炎和刺激性接触性皮炎。这是化妆品皮肤病最多见的类型，多发生在面部、颈部。一般来说，使用频率较高的普通护肤品常常引起变应性接触性皮炎；而诸如除臭、祛斑、脱毛类等特殊用途化妆品，则常在接触部位引起刺激性接触性皮炎。

（2）化妆品光感性皮炎：指使用化妆品后，又经过光照而引起的皮肤炎症性改变，是化妆品中的光感物质引起皮肤黏膜的光毒性反应或光变态反应。化妆品中的光感物质可见于防腐剂、染料、香料及唇膏中的荧光物质等成分中，防晒化妆品中的遮光剂，如氨基苯甲酸及其脂类化合物，也有可能引起光感性皮炎。

（3）化妆品皮肤色素异常：指接触化妆品的局部或其邻近部位发生的慢性色素异常改变，如色素沉着和色素脱失。其中，以色素沉着较为多见，多发生于面颈部，可以单独发生，也可以和皮肤炎症同时存在，或者发生在接触性皮炎、光感性皮炎之后。

（4）化妆品痤疮：指由化妆品引起的面部痤疮样皮疹，大多是由于化妆品对毛囊口的机械性堵塞引起，如不恰当地使用粉底霜、遮瑕霜、磨砂膏等产品，可能会引起黑头、粉刺或加重已存在的痤疮，也可能造成毛囊炎症。

（5）化妆品毛发损伤：指应用化妆品后引起的毛发损伤。化妆品毛发损伤机制多为物理及化学性损伤，可以是化妆品的直接损伤，也可能是化妆品中某些成分对毛发本身和毛囊的正常结构及功能的破坏。临床上可表现为发质的改变，发丝的断裂、分叉和脱色、质地变脆、失去光泽等，也可以发生不同程度的脱发。

（6）化妆品指甲损伤：指使用指甲化妆品所导致的指甲本身及指甲周围组织的病变。指甲化妆品包含修护用品（如表皮去除剂、磨光剂等）、涂彩用品（指甲油）和卸除用品（洗甲水）三大类，这些化妆品中多含有有机溶剂、合成树脂、有机染料、色素，以及某些限用化合物如丙酮、氢氧化钾、硝化纤维等，它们多数都有一定的毒性，对指甲和皮肤有刺激性，甚至导致过敏。

此外，不安全化妆品甚至会导致全身毒性反应，即由化妆品的全部或部分成分经皮穿透引起，在一个或多个靶器官出现生物蓄积，随时间的推移发生可逆或不可逆的损伤。

需要指出的是，合格的化妆品也会引起对人体的损害，如皮肤过敏等，化妆品中的某些化学成分对个别人体会产生异常的损害，这有别于不合格的、非法的或劣质的化妆品对人体所产生的必然损害，两者不能混为一谈。化妆品不良反应是指合格的化妆品在正常和合理的用法用量下所产生的意外或与效果相反的损害。

4. 影响化妆品安全性的主要因素 包括：①化妆品原料的安全性；②制备过程——工艺设备、工艺操作；③环境；④包装材料。化妆品的安全性，首先与原材料密切相关。我国有关化妆品安全的恶性事件时有发生，很多是源自化妆品原料的安全风险。保证化妆品的安全性首先应确定使用的原材料必须对人体无害；其次产品经长期使用不得对皮肤有刺激、使皮肤过敏或使皮肤色素加深等，更不允许有致毒性和致癌等作用。化妆品制备过程和环境决定于企业自身的管理，正规化妆品厂一般均通过卫生许可证、生产许可证验收，具有水处理装置、均质乳化器、净化包装车间，有质量管理体系，遵守工艺规程，所以在生产系统发生产品安全问题较少。

5. 化妆品安全风险　化妆品安全评价是建立在风险评估基础上的。化妆品安全性风险评估活动，需要根据化学的、物理的数据及流行病学、动物实验、体外实验、结构-活性关系等科学数据和文献信息，确定人体暴露于某种风险后是否对健康造成不良影响、造成不良影响的可能性，以及可能处于风险之中的人群和范围。化妆品安全性风险评估活动是一个复杂而持久的过程，是未来保证化妆品安全的重要途径之一。

化妆品安全风险构成要素包括风险事件、风险损失。化妆品的安全风险事件，包括中毒、感染、免疫变态反应、致癌、致畸、致突变等，也包括接触过敏性皮炎、变态反应或光毒反应、皮肤色素改变、皮肤黏膜慢性中毒或阻塞毛孔产生痤疮等。化妆品风险损失不仅包括化妆品成品的不良反应，还包括化妆品原料、化妆品包装材料和相关产品，以及化妆品生产、储运、销售和使用等过程中造成的人身伤害损失、经济损失。

6. 我国化妆品安全性现状　化妆品带给人们健康和美丽的同时，也暗藏"杀机"。目前我国市场上绝大多数的化妆品都是由不同的化学物质调配而成的日用化工产品。化工产品内的化学成分，除了具有某种改善功效外，也存在影响人体健康的安全隐患。这种双重性质，使化妆品成为一把"双刃剑"：日常生活中，各类化妆品的不同功效得到了广大消费者的认同，使其逐渐发展成为人们生活的必需品；与此同时，化妆品由于其配方的化学成分复杂，故潜在的安全风险存在于原料、配方、工艺过程、储存、包装及其兼容性和污染等产品相关的各个方面。在使用时，有可能会引起皮肤和眼睛等接触部位的刺激性、腐蚀性等一系列毒副效应。加强产品备案、评审中的毒理学检验、进行化妆品毒理安全性评价对保证产品的安全性是非常必要的。

近年来，在化妆品行业如火如荼的发展中，市场中不乏一些不法生产者，他们为降低成本、增加利润在原料使用时以次充优来牟取利益，或为使化妆品达到某种特殊功效而故意使用劣质原料或添加禁用成分，这样的问题不胜列举。因使用化妆品而影响和损害消费者身体健康的公共卫生事件更是层出不穷。与此同时，我国化妆品行业准入门槛较低，大多数化妆品生产企业技术含量不高，庞大的市场和源源不断的需求，吸引着大量中小企业的不断加入，造成化妆品行业泛滥、化妆品质量低下、行业监管滞后匮乏的局面。

此外，目前，新的化妆品资源得到不断开发：基因工程原料如白介素、寡核苷酸等用于美白防皱；海洋原料如甲壳素/壳聚糖用于保湿防皱；微生物原料如从啤酒酵母中提取以葡聚糖为主的美容复合体 UnigucanG-51 等。基因工程技术、纳米技术、太空工程技术、天然植物萃取技术等高科技手段也不断兴起，然而随着科学技术进步造福生活的同时，化妆品的研发和新技术的应用又引发一些负面效应：一些追求效益的企业，在化妆品研发和应用上，虽引入了一系列高科技手段，但是这些新技术如果未经过安全性能评估工作，投入市场后就会给消费者的身体健康、安全方面带来潜在的隐患和威胁，因此评价新开发出的化妆品原料与技术的安全性问题是很必要的。

7. 我国目前的化妆品监管体系　随着我国经济水平的快速提升和人民群众生活质量的日益提高，化妆品行业的发展日新月异，行业规模与产品的数量和质量都有了很大的变化。作为与人民群众生活息息相关的健康产品，国家对化妆品从研发、生产、流通等全环节都制定了一系列法规，以保障化妆品安全。

目前的化妆品监督管理法规体系主要包括法规、部门规章、规范性文件和技术标准等部分。

（1）法规：卫生部在1989年9月26日批准制定了《化妆品卫生监督条例》，1990年1月1日起实施。该条例分六章共35条，在化妆品生产的卫生监督、化妆品经营的卫生监督、化妆品卫生监督机构与职责等方面都制定了严格的要求，而且在罚则一章中明确了对化妆品各种违规生产、销售行为按照情节轻重进行处罚。

（2）部门规章：我国卫生行政管理部门以《化妆品卫生监督条例》为核心，制定了一系列部门规章对化妆品进行监管，主要有《化妆品卫生监督条例实施细则》（1991年3月27日卫生部令第13号）。其他相关政府部门根据自身职能要求出台部门规章，如《进出口化妆品检验检疫监督管理办法》（国家质量监督检验检疫总局令第143号）、《化妆品标识管理规定》（2007年7月24日国家质量监督检验检疫总局令第100号）等。

（3）规范性文件：我国化妆品规范性文件主要有《化妆品安全技术规范》（2015年版）、《关于印发化妆品行政许可申报受理规定的通知》（国食药监许〔2009〕856 号）、《关于印发化妆品命名规定和命名指南的通知》（国食药监许〔2010〕72 号）、《关于印发化妆品行政许可检验管理办法的通知》（国食药监许〔2010〕82 号）、《关于印发化妆品生产经营日常监督现场检查工作指南的通知》（国食药监许〔2010〕89 号）、《关于印发化妆品技术审评要点和化妆品技术审评指南的通知》（国食药监许〔2010〕393号）、《关于印发国际化妆品原料标准中文名称目录（2010年版）的通知》（国食药监许〔2010〕479号）、《关于印发国产非特殊用途化妆品备案管理办法的通知》（国食药监许〔2011〕181号）、《关于印发化妆品新原料申报与审评指南的通知》（国食药监许〔2011〕207号）、《关于加快推进保健食品化妆品安全风险控制体系建设的指导意见》（国食药监许〔2011〕132号）等。

（4）技术标准：我国化妆品技术标准可分为通用基础标准、卫生标准、方法标准、产品标准和原料标准几大类。

1）通用基础标准：如《消费品使用说明　化妆品通用标签》（GB 5296.3）、《化妆品分类》（GB/T 18670）、《限制商品过度包装要求　食品和化妆品》（GB 23350）、《化妆品检验规则》（QB/T 1684）、《化妆品产品包装外观要求》（QB/T 1685）等。

2）卫生标准：如《化妆品卫生标准》（GB 7916）、《化妆品安全性评价程序和方法》（GB 7919）、《化妆品皮肤病诊断标准及处理原则》系列标准（GB 17149）等。

3）方法标准：如《化妆品卫生化学标准检验方法》系列标准（GB/T 7917）、《化妆品微生物标准检验方法》系列标准（GB 7918）、《化妆品通用检验方法》系列标准（GB/T 13531）、《化妆品皮肤病诊断标准及处理原则总则》（GB 17149.1）、《化妆品中四十一种糖皮质激素的测定–液相色谱/串联质谱法和薄层层析法》（GB/T 24800.2）、《化妆品中十九种香料的测定–气相色谱-质谱法》（GB/T 24800.10）等。

4）产品标准：如《化妆水》（QB/ T 2660）、《香水、古龙水》（QB/T 1858）、《香粉（蜜粉）》（GB/T 29991）、《洗面奶（膏）》（QB/T 1645）、《润肤膏霜》（QB/T 1857）、《化妆粉块》（QB/T 1976）、《发油》（QB/T 1862）、《洗发液、洗发膏》（GB/T 29679）、《护发素》（QB/T 1975）、《定型发胶》（QB 1644）、《发用摩丝》（QB 1643）、《染发剂》（QB/T 1978）、《发乳》（QB/T 2284）、《烫发剂》（GB/T 29678）、《发用啫喱（水）》（QB/T 2873）、《唇膏》（QB/T 1977）、《润唇膏》（GB/T 26513）、《沐浴剂》（QB 1994）、《指甲油》（QB/T 2287）、《洗手液》（QB 2654）、《浴盐》（QB/T 2744）、《护肤啫喱》（QB/T 2874）、《面膜》（QB/T 2872）等。

5）原料标准：如《化妆品用芦荟汁、粉》（QB/T 2488）。

第二节　化妆品安全性评价的内容及方法

为了保障化妆品的使用安全性，防止化妆品对人体产生近期和远期的危害，除对化妆品的质量按国家标准进行管理、监督外，还需要对其进行安全性评价。化妆品安全性评价是通过体外试验、动物试验和人体试用试验，来评估某一化妆品原料或产品是否具有毒性或者潜在的危害。一般地，化妆品安全性评价主要包括化妆品理化安全性评价，微生物安全性评价，重金属杂质的检验，禁用组分和限用组分的检测，准用组分防腐剂、防晒剂、着色剂和染发剂的检测，化妆品毒理安全性及人体安全性评价，包装材料的安全性评价等内容。

目前，《化妆品安全技术规范》（2015 年版）规定了 1388 项禁用物质、47 项限用物质、51 项准用防腐剂、27 项准用防晒剂、157 项准用着色剂和 75 项准用染发剂。由于物质繁杂，配方组成的复杂，虽然国家食品药品监督管理总局组织相关检测机构不断努力，但能够涵盖上述物质的检测方法尚不足 30%。我国现有的化妆品标准检测方法的数量与规范中提及的物质的数量具有较大的差距。

一、化妆品中重金属杂质的检验

1. 化妆品中重金属杂质的来源与危害　化妆品中含有许多金属元素，如铜、铁、硅、硒、碘、铬和锗等。其中部分元素可与蛋白质、氨基酸或核糖核酸形成络合物，具有生物可利用性，可以使产品获得一定的特性，更易被皮肤、头发和指甲吸收和利用。而在实际生产过程中，除了化妆品配方中需添加的金属化合物外，原料中残留的重金属及不法生产厂家为提升化妆品功效而有意添加的铅、汞等重金属也会存在于化妆品中；同时，在化妆品的相关包装中，往往通过添加一些金属元素实现包材的多样化，如添加铅可增加包材玻璃的折光，添加 Cu_2O（红色）、CuO（蓝绿色）、CdO（浅黄色）及 Co_2O_3（蓝色）等增添包材的颜色等。但是，在包材中添加这些金属元素的同时，也增加了这些金属物质迁移进入化妆品的风险。

化妆品中重金属的毒性不容小觑。对化妆品造成污染最常见的金属元素有铅、汞、砷、锑、镉、镍等，其中以汞和铅较为常见。

（1）汞及其化合物的毒性：汞及其化合物为化妆品成分中禁用的化学物质，但常被一些不正规的小型化妆品作坊添加到增白、美白和祛斑的产品中。如果长期接触这类产品，汞及其化合物可能穿过皮肤的屏障进入机体所有的器官和组织，从而破坏酶系统的活性，使蛋白质凝固，组织坏死，导致中枢神经系统受损，对身体造成伤害，尤其是对肾脏、肝脏和脾脏的伤害最大，无机汞会损害肾的过滤功能。中毒者产生易疲劳、乏力、嗜睡、淡漠、情绪不稳、头痛、头晕、震颤等症状，同时还会伴有血红蛋白含量及红细胞、白细胞数降低，肝脏受损等，此外还有末梢感觉减退、视野向心性缩小、听力障碍及共济性运动失调等。

（2）铅及其化合物的毒性：铅及其化合物通过皮肤吸收，容易在机体中累积而造成损伤肠胃、毒害肾脏、损害神经、致不孕不育等危害效应，危害人体健康，特别会影响到造血系统、神经系统、肾脏、胃肠道、生殖系统、心血管、免疫与内分泌系统等。对于孕妇，还有可能影响胎儿的健康。

（3）砷及其化合物：长期使用含砷高的化妆品可引起皮炎、色素沉积等皮肤病，最终可能会导致皮肤癌。砷及其化合物中毒主要表现为末梢神经炎症，如四肢疼痛、行走困难、肌肉萎缩、头发变脆易脱落，皮肤色素高度沉着，进而有可能导致皮肤发生癌变。

（4）镉及其化合物的毒性：化妆品中常用的锌化合物，其原料闪锌矿常含有镉。金属镉的毒性很小，但镉化合物有剧毒，尤其是镉的氧化物。镉及其化合物主要对心脏、肝脏、肾脏、骨骼肌及骨组织有损害，还有可能诱发高血压、心脏扩张、早产儿死亡和肺癌等。

汞、铅、砷等重金属是化妆品中的必检物质，我国《化妆品安全技术规范》（2015年版）及欧盟各国、美国、日本等国家相关规范都对其制定了相关的限量标准，如表 1-1 所示。

表 1-1　不同国家化妆品中重金属的限量标准（mg/kg）

重金属	欧盟	中国	美国	日本	其他国家
铅	≤10	≤40	≤20	≤20	≤40
汞	≤1	≤1	≤1	不得检出	≤1
砷	≤2	≤10	≤3	≤2	≤10
锑	≤10	—	—	—	—

注：—表示无此类别数据

2. 化妆品中重金属杂质的检验方法　主要有原子吸收光谱法、原子荧光光谱法、电感耦合等离子体质谱法等。

（1）原子吸收光谱法：现已成为无机元素定量分析应用最广泛的一种分析方法，在化妆品分析中常用来检测重金属元素。《化妆品安全技术规范》（2015 年版）用冷原子吸收法测定汞，火焰原子吸收分光光度法测定铅、镉。

（2）原子荧光光谱法：是以原子在发射能激发下发射的荧光强度进行定量分析的发射光谱分析法，是一种优良的痕量分析技术。原子荧光光谱分析的重点是氢化物发生-原子荧光光谱法（HG-AFS）分析的联用，该法具有灵敏度高、检出限低、基体干扰小、线性范围宽和操作简便等优点，广泛应用于砷、锑等能发生氢化物元素的检测。《化妆品安全技术规范》（2015 年版）用氢化物发生-原子荧光光谱法测定化妆品中的汞和砷。

（3）电感耦合等离子体质谱法：与传统无机分析技术相比，电感耦合等离子体质谱法（ICP-MS）具有检出限低、线性范围宽、分析速度快、干扰少等优点，常用于化妆品中极低浓度重金属元素的测定。

（4）电感耦合等离子体原子发射光谱法（ICP-AES）：具有测定元素范围广，线性分析范围宽，对大多数元素都有良好的检出限，分析精密度高，干扰较少，多元素测定能力强等特点，能够满足日常化妆品样品检测工作的要求，在化妆品中重金属多元素分析中得到应用。

（5）其他检测方法：其他可用于化妆品安全性分析的检测方法还有红外光谱法（IR），它是鉴别化合物及确定物质分子结构常用的手段之一；磁共振波谱法（NMR），主要用于分子结构的测定和认证；超高效液相色谱法（UPLC），较高效液相色谱法（high performance liquid chromatography，HPLC）的检测速度更快、检出限更低且污染少，与质谱联用时，超高效液相色谱法的低流量减少了质谱仪负荷，使得质谱仪的真空度提高，峰宽降低，峰容量增加，减少了质谱和串联质谱中的峰重叠，加快了质谱的数据捕捉扫描速度；毛细管电泳（CE）是近年来发展起来的与液相色谱不同的一种分离技术，由于其分辨率高、进样体积小、分析时间短、溶剂消耗低和操作成本低等优点，被普遍认为是一种功能强大的分离技术，但是其缺点是最常用的检测方法紫外可见光谱法（UV）检出限较高，如果想用毛细管电泳-紫外可见光谱法来检测痕量物质则需要配合一种合适的样品前处理方法。

二、化妆品中微生物检测

1. 化妆品中微生物污染的来源和危害　化妆品中的微生物污染是除固有成分以外，影响其安全性的另一个主要因素。一般可将化妆品在生产过程中的污染称为一级污染，在使用过程中受到的污染称为二级污染。一级污染的微生物可源于原料本身，也可在生产过程中被污染。二级污染是化妆品启封后，使用或存放过程中发生的污染，包括手部接触化妆品后将微生物带入，空气中的微生物落入而被污染。

化妆品的一级污染主要来自化妆品的原料。化妆品原料中的油脂、蛋白质、淀粉、维生素、水分等营养性基体为微生物的生长和繁殖提供了丰富的物质条件和良好的营养环境。化妆品虽然可以通过添加防腐剂来防止微生物污染变质，但是在生产和使用过程中依然很容易受到微生物污染。化妆品生产过程中使用的原料、容器和制作过程都可受微生物污染，尤其是冷却灌装过程易受污染。其中，加入各种氨基酸、蛋白质或滋补品的营养型化妆品更有利于微生物的生长繁殖。化妆品的各种原料，尤其是天然动植物成分、矿产粉剂、色素、离子交换水等原料也易受微生物污染。

微生物会将化妆品中某些成分分解，致使化妆品腐败变质，受微生物污染的化妆品可出现变色、异味、发霉、酸败、膏体液化分层等现象，严重影响化妆品的色、香、味及剂型。另外，微生物污染除了可引起化妆品腐败变质外，还可在其代谢过程中产生毒素或代谢产物，这些异物可作为变应原或刺激原对施用部位产生致敏或刺激作用，对使用者的健康造成危害。这是当前化妆品卫生质量的主要问题之一。

由于化妆品停留在人体皮肤、毛发、黏膜、眉眼部和口唇等部位时间较长，使微生物繁殖有可乘之机，其有毒代谢产物可使人中毒。即使污染的微生物被杀灭，其残存的菌酶也会引起产品变质，变质时分解的某些组分可对皮肤产生刺激作用。因此化妆品的微生物污染不仅影响化妆品的质量，而且影响产品的使用安全。化妆品的微生物检测是评价化妆品成品和原料中的微生物数量，以及其对人体健康和化妆品质量影响的重要指标。化妆品中含有脂肪、蛋白质和无机盐等营养成分，是微生物生存的良好场所，故在化妆品行业最为重视和最容易发生的是化妆品的微生物污染。化妆品受微生物污染后，除产品色、形、味等发生变化，质量下降外，更主要的是致病微生物的污染导致人体健康的危害，影响产品的使用安全。

另外，化妆品易受霉菌的污染，常见的霉菌有青霉菌、曲霉菌、根霉菌和毛霉菌等。粉类、护肤类、发用类及浴液类化妆品中发生过细菌污染，部分雪花膏和奶液中检测出大肠杆菌，并可能存在肠道寄生虫卵和致病菌等。化妆品中可能存在的有害微生物有病原细菌和致病细菌，对人体有不同程度的危害、致病和中毒。微生物的有毒代谢产物可使人中毒。即使污染的微生物被杀灭，其残存的菌酶也会引起产品变质，变质时分解的某些组分可对皮肤产生刺激作用。因此化妆品的微生物污染不仅影响化妆品的质量，而且影响产品的使用安全。对化妆品进行微生物检验、防止化妆品被微生物污染和微生物在化妆品中的繁殖具有重要意义。因此，应着力加强微生物指标的检测，保证其产品质量和使用安全。

2. 化妆品中微生物的检验方法 目前化妆品中微生物的检测指标主要有菌落总数、粪大肠菌群、霉菌和酵母菌数、铜绿假单胞菌、金黄色葡萄球菌。国家标准检测方法为传统的生化常规方法。传统的微生物检测方法步骤繁多、效率低下，且难以检测生长缓慢或新型的病原微生物。因此，随着科学技术的进步和发展，免疫学技术，基因探针检测法、聚酶链式反应（PCR）检测法和基因芯片检测法等分子生物学技术，微热量计等代谢学技术，光纤传感器等传感器技术，流式细胞术等因其检测的特异性和灵敏性而备受瞩目。

（1）传统微生物检测方法及改进：化妆品微生物检测是衡量化妆品卫生质量的重要环节。目前，国外的化妆品质量保证主要是按照欧盟的消费品科学委员会或美国食品药品监督管理局的规定执行。在我国，2015 年修订的《化妆品安全技术规范》是近几年来化妆品质量保证的重要依据。然而，在这些规定中微生物的检测方法主要是依赖传统的琼脂平板培养方法，该方法有诸多局限性如检测方法烦琐，需配制大量的固体和液体培养基（或选择性培养基），耗费时间长，样品需培养 48h 或 72h 才能观察结果，最终结果还需结合生化试验等方法进行综合判断，且容易出现误检和漏检。另外，防腐剂的存在使相当一部分化妆品的抑菌作用无法清除，在很大程度上影响了化妆品的检验结果。

近年来，研究者们对传统微生物检测方法进行了如下几个方面的改进。

1）使用含有中和剂且有增菌作用的培养基。传统方法中只是对铜绿假单胞菌和金黄色葡萄球菌的检测采用了含有卵磷脂和吐温 80 中和剂的培养液。用含有卵磷脂-吐温 80 且有增菌作用的培养液代替生理盐水直接稀释样品检测菌落总数，并用该培养液代替乳糖胆盐对粪大肠菌群增菌，用卵磷脂-吐温 80 营养琼脂培养基分离，进行化妆品微生物学指标的检测，可简化微生物指标检测的操作步骤。

2）增加阳性对照组。在传统检测方法中加入一定量的卵磷脂和吐温 80 可消除防腐剂的抑菌效果，但根据防腐剂的不同，清除的效果有限，为了更真实地反映化妆品微生物污染情况，可在检测时增加阳性对照组，且以回收率达到70%作为检测方法有效性的评价标准。

3）适当使用氯化三苯基四氮唑（TTC）。绝大多数细菌均含有脱氢酶，能使相应的底物脱氢，TTC 可作为受氢体，接受氢后还原成红色非溶解性物质。为了区别化妆品中不溶解的颗粒与菌落，可在培养基中加入 TTC 溶液，但 TTC 也是抑菌剂，在一定浓度时可抑制细菌的生长繁殖，因此在使用 TTC 时不能随意地增加用量，以免用量过大而产生抑菌作用。

4）使用滤膜法。滤膜法又称薄膜过滤法，其原理是适量样品通过微孔滤膜后，可去除样品中的抑菌杀菌成分，大多数细菌（直径大于 0.45μm）截留在滤膜上，用适量冲洗剂将抑菌杀菌成分冲洗掉，可使污染样品的细菌检测结果更加可靠。

5）使用螺旋平板法。螺旋接种菌落计数是依据阿基米德螺旋原理，使样品以对数规律螺旋线形式接种在平板上，样品接种后，菌落即分布在螺旋轨迹上，随半径的增加分布得越来越稀，采用特殊的计数栅格，自平板外周向中央对平皿上的菌落进行计数，即可得到样品中微生物的数量。螺旋接种菌落计数法加样量精确，菌落分布均匀，且可以很大程度上减少或免除样本稀释过程，因此在国外食品药品的菌落计数实验中得到广泛应用。

总之，传统微生物检测方法所需实验材料简单、价格便宜，但是操作烦琐、耗时长、防腐剂的存在影响检测结果的准确性，通过对传统方法进行改进，可有效提高检测效率，同时使结果更加真实可靠。

（2）化妆品微生物快速检测技术：传统的琼脂平板培养方法有诸多局限性，如检测方法烦琐，需配制大量的固体和液体培养基（或选择性培养基），耗费时间长，样品需培养48h或72h才能观察结果，最终结果还需结合生化试验等方法进行综合判断，且容易出现误检和漏检。另外，防腐剂的存在使相当一部分化妆品的抑菌作用无法清除，在很大程度上影响了化妆品的检验结果。传统的微生物检测方法已不能满足化妆品的市场需求，各种快速现代生物技术已成为研究的热点。其中包括快速测试片技术、PCR 技术、三磷酸腺苷（ATP）生物发光检测技术、荧光光电法、微生物挥发性有机化合物（MVOCs）检测技术（表 1-2）等。

表 1-2　化妆品微生物快速检测技术的比较

快速检测技术	优点	缺点	在化妆品中的应用
快速测试片技术	减少试验前制备培养基等大量的准备工作，减少工作量，提高工作效率	检测时间较长，成本较高	不适合如腮红、眼线液等颜色对比不明显的样品
PCR 检测技术	特异性强、灵敏度高、速度快、简便、高效	假阳性或假阴性	化妆品中某些物质会干扰 Taq 聚合酶的作用，而且只能检测微生物的存在，微生物产生的毒素则不能检测出来
ATP 生物发光检测技术	操作简便、灵敏度高，在短时间内即可得到检测结果	成本较高且实验结果易受周围介质的影响	受环境因素尤其是培养基制备过程及化妆品中固有的 ATP 影响较明显
电阻抗技术	操作简便、灵敏度高，在短时间内即可得到检测结果	成本较高且实验结果易受周围介质的影响	易受化妆品成分的干扰，影响检测的准确性
荧光光电法	特异性良好，总检测时间短，无需配套的专业实验室和增加过多专业人员	成本较高	对样品类型要求较高，对膏霜类化妆品的检测未见报道
MVOCs 检测技术	特异性好，灵敏度较高，可监测微生物污染过程	技术要求较高，价格昂贵	在化妆品微生物检测方面的应用较少，有待进一步研究

1）快速测试片技术：快速测试片由上下两层薄膜组成，下层的聚乙烯薄膜上印有网格并且覆盖有细菌繁殖所需的培养基，其中加入了染色剂和显色剂，上层是聚丙烯薄膜并加入了冷水可溶凝胶，使用时揭开覆盖的胶片将样品滴加于纸片中央后于37℃培养48h左右，阳性菌落则在测试片上显示红色或粉红色。

2）PCR技术：检测微生物的原理是利用某一特定微生物特有的基因序列，设计特异性引物进行PCR扩增。若有条带，则说明检测样品中含有目的菌，且目的菌的含量与条带的亮度呈正相关；若无条带，则说明检测样品中无目的菌。PCR技术特异性强、灵敏度高、检测速度快、简便、高效。

3）ATP发光检测技术：原理是荧光素酶以D-荧光素、ATP和氧气为底物，在 Mg^{2+} 存在时，将化学能转化为光能，发出光量子。利用发光强度与 ATP 在一定的浓度范围呈线性关系的条件，测出 ATP 含量，即可推算出样品中的含菌量，整个过程仅需要十几分钟。该方法不仅可以检测到样品中存活下来的微生物，而且可以检测到样品中受抑制的微生物。

4）电阻抗技术：原理是细菌在培养基内生长繁殖的过程中会使培养基中的电惰性大分子物质如碳水化合物、蛋白质和脂类等代谢为具有电活性的小分子物质如乳酸盐和乙酸盐等，这些离子态物质能增加培养基的导电性使其阻抗发生变化，通过检测培养基的电阻抗变化情况判定细菌在培养基中的生长繁殖特性即可检测出相应的细菌。该法目前已用于细菌总数、霉菌、酵母菌、大肠杆菌、沙门菌和金黄色葡萄球菌等的检测。该系统可快速并准确地检出化妆品中的微生物含量。

5）荧光光电法：在采用荧光光电法检测微生物中具有代表性的是美国 BioLumix 实时快速微生物荧光光电检测系统，该系统将最新的荧光光电技术、染色技术、CO_2 传感技术和特异性的培养技术结合在一起检测生物体的代谢过程，使之能够同步检测颜色和光子的变化，目标微生物在特定培养基中的生长和代谢可通过感光试剂（色彩和荧光染色）检测。当代谢过程发生时，试剂的光谱模式会发生改变，光传感器检测到这些变化后以预先设定好的时间间隔进行监控并报告检测结果，菌量越高检测时间越短。

6）MVOCs 检测技术：微生物在新陈代谢过程中会产生 MVOCs，其具有种类多样性及种属特异性，目前，已经建立的 MVOCs 数据收集了 349 种细菌和 69 种真菌近 1000 种的代谢产物，并阐明了其结构和代谢途径。该方法能准确地鉴定化妆品中的微生物，同时可动态监测微生物污染的过程。

三、化妆品禁限用物质和准用物质的检测

化妆品中禁限用物质和准用物质主要包括激素和抗生素、防腐剂、防晒剂、着色剂等。另外，在相应的玻璃器具中，由于密封和隔离等要求，包装中还往往存在来源于橡胶等材料的垫圈和密封垫等，由于助剂和增塑剂等物质的存在，更增加了玻璃包装容器的安全隐患。一般塑料容器成型还需要加入增塑剂、稳定剂和着色剂等，这些都可能成为化妆品的潜在安全风险来源。化妆品中的重金属、防腐剂、香料、乳化剂、激素、色素、避光剂和染发剂等有害物质可引起皮炎、变态反应、痤疮等，对人体安全性的影响不可小视。

1. 化妆品中禁限用物质和准用物质的来源与危害

（1）化妆品中的有机物质：化妆品配方中使用的色素、防腐剂和香料等大多为有机化合物，如煤焦油类合成香料、醛类系列合成香料等。这些物质会对皮肤产生刺激作用，引发接触性皮炎，有些还有致癌作用。以苯二胺为原料的黑染发剂，女性用后患癌症风险可能升高；许多美白祛斑类化妆品中违法加入氢醌，对皮肤有较强的刺激作用，会引起皮肤过敏，长期使用和暴露于阳光下会引发获得性褐黄病。

（2）激素和抗生素：化妆品中激素主要是类固醇类激素，包括性激素和肾上腺皮质激素。我国《化妆品安全技术规范》（2015 年版）中明确规定，性激素与糖皮质激素等激素为化妆品中禁用物质。雌激素的过量使用会导致皮肤变薄、色素沉积、月经不调等症状，长期使用会产生激素依赖性皮炎。糖皮质激素可抑制纤维细胞增生、减少 5-羟色胺形成，长期使用则会引起全身的不良反应。抗生素又称抗菌素，滥用会诱发细菌耐药、损害人体器官、造成社会危害等。《化妆品安全技术规范》（2015 年版）已明确规定，不得在化妆品中添加抗生素。目前化妆品中抗生素的主要检测对象是氯霉素类、四环素类、磺胺类和甲硝唑类。

（3）防腐剂：是化妆品中重要组成成分。目前，化妆品中使用的防腐剂种类很多，当其达到一定的浓度和剂量时可能会有一定的危害，导致皮肤过敏、皮炎等，且临床观察发现防腐剂会加速黑斑的形成。我国《化妆品安全技术规范》（2015 年版）中规定了化妆品相关防腐剂的使用限量。

（4）防晒剂：是防晒类化妆品中最主要的功效成分，但是使用过量会对皮肤造成一定的伤害。按照防护作用机制可将防晒剂分为紫外线散射剂和紫外线吸收剂2种类型。《化妆品安全技术规范》中规定了27项准用防晒剂。

（5）着色剂：又称色素，是化妆品原料之一，美容美饰类化妆品中所使用的着色剂种类最多、频率最高，护理类化妆品次之，而清洁类化妆品较少。长期使用着色剂会对皮肤造成各种累积性的伤害。在化妆品中使用的着色剂大多为合成着色剂，《化妆品安全技术规范》（2015年版）中列出了可在化妆品中使用的157项着色剂。

2. 化妆品中禁限用物质和准用物质的检验方法　化妆品是经过各种原料调配加工的复配混合物，基质比较复杂，检测过程中干扰成分较多，因此在检测前需进行样品的前处理。在分析化妆品中重金属的过程中，常用前处理方法主要有湿法消解和干法消解。化妆品中常用的前处理方法还有超声波提取法（ultrasonic extraction，USE）、微波辅助萃取法（microwave-assisted extraction，MAE）、固相萃取法（solid phase extraction，SPE）等。其中，USE法是目前化妆品中使用较多的前处理方法之一，该法具有简便、快速、节约溶剂及可同时提取多个样品的优点。MAE法是微波和传统溶剂相结合的一种新的萃取技术，可以节约提取溶剂、缩短提取时间、提高提取效率。SPE法是由液固萃取和柱液相色谱技术相结合发展起来的技术，具有回收率高、操作简便、重复性好等特点。另外，近年来发展起来的新型前处理技术还包括超临界流体萃取、分子印迹技术、加压溶剂萃取等技术。

化妆品中禁限用物质的检验方法主要有气相色谱法（gas chromatography，GC）、高效液相色谱法（high performance liquid chromatography，HPLC）、气相色谱-质谱法（gas chromatography-mass spectrometry，GC-MS）、高效液相色谱-质谱法（high performance liquid chromatography-mass spectrometry，HPLC-MS）等。

（1）气相色谱法：能同时用于分离和鉴定，分离效能高、分析速度快和灵敏度高，常用于检测化妆品禁限用物质中的挥发性组分。《化妆品安全技术规范》（2015年版）用气相色谱法（FID检测器）测定化妆品中的甲醇、苯酚、氢醌、斑蝥素和氮芥。

（2）高效液相色谱法：由于不受被测组分的挥发性、热稳定性及分子量的限制，并具有分离效能高、分析速度快、检测灵敏度高和应用范围广泛的特点，因而广泛应用于化妆品分析中。《化妆品安全技术规范》（2015年版）用高效液相色谱测定7种性激素、15种紫外吸收剂、12种防腐剂、8种氧化型染料、5种α-羟基酸。

（3）气相色谱-质谱联用法：主要用于挥发性和半挥发性有机物的鉴定，具有操作简便、样品前处理简单、耗用试剂少、灵敏度及回收率高等诸多优点，并且可获得更多的化合物结构信息。

（4）高效液相色谱-质谱联用法：与气相色谱-质谱联用相比，高效液相色谱-质谱联用技术的待分析样品不受样品本身的挥发性、极性和热稳定性的限制，只要样品在流动相溶剂中有一定的溶解度便可分析。高效液相色谱-质谱联用技术具有高效液相色谱和质谱两种技术各自的优点，色谱分离与质谱鉴定可以同时进行，不仅能够在线提供化合物的分子量和分子断裂的碎片信息，而且还可以显著地缩短分析时间，提高分析的通量性。

四、化妆品的毒理学评价

化妆品的毒理学评价是应用规定的毒理学程序和方法，通过毒理学动物试验和暴露人群的观察，检测评价化妆品的毒性及潜在健康危害，对该化妆品能否投放市场做出取舍的决定，或提出人类的健康安全接触条件，即对人类使用这种化妆品的安全性做出评价的过程。化妆品的安全性风险不仅存在于化妆品原料或产品本身，还存在于其透过皮肤后的整个代谢过程中。

1. 化妆品可能诱发的不良反应与潜在毒性 正确选择和使用化妆品可使人体皮肤、毛发保持健康，减少外界理化因素对皮肤的刺激，起到清洁皮肤、促进皮肤血液循环和新陈代谢的护肤、洁肤作用。化妆品的使用是直接与施用部位接触，其发挥功效的同时有可能产生一些不良反应，如可能产生局部刺激、局部过敏、光毒性和全身毒性。化妆品局部使用可能诱发的不良反应主要包括如下几点。

（1）刺激反应：由使用部位直接接触产品引起，可能局限于接触部位的反应。这种刺激反应可以在初次使用后或多次使用后皮肤状况变差或出现生物蓄积后产生。

（2）变态反应：一种或几种化妆品成分被抗原识别并激活，后者使在人体接触产品的任何新部位出现继发性抗炎反应，这种接触性变态反应可能在使用某种产品前已存在，但也可能由产品本身引发。

（3）光毒性：指皮肤一次接触化妆品后，继而暴露于紫外线照射下所引发的一种皮肤毒性反应，或者全身应用化妆品后，暴露于紫外线照射下发生的类似反应。

（4）全身毒性反应：指由化妆品的全部或部分成分经皮穿透引起，在一个或多个靶器官出现生物蓄积，随时间的推移发生的可逆或不可逆损伤。

2. 化妆品的毒理学评价方法 根据《化妆品安全技术规范》的安全性评价程序和方法，化妆品的新原料一般需进行的毒理学试验有急性经口和急性经皮毒性试验、皮肤和急性眼刺激性/腐蚀性试验、皮肤变态反应试验、皮肤光毒性和光敏感试验、致突变试验、亚慢性经口和经皮毒性试验、致畸试验、慢性毒性/致癌性结合试验、毒物代谢及动力学试验等。根据原料的特性和用途，还可考虑其他必要的试验。

3. 化妆品毒理学检测项目的遴选原则 目前在我国，对于化妆品产品的安全性评价主要是依据实验室的检测来评价，所需要的检验项目应根据化妆品的种类、使用特性和使用部位的不同而进行。化妆品安全性评价程序一般把毒理学试验划分为 5 个阶段。第一阶段为急性毒性试验和局部毒性试验；第二阶段包括重复剂量毒性试验、遗传毒性试验和发育毒性试验；第三阶段包括亚慢性毒性试验、生殖试验和毒物动力学试验；第四阶段包括慢性毒性试验和致癌试验；第五阶段为人体激发斑贴试验和人体试用试验。

不同产品需要进行的毒理学检测项目的选择原则：每日使用的化妆品需要进行多次皮肤刺激性试验，间隔数日使用的和用后冲洗的化妆品进行急性皮肤刺激性试验；含药化妆品及新开发的化妆品产品在投放市场前，应根据产品的用途和类别进行相应的试验，一般需要进行的是第一阶段的急性毒性实验、动物皮肤与黏膜实验和第五阶段的人体激发斑贴和试用实验；与眼睛接触可能性小的产品不需进行急性眼刺激试验。由于化妆品的种类繁多，选择试验项目时应根据实际情况确定。

4. 皮肤实验 皮肤是机体和外界之间的天然屏障，可防止外界有害物质的入侵。化妆品的皮肤吸收是其成分通过皮肤屏障进入体内的过程，它既是营养功能成分发挥功效的主要途径，同时也是其有害成分产生不良反应的开始。为向广大消费者提供符合卫生安全要求的化妆品，防止化妆品对人体产生近期和远期危害，一般情况下，化妆品原料及产品都要进行人体毒理的安全性试验。

（1）皮肤吸收的体内试验方法：化妆品成分的经皮吸收可用人体体内试验进行评估，通过测量化合物经尿液和排泄物排出体外的量来反映经皮吸收量。但是，在实际操作中，体内实验受到许多因素的制约，如检测方法的敏感性、伦理约束、化合物及其代谢产物的排出速率、个体差异等。因此，目前的化妆品安全评价大多采用体外方法。在必要时，如用于体内与体外方法的对比，特殊活性物质皮肤吸收的确认，可采用无毛的裸鼠进行体内研究。

（2）皮肤吸收和渗透的体外试验方法：经皮吸收的体外方法已广泛用于化妆品检测中，如体外扩散池法、人工膜渗透法和数学模型等，其中扩散池试验是评价化合物经皮通透性的最好的方法。

体外试验的原理是正常表皮角质层构成了皮肤抵抗外源物质渗透和吸收进入机体的主要屏障，而体外培养的离体皮肤、去真皮表皮层和重建人体皮肤模型，具有与体内相似的屏障结构和功能，因此，可用具有屏障功能的离体皮肤、去真皮表皮层皮肤或皮肤替代物进行体外实验。体外评价方法比体内测试具有优越性，表现在：受试样品可直接接触皮肤表面，操作简单，便于测定；可直接测定化合物透过皮肤的全身吸收速度，避免了尿排泄速度推算法可能带来的误差；对于某些剧毒性物质只能用体外方法进行研究；通过控制实验条件，可改变影响物质通透性的因素，也可模拟体内条件，预测化合物分子经过皮肤进入体内的动力学过程。

综合以上考虑，体外皮肤吸收研究的方案包括以下内容：选择合适的标准化的皮肤进行研究，选用非标准化的皮肤应当说明其合理性；试验结束后，应进行总质量平衡；应当考虑到受试物在体内可能发生的经皮肤代谢。有时受试物可能会与表皮发生不可逆结合，随后经体内皮肤表面的脱屑作用排出体外，如推测存在这一机制，必须进行另外的试验加以证明。

值得注意的是，皮肤有着特有的组织结构，基于药理作用特点的差异，因此对化妆品进行非临床安全性评价，要在对皮肤的组织结构、特点了解的基础上，根据皮肤的生理特性，细胞的生理特性，细胞活性，皮肤不同细胞的结构差异、成分差异，有目的地结合皮肤解剖学和皮肤医学等学科，针对性地选择皮肤表面特征、结构特征进行量化评价。不同的消费者有不同的皮肤类型和皮肤状态，也有不同的变态原与对化妆品的适应性，因此消费者的个体差异性，主观上也会影响化妆品的安全性评价。

5. 化妆品毒理安全系数的计算　化妆品潜在毒性的确定需要基于一系列毒理学研究，毒理学研究是危险性鉴别工作的一部分，而危险性鉴别是整个安全性评价的第一步。危险性鉴别需要进行安全系数（MoS）的计算。安全系数的计算一般要获得未观察到有害作用的水平（NOAEL）和全身暴露量的计算（SED），再通过计算获得，具体如下所示。

（1）未观察到有害作用的水平的确定：最常见的是利用不同剂量物质进行的亚慢性毒性试验。经口毒性试验是确定未观察到有害作用的水平的最实用的方法。

（2）全身暴露量的计算：化妆品组成成分的全身暴露量是指每日每千克体重进入血液的量。根据经皮吸收表达的方式不同，可采用不同的计算方法获得全身暴露量。

（3）安全系数计算：安全系数是从合适的试验得到的实验性未观察到有害作用的水平除以可能的全身暴露量计算出来的。考虑到组成成分使用的安全性，安全系数不得低于100。

6. 化妆品毒理安全性替代实验方法　传统的化妆品安全评价不仅要求一定数量的动

物，而且试验周期长、成本高，某些反应会给动物造成极大的痛苦。随着国际动物保护和动物福利运动的兴起，四十多年前国外最先提出了以“减少”“替代”和“优化”为代表的“3R”原则，并在此基础上大力开展动物实验替代方法的研究。

（1）细胞替代方法：细胞培养系统具有靶细胞来源广泛、可定性或定量分析、观察指标客观等优点，既可用于化妆品的体外毒理学检验和毒性机制研究，也可用于化妆品的功效研究和产品研发。细胞替代方法中常用的细胞有皮肤细胞、成纤维细胞等。由于细胞替代方法简单快速、检测成本低廉，单层细胞的替代模型在毒性检验，尤其在原料的初筛中起到了重要的作用。但其结构和功能单一、评价指标过于简单，固体或脂类物质也不适用于细胞培养系统，使其应用受到一定限制。

（2）离体器官的替代方法：采用离体器官，如离体皮肤、动物眼球及淋巴结替代整体动物实验，在一定程度上优化了安全性评价试验；而采用低等动物，如鸡胚绒毛尿囊膜、果蝇体幼虫遗传检测等方法也起到了减少高等级动物用量的作用。目前使用较为广泛的是鸡胚绒毛尿囊膜血管试验。鸡胚绒毛尿囊膜是鸡胚的体外循环系统，其结构与眼结膜相似，且比结膜更薄。除可利用其进行化合物的胚胎毒性、致畸性等替代方法的研究外，鸡胚绒毛尿囊膜血管试验还成为替代眼刺激试验的方法。具体方法是选用低龄鸡胚，在蛋壳气室外暴露鸡胚绒毛尿囊膜与受试物接触，观察鸡胚绒毛尿囊膜出现充血、出血、凝血 3 种反应的时间，计算刺激评分。经验证，这种方法对于检测化合物的轻度到中度眼刺激性效果较好。与大规模的高等级整体动物实验相比，离体器官和低等生物的替代方法减少了动物数量，优化了实验操作，也降低了检验成本，但仍需使用动物，没有完全达到替代动物实验的目的。

总之，化妆品行业近年来的蓬勃发展，在给人民生活带来健康和美丽的同时，也对化妆品的安全性提出了更高的要求。对化妆品进行全面有效的安全性评估，是保障使用人群健康，促进社会和谐发展的需要。

第三节　化妆品安全性评价的样品处理

化妆品安全性分析检测的过程包括样品采集、样品预处理、样品测定、数据分析及结果报告等五个步骤。其中，样品的采集和预处理操作步骤烦琐，样品的制备在误差来源中也占较大的比例。因此，样品的采集和预处理的效果如何直接关系到分析结果的准确性。

一、化妆品样品的采集

1. 化妆品采样目的和要求　化妆品采样的基本目的是从被检的总体物料中取得代表性的样品，通过对代表性样品的检测，得到在允许误差范围内的数据结果，进而求得被检物料的某一或某些特性的平均值及其变异性。

化妆品采样的基本原则是采得的样品必须具备充分的代表性。在分析工作中，需要检测的物料往往是大量的，而其组成却极有可能是不均匀的。检测分析时所称取的试样一般只有几克或者更少，而分析结果又要求必须能代表全部物料的平均组成。因此，如果采样方法不正确，即使分析工作做得非常仔细且正确，也是毫无意义的。更严重的是，因提供的无代表性的分析数据，极有可能把不合格品判定为合格品或者把合格品判定为不合格品，其结果将直接给生产企业、用户或消费者带来难以估量的损失。

采样是一种和检测准确度密切相关的、技术性很强的工作，采样者应接受过专门的操作训练，采样前应对选用的采样方法和装置进行可行性实验，熟练掌握采样操作技术，熟悉被采样品的特性和安全操作的有关知识和处理方法，严防爆炸、中毒、燃烧、腐蚀等事故的发生。此外，要求做好以下几点。

（1）制订采样方案：确定批量大小、采样单元、采样部位、样品量、样品数、采样工具、采样操作方法、采样安全措施、样品的制备方法及样品的保存环境和保存时间等。

（2）样品的保存：盛样容器在使用前必须洗净、干燥，且具有符合要求的盖、塞或阀门，其材质必须不与样品物质发生化学反应，无渗透性。盛样容器贴上标签，其内容包括样品名称、编号、总体物批号及数量、生产单位、采样部位、样品量、采样日期、采样者姓名等。

（3）采样记录：采样时，应记录被采物料的状况和采样操作，如物料的名称、来源、编号、数量、包装情况、保存环境、采样部位、样品量、样品数、采样日期、采样者姓名等。

化妆品种类繁多，采样条件千变万化，采样时应根据采样的基本原则和一般要求，按照实际情况选择最佳采样方案和采样技术。

2. 化妆品成品采样方法 采样之前，首先检查样品封口、包装容器的完整性，目测样品的性能和特征，并使样品彻底混合。打开包装后，应尽可能快地取出所要测定部分进行分析。如果开封后的样品必须保存，容器应该在充惰性气体的情况下密闭保存。采样的方法应根据产品的性质、包装物的形状而采取不同的方法。常见的样品类型及相应的采样方法有以下几种。

（1）液体样品：是指使用瓶子、安瓿或管状容器包装的溶于油类、乙醇或水中的化妆品，如香水、化妆水、乳液、润肤液等。采样前，需剧烈振摇容器，使内容物混匀，目测样品的性能和特征。打开容器，取出足够量的待分析样品，然后仔细地将容器严密封闭。

（2）半固态样品：是指使用管状、塑料瓶和罐状容器包装的，呈均匀乳化状态的化妆品，包括膏、霜、蜜、凝胶类产品。细颈容器包装类的样品取样时，应将最初挤出的不少于1cm长的样品弃去，然后挤出足够量的待分析样品，立即将取完样的容器严密封闭。广口容器包装类的样品取样时，应先刮弃表面层，取出所需量的样品后立即封闭容器。

（3）固体样品：是指呈固态的化妆品，如散粉、粉饼、口红等固态产品。散粉类样品取样时，应在打开容器前先剧烈振摇，使内容物充分混匀，然后取出足够量的待分析样品，封闭容器。块状、蜡状类样品应先刮弃表面层之后再取样。

（4）气雾剂样品：是指在盛有化妆品的密封罐中充有作为载体的气体的产品，容器带有释放装置，允许内容物以固体或液体粒子的形式连同气体喷射出来，如发胶、摩丝等。取样时，应先充分摇匀，使用一个专用接头，将气雾剂罐中的部分样品转移进一个带阀门的小口玻璃瓶中。在此转移玻璃瓶中可清楚地观察样品，它们可分为4种：①匀相气雾剂产品，可供直接分析；②含两个液相的气雾剂产品，两相需分别分析，一般下层为不含助推剂的水溶液；③含悬浮粉末的气雾剂，除去粉末后可分析液相；④泡沫状气雾剂，一般预先加入一定量的消泡剂（常用2-甲氧基乙醇5～10g）至转移瓶中，在不损失液体的情况下去除推进气体。

二、样品的预处理

1. 测定无机成分的样品预处理　在化妆品的无机成分测定中，有时一些质地均匀的液体样品如香水、洗发液等，可以不经预处理直接进行测定。但在绝大多数情况下，样品必须经过预处理，先制成样液，然后再进行定性和定量分析。一般来说，待测元素在样品中的含量都很低，而样品的基体成分和样品中含有的大量水分会给测定带来干扰和困难，因此需要对试样进行消解以除去其中的有机成分或从试样中浸提出待测定的成分。

消解除去试样中有机成分或从试样中浸提出待测成分的方法和手段有很多，有干法、湿法；有在高压下，也有在低压下；有在密闭系统中，也有在开放系统中；有用无机酸碱试剂，也有用有机溶剂，等等。这些方法各有特点，具体选用时，应结合试样性质、待测元素、分析方法及实验设备等综合考虑。

化妆品中无机成分测定的预处理方法主要有干灰化法、湿消解法、微波消解法和浸提法等。

（1）干灰化法：是在供给热量的前提下直接利用氧来氧化分解样品中有机物的方法，包括高温炉干灰化法、等离子体氧低温灰化法、氧弹法及氧瓶法等。其中，高温炉干灰化法是最简单的一种方法。此法利用高温下空气中氧将有机物碳化和氧化，挥发掉挥发性组分，同时，试样中不挥发性组分也多转变为单体、氧化物或耐高温盐类。高温炉干灰化法的一般操作步骤分为干燥、碳化、灰化和溶解灰分残渣 4 个步骤。

然而，牙膏、粉底霜、眼影、爽身粉等化妆品因含有多量 $CaCO_3$、$MgCO_3$、Al_2O_3、TiO_2、Fe_2O_3、$Ca_3(PO_4)_2$ 等成分，干法灰化后，用盐酸（1+1）溶解时，Ca^{2+}、Mg^{2+}等溶在 HCl 溶液中，但硫脲-抗坏血酸不能完全掩蔽这些金属及碱金属离子的干扰，因而会使测定结果产生误差。因此，这类样品不宜用干灰化法来消解有机物。

此外，口红、湿粉底、染发剂等黏度大且不易分解的样品也不适合用干灰化法。因为这类样品不能与灰化辅助剂充分混匀，在灰化时，砷易气化和吸附损失。而且这类样品用干灰化法往往有机物分解不彻底，砷不易溶解出来，从而使测定结果产生误差。

（2）湿消解法：又称湿灰化法，是利用氧化性酸和氧化剂对有机物进行氧化、水解以分解有机物的方法。常用的氧化性酸和氧化剂有硫酸、硝酸、高氯酸和过氧化氢。有时单一的氧化性酸在操作过程中不易将试样完全分解，有时容易产生危险，因此在实际工作中一般不采用，代之以两种或两种以上氧化性酸或氧化剂的联合使用，以发挥各自的作用，使有机物能够快速而又平稳的消解。

若化妆品样品中含有乙醇等挥发性有机溶剂，应在消解前先在水浴或电热板上低温加热将有机溶剂挥发。对于含油脂蜡质较多的试样，消解后过滤时，可预先将消解液冷冻使油脂蜡质凝固。

（3）微波消解法：是利用微波将有机物消解的方法，其原理：加入硝酸和过氧化氢溶液预处理的样品在微波电场的作用下，分子高速碰撞，微波能转变为热能。在加热条件下，由于酸的氧化及活性增加，使样品能够在较短时间内被消解，无机物以离子态存在于试液中。具体操作时，油脂类和膏粉类等干性物质，如唇膏、睫毛膏、胭脂、眉笔、唇线笔、粉饼、眼影、痱子粉、爽身粉等，可在取样后加少量水润湿摇匀。然后按照微波溶样系统操作手册进行操作。

与传统的消解方法相比，微波消解法具有快速高效、所需试剂量少、环保的优点。

（4）浸提法：原理是利用对待测元素或含待测元素的组分有良好的溶解力的浸提液解

离某些与待测元素结合的键，从而将含有待测元素的部分从试样中浸提出来的方法。

浸提法是一种比较简单、安全，并且在某种情况下具有特殊意义的样品预处理方法，但会因元素种类、样品基体种类、样品颗粒大小、浸提液种类和浓度、浸提时间及浸提温度等参数的变化而影响浸提的元素形态和浸出率。因此，使用浸提法要结合样品测试目的并进行预试验。

2. 测定有机成分的样品预处理　化妆品中有机成分的分析在化妆品分析中占有非常重要的地位，无论以质量计或以品种计，通常化妆品中 85%以上（以干物质计）的组分是有机成分。

测定有机成分的样品预处理的目的是将待测物从基体中分离出来，经过分组、分离和富集，以满足后继定性、定量方法的特异性和灵敏度的要求。化妆品涉及的基体类型多样，涉及的被测物的理化性质也有很大差异，使测定化妆品有机成分的样品预处理变得更为复杂，这里仅就样品预处理的主要原则加以阐述。

测定化妆品中有机成分的样品预处理主要包括两个步骤：一是提取，将待测成分与试样的大量基体进行粗分离；二是纯化或分离，将待测成分与其他干扰测定的成分进一步分离或纯化。

（1）提取：将待测有机成分与试样基体分离的方法主要有两种，即溶解抽提和水蒸气蒸馏。

1）溶解抽提：利用化妆品各组分理化性质的不同，选用适当溶剂将待测成分溶解，从而和基体组分分离。

溶解抽提中选用合适的溶剂至关重要，因为待测物在不同溶剂中的溶解度不相同。可通过查阅相关手册获得待测物在各种溶剂中溶解性能的信息，也可根据待测物的分子结构及“相似相溶”经验规律来选择适宜的溶剂。

用于溶解抽提的理想溶剂需具备两个条件：①对待测成分必须要有极好的溶解度，而对非待测成分及基体成分溶解度极小或不溶；②溶剂的沸点较低，易于蒸除。这种理想的溶剂可以全量地溶解抽提待测物而不溶解待测物以外的组分。实际上，由于化妆品的组分极其复杂，多种理化性质相似的有机物往往同时存在，很难找到所希望的理想溶剂。因此，在考虑溶解抽提时，应注重“全量抽提”，至于同时被抽提溶解的众多其他成分，还需要综合考虑其他方法进行纯化或分离。

化妆品中禁限用物质大多数是极性或可极化的化合物，所以在溶解抽提中多选用极性溶剂，如可以用二甲基甲酰胺抽提化妆品中色素，用甲醇或乙醇提取化妆品中防腐剂、激素、5-甲氧基补骨脂素等。但对于口红、除臭棒、发蜡等以石蜡为基体的化妆品，由于待测成分被大量非极性有机物如蜡、脂所包裹，质子溶剂和偶极溶剂不是它们的良好溶剂，此时可选用两种性质不同而能互溶的溶剂进行溶解抽提。为了加速全量溶解和抽提，在选用适宜的溶剂后，可以适当提高温度或采用振荡或超声提取来增加溶解效率，最后用过滤或离心的手段将抽提溶液与样品基体残渣分离。

此外，超声提取也是常用的提取方法，该方法能在短时间内达到很高的提取效率。超声提取选择溶剂时，最常用的提取溶剂是甲醇，乙醚、乙醇和丙酮等也被广泛使用。例如，化妆品中的激素、禁限用物质邻苯二甲酸酯等多采用甲醇超声提取，限用物质香豆素类多采用丙酮或乙醇提取，一些可溶性的锌盐和巯基乙酸、果酸等多采用纯水超声提取，一些准用防腐剂和紫外吸收剂等多采用甲醇、乙腈超声提取。

常用的提取化妆品中有机成分的预处理方法见表 1-3。

表 1-3 提取化妆品中有机成分的预处理方法

预处理方法	原理	应用
蒸馏/挥发	水溶液中蒸发溶剂	去除水、乙醇、挥发性硅酮等溶剂
离心/过滤	液固分离/不同相态分离	有机混合物和无机混合物分离
液液萃取	用于两相不互溶溶剂	提取溶液中被测组分
超声提取	不同溶剂中溶解度不同	从固态或半固态样品分离可溶性物质
柱色谱	被吸附组分随溶剂迁移的速度不同	分离化妆品组分，样品处理量大

2）水蒸气蒸馏：可以使分子量较小且有不止一个官能团的化合物与基体分离，并且可通过控制样品的酸碱性与具有不同官能团的化合物分开。例如，在化妆品样品加入足量的水和适量的盐酸，使溶液呈酸性，进行蒸馏，可以将化妆品中的苯甲酸、水杨酸、对羟基苯甲酸、山梨酸、脱氢乙酸、丙酸等含羧基或含酚羟基的化合物蒸出。蒸馏残渣用氢氧化钠等碱溶液调 pH 至碱性，再进行第二次蒸馏，就可将样品中含氨基、亚氨基等碱性基团的低沸点的有机碱性化合物蒸馏出来。

水蒸气蒸馏操作简单方便，但其应用受待测组分沸点高低的限制。

（2）纯化和分离：经前期抽提粗分离获得的样品溶液如果不能满足后继定性、定量分析方法，就需要做进一步的纯化或分离。常用的纯化或分离方法有溶剂萃取法、柱色谱法、固相萃取法和固相微萃取法等。

1）溶剂萃取法：是利用化合物在两种互不相溶（或微溶）的溶剂中溶解度或分配系数的不同，使化合物从一种溶剂内转移到另一种溶剂中。经过反复多次萃取，将绝大部分的化合物提取出来。

保证萃取操作能够正常进行且经济合理的关键在于选择合适的萃取剂。化妆品禁限用物质中，大量物质具有弱酸或弱碱性，根据不同待测成分的分子结构，选择适宜的萃取溶剂并配合适宜的 pH，可以分离溶解抽提粗分离得到的组分，以满足后续定量分析的需要。

溶剂萃取法的优点在于操作简便，使用的仪器设备简单，因此是实验室最常用的萃取方法之一。但溶剂萃取时间长，需要使用大量有机溶剂，既容易造成浪费又污染环境。

2）柱色谱法：是样品负荷量大、价格低廉的一种色谱法，分为吸附柱色谱法和分配柱色谱法。

吸附柱色谱法也称液-固色谱法，其原理在于以有吸附性能的固体为固定相，以液体为流动相，利用不同溶质分子在吸附剂（固定相）和洗脱剂（流动相）之间吸附、解吸和溶解能力的不同而彼此分离。常用的吸附剂有硅胶和氧化铝。

分配柱色谱法又称液-液色谱法，其原理在于以能吸留固定相液体的惰性物质作为支持载体，与不互溶溶剂组成固定相-流动相体系，不同溶质在双相间分配比的不同导致迁移速率不同，从而达到分离目的。分配柱色谱法因固定相和流动相的不同可以分为正相色谱法和反相色谱法。正相色谱是以极性溶剂为固定相，非极性溶剂为流动相，适于分离极性较弱的有机化合物，如化妆品中的着色剂、芳胺、酚类、芳香剂等。反相色谱是以非极性溶剂为固定相，极性溶剂为流动相，适于分离极性较强的有机化合物，如醇类、酮类、芳烃等。

经过柱色谱法分离出来的样品通常采用蒸馏/挥发法除去溶剂，加入提取液后用超声提取法提取，微孔滤膜法过滤后，处理成分析液。对于大多数化妆品的测定，此方法较为简单、快速、实用，因此被广泛采用。但是，对于含蜡质量较大的样品或膏霜类样品，用此法往往会因提取不完全造成回收率较低。

3）固相萃取法：原理是基于固相和样品母液对待测物和其他干扰成分或基质的吸附力不同而将物质分离。在固相对待测物的吸附力大于样品母液的情况下，当样品通过固相萃取柱时，分析物被吸附在固体表面，其他组分则随样品母液通过柱子，最后用适当的溶剂将分析物洗脱下来。反之，如果选择对待测物吸附很弱或不吸附，而对干扰化合物有较强吸附的固相吸附剂时，可让待测物先淋洗下来加以收集，而使干扰化合物保留在吸附剂上，两者得到分离。在多数的情况下，萃取时为提高样品的净化程度，可以使待测物保留在吸附剂上，最后用强溶剂洗脱。

固相萃取法的操作包括柱子纯化与活化、上样、淋洗、洗脱等几个步骤。常用的固相萃取填料有键合硅胶、高分子聚合物、吸附型填料、混合型及专用柱系列等。固相萃取分离机制与溶剂的选择见表 1-4。选择合适的萃取条件后，可使样品的萃取、富集、净化一步完成，然后直接进行气相色谱或高效液相色谱分析。

表 1-4 固相萃取法分离机制与溶剂的选择

分离机制	典型的弱溶剂（保留条件）	典型的强溶剂（洗脱条件）
正相固相萃取	正己烷、甲苯等离子强度低的缓冲溶液（<0.1mol/L）	二氯甲烷、甲醇等离子强度高的缓冲溶液（>0.1mol/L）
反相固相萃取	缓冲溶液或低浓度的甲醇或乙腈	乙腈、甲醇或溶剂与水的混合物
阳离子交换固相萃取	反离子强度低的溶液	反离子强度高的溶液
阴离子交换固相萃取	离子强度低的缓冲溶液（<0.1mol/L）	离子强度高的缓冲溶液（<0.1mol/L）

4）固相微萃取法：是在固相萃取基础上发展起来的一种新的萃取分离技术，其工作原理是，以熔融石英光导纤维或其他材料作为基体支持物，利用"相似相溶"的特点，在其表面涂渍不同性质的高分子固定相薄层（吸附剂），通过直接或顶空方式，对待测物进行提取、富集、进样和解析。然后将富集了待测物的纤维直接转移到气相色谱（GC）或高效液相色谱（HPLC）仪器中，通过一定的方式解吸附，然后进行分离分析。

选择石英纤维上的涂层时，要使目标化合物能吸附在涂层上，而干扰化合物和溶剂不吸附，一般情况下，非极性的目标化合物选择非极性涂层；极性的目标化合物选择极性涂层。采样时，先将固相微萃取针管（不锈钢套管）穿过样品瓶密封垫，插入样品瓶中，然后推出萃取头，将萃取头浸入样品（浸入方式）或置于样品上部空间（顶空方式），进行萃取，萃取时间以达到目标化合物吸附平衡为准，最后缩回萃取头，将针管拔出。

固相微萃取分为萃取过程和解吸过程两步：①萃取过程，具有吸附涂层的萃取纤维暴露在样品中进行萃取；②解吸过程，将已完成萃取过程的萃取器针头插入色谱进样装置的气化室内，使萃取纤维暴露在高温载气中，并使萃取物不断地被解吸下来，进入后继的气相色谱或高效液相色谱分析。

固相微萃取有以下几个特点：①集取样、萃取、浓缩和进样于一体，操作方便，耗时短，测定快速高效；②无需任何有机溶剂，是真正意义上的固相萃取，避免了对环境的二次污染；③仪器简单，无需附属设备，适于现场分析，也易于操作；④灵敏度高，可以实现超痕量分析，可以达到纳克每克级别的检测。

第二章

化妆品中重金属杂质的检验

随着生活水平的提升，化妆品业已成为人们生活的必需品，化妆品的产品质量和安全性也得到了越来越广泛的关注。近年来，化妆品中有毒物质对人体造成伤害的报道屡见不鲜。其中，化妆品中重金属超标对人体造成严重伤害的事例也常见诸报端。重金属在人体内能和蛋白质及各种酶发生强烈的相互作用，使它们失去活性，也可能在人体的某些器官中富集。如果重金属的富集超过人体所能耐受的限度，就会造成人体急性、亚急性、慢性中毒等，对人体造成无法挽回的危害。

化妆品中重金属主要是指汞、砷、铅、镉等，其来源主要集中于：第一，化妆品研制环节的处方添加；第二，化妆品生产过程中为了降低生产成本非法添加；第三，在化妆品生产环节中受到污染而带入有毒金属等。

目前，汞、砷、铅、镉等重金属的检测方法主要有分光光度法、原子吸收分光光度法、电化学分析法及原子荧光分析法等。本章中共安排了五个实验，分别采用上述分析方法对化妆品中的汞、砷、铅、镉等重金属进行了检验。

实验一　化妆品中汞的测定——氢化物原子荧光光度法

一、实验目的

1. 熟悉化妆品样品的预处理方法。
2. 熟悉氢化物原子荧光光度计的使用方法。
3. 掌握氢化物原子荧光光度法测化妆品中总汞含量的原理和方法。

二、实验原理

汞及其化合物如氯化汞、氯化氨基汞等属于剧毒物质，具有较强的细胞毒性，可以抑制酪氨酸酶的活性，影响黑色素细胞的正常生理功能，从而减少黑色素的生成，因此汞及其化合物具有一定的快速美白祛斑作用。然而，汞除了对皮肤产生直接的影响外，还会导致机体多个器官和组织的病变，对人体造成严重的危害，甚至会造成死亡。因此，我国《化妆品安全技术规范》（2015 年版）中对化妆品中汞及其化合物的含量进行了严格的规定，化妆品中汞的限值为 1mg/kg（含有机汞防腐剂的眼部化妆品除外）。

目前，化妆品中汞及其化合物常用的检测方法有原子吸收光谱法、原子荧光法、电感耦合等离子体质谱法等。本实验采用氢化物原子荧光光度法检测化妆品中汞元素的含量。在实验中，样品经消解处理后，汞元素被酸消解溶出，以离子形式存在。汞离子与硼氢化钾反应生成原子态汞，由载气（氩气）带入原子化器中，在特制汞空心阴极灯照射下，基态汞被激发至高能态，去活化回到基态后发射出特征波长的荧光，在一定浓度范围内，其强度与汞含量成正比，可通过与标准系列溶液比较进行定量。

三、仪器与试剂

仪器：原子荧光光度计；具塞比色管（50ml、10ml）；玻璃回流装置（磨口球形冷凝管，250ml）；容量瓶（50ml）；水浴锅（或敞开式电加热恒温炉）；压力自控微波消解系统；电子天平（精确到0.0001g）；高压密闭消解罐。

试剂：汞标准溶液[ρ（Hg）=1000mg/L，国家标准单元素储备溶液，应在有效期范围内]；盐酸羟胺；重铬酸钾；盐酸、硝酸、硫酸；过氧化氢[ω（H_2O_2）=30%]；辛醇；氢氧化钾；硼氢化钾；样品为待测化妆品。除另有规定外，所用试剂均为分析纯或以上规格，水为GB/T 6682-2008规定的一级水。

四、操作步骤

1. 溶液的配制

（1）重铬酸钾溶液：称取重铬酸钾10g，溶于100ml水中。

（2）重铬酸钾-硝酸溶液：取重铬酸钾溶液5ml，加入硝酸（ρ_{20}=1.42g/ml）50ml，用水稀释至1L。

（3）汞标准溶液Ⅰ：取汞单元素溶液标准物质1.00ml置于100ml容量瓶中，用重铬酸钾-硝酸溶液稀释至刻度。可保存一个月。

（4）汞标准溶液Ⅱ：取汞标准溶液Ⅰ1.00ml置于100ml容量瓶中，用重铬酸钾-硝酸溶液稀释至刻度。临用现配。

（5）汞标准溶液Ⅲ：取汞标准溶液Ⅱ10.00ml置于100ml容量瓶中，用重铬酸钾-硝酸溶液稀释至刻度。临用现配。

（6）标准系列溶液的配制：准确移取汞标准溶液Ⅲ 0ml、0.50ml、1.25ml、2.50ml、5.00ml置于25ml具塞比色管中，加入盐酸（ρ_{20}=1.19g/ml）2.5ml，然后加水至刻度，得到相应浓度为0μg/L、0.20μg/L、0.50μg/L、1.00μg/L、2.00μg/L的汞标准系列溶液。

（7）盐酸羟胺溶液：取盐酸羟胺12.0g和氯化钠12.0g溶于100ml水中。

（8）氢氧化钾溶液：称取氢氧化钾5g溶于1L水中。

（9）硼氢化钾溶液：称取硼氢化钾（95%）20g溶于1L氢氧化钾溶液中。于冰箱内保存，一周内有效。

2. 样品处理　根据化妆品样品的物理状态及实验室仪器条件，选择任一种合适的样品处理方法。

（1）微波消解法：准确称取样品0.5～1.0g（精确到0.0001g）置于清洗好的聚四氟乙烯溶样杯内。若样品为油脂类和膏粉类等干性物质，如唇膏、睫毛膏、眉笔、胭脂、唇线笔、粉饼、眼影、爽身粉、痱子粉等，加水0.5～1.0ml，润湿摇匀。若样品中含有少量乙醇等有机溶剂，则需将样品在水浴或电热板上低温挥发，不得干涸。若样品为含乙醇等挥发性原料的化妆品如香水、摩丝、沐浴液、染发剂、刮胡水、面膜等，则需先将装有样品的溶样杯放入温度可调的100℃恒温电加热器或水浴上挥发，不得蒸干。

根据样品的类型选择预处理方法，样品或经过预处理的样品，先加入硝酸（ρ_{20}=1.42g/ml）2.0～3.0ml，静置过夜，让其充分反应。然后再向杯内加入过氧化氢[ω（H_2O_2）=30%]1.0～2.0ml，将溶样杯摇动几次，使样品充分浸没，静置观察有无气泡，若有，则轻微晃动溶样杯，待气泡逐渐变少直至消失。随后将溶样杯放入沸水浴或温度可调的恒温电加热设备中100℃加热，20min后取出，冷却。如溶液的体积不到3ml则补充水。同时严格按照微波溶样系统操作手册进行操作。把装有样品的溶样杯放进预先准备好的干净的高压密闭溶样罐中，拧上罐盖（注意：不要拧得过紧）。

表 2-1、表 2-2 分别为一般化妆品消解时，微波消解系统设定的压力-时间、温度-时间的参考程序。如果样品是油脂类、中草药类、洗涤类，可适当提高防爆系统灵敏度，以增加安全性。根据样品消解难易程度设定程序，可在 5～20min 内将样品消解完毕，取出溶样罐冷却，开罐，将消解好的含样品的溶样杯放入沸水浴或温度可调的 100℃电加热器中数分钟，驱除样品中多余的氮氧化物，以免干扰测定。将驱赶过气体的样品的消解液冷却后移至 10ml 具塞比色管中，用水洗涤溶样杯数次，合并洗涤液，用水定容至 10ml，备用。

表 2-1　消解时压力-时间程序

压力档	压力（MPa）	保压累加时间（min）
1	0.5	1.5
2	1.0	3.0
3	1.5	5.0

表 2-2　消解时温度-时间程序

程序温度（℃）	升温时间（min）	保持时间（min）
120	5	3
160	5	3
180	5	20

（2）湿式回流消解法：准确称取样品 1g（精确到 0.0001g）置于 250ml 圆底烧瓶中，加入硝酸（ρ_{20}=1.42g/ml）30ml、水 5ml、硫酸（ρ_{20}=1.84g/ml）5ml 及数粒玻璃珠。将圆底烧瓶置于水浴锅或恒温炉上，接上球形冷凝管，加热，通冷凝水循环冷凝。加热回流消解 2h，消解液一般呈微黄色或黄色。2h 后，从冷凝管上口注入水 10ml，继续加热 10min，放置冷却。用预先用水湿润的滤纸过滤消解液，除去固形物。对于含油脂蜡质多的样品，可预先将消解液冷冻使油脂蜡质凝固。用蒸馏水洗滤纸数次，合并洗涤液于滤液中。加入盐酸羟胺溶液 1.0ml，用水定容至 50ml，备用。

随同试样做试剂空白，取与消解样品相同量的硝酸、硫酸，按同一方法做试剂空白实验。

（3）浸提法：只适用于不含蜡质的化妆品。

准确称取样品 1g（精确到 0.0001g）置于 50ml 具塞比色管中。若样品中含有如乙醇等有机溶剂，在消解前应将样品置于水浴或电热板上低温挥发但不得干涸。加入硝酸（ρ_{20}=1.42g/ml）5ml、过氧化氢[ω（H_2O_2）=30%]2ml，混匀。若样品产生大量泡沫，可滴加数滴辛醇。待泡沫逐渐减少消失后，将具塞比色管置于沸水浴中加热 2h，冷却，取出，加入盐酸羟胺溶液 1ml，放置 15～20min，加入硫酸，加水定容至 25ml，备用。

随同试样做试剂空白，取与消解样品相同量的硝酸、硫酸，按同一方法做试剂空白实验。

3. 仪器参考条件　光电倍增管负高压 300V，汞元素灯电流 15mA，原子化器温度 300℃，高度 8.0mm。氩气流速：载气 300ml/min、屏蔽气 700 ml/min。测量方式为标准曲线法；读数方式为峰面积。读数延迟时间为 2s，读数时间为 12s。测试样品进样量与硼氢化钾溶液加液量，两者体积为 0.5～0.8ml，两者比例为 1∶1。

4. 标准曲线的绘制　按以上所示的参考条件设定好仪器。预热，待仪器稳定后，吸取标准系列溶液，注入氢化物发生器中，加入同体积硼氢化钾溶液，测定荧光强度。以标准系列溶液浓度为横坐标、荧光强度为纵坐标，绘制标准曲线，并求得荧光值与汞浓度关系的一元线性回归方程。

5. 样品测定　在与测量标准系列溶液相同的条件下测量空白溶液和样品溶液记录读数，根据标准曲线获得样品溶液中汞的浓度。

6. 实验结果表述

（1）计算公式：样品中汞的含量按式（2-1）计算：

$$\omega=\frac{(\rho_1-\rho_0)\times V}{m\times 1000} \tag{2-1}$$

式中，ω——样品中汞的质量分数，μg/g；ρ_1——测试溶液中汞的浓度，μg/L；ρ_0——空白溶液中汞的浓度，μg/L；V——样品消解液的总体积，ml；m——样品取样量，g。

（2）定量限和检测限：依照设定的条件，本方法对汞的检出限为 0.1μg/L；定量下限为 0.3μg/L。取样量为 0.5g 时，检出浓度为 0.002μg/g；最低定量浓度为 0.006μg/g。

（3）回收率和重复性：依照设定的条件，本方法线性范围为 0～10μg/L；回收率为 95%；多次测定的相对标准偏差为 1.2%。

五、注意事项

1. 为了避免在配制标准溶液过程中，玻璃容器对汞的吸附，最好先在容量瓶内加入部分重铬酸钾-硝酸溶液，再加入汞标准溶液。

2. 含蜡质较多的化妆品，加酸消解时易发泡外溅，可在样品中先加入少量硫酸，然后再加入硝酸就可减轻发泡外溅的现象。

六、思考题

1. 在配制标准溶液过程中，使用重铬酸钾-硝酸溶液的目的是什么?样品处理过程中，盐酸羟胺溶液的作用是什么?

2. 在实验操作中，加入硼氢化钾的目的是什么?

3. 若汞元素灯电流设置过高，对实验结果有可能造成怎样的影响?

实验二　化妆品中砷的测定——氢化物原子吸收法

一、实验目的

1. 熟悉原子吸收分光光度计的使用方法。

2. 掌握氢化物原子吸收法测定化妆品中总砷含量的原理和方法。

二、实验原理

砷及其化合物广泛地存在于自然界环境中。在化妆品原料和化妆品生产过程中，产品容易被外界砷污染。长期使用含砷的化妆品，可能造成皮肤色素异常，因此，我国《化妆品安全技术规范》(2015 年版)中明确规定，砷为化妆品禁用组分，限值为 2mg/kg。

目前，化妆品中砷含量常用的检测方法有二乙氨基二硫代甲酸银分光光度法、砷斑法、氢化物原子荧光光度法、原子吸收光谱法等。本实验采用氢化物原子吸收法检测化妆品中砷元素的含量。最常见的砷化合物为三价和五价砷化合物，在酸性介质中，五价砷被碘化钾-抗坏血酸还原为三价砷，然后与由硼氢化钠与酸作用产生的大量新生态氢反应，还原生成气态的砷化氢，然后被载气导入被加热的“T”形石英管原子化器而原子化，基态砷原子吸收砷空心阴极灯发射的特征谱线。在一定范围内，吸光度与砷的含量成正比。样品测得值与标准系列溶液测定值比较定量。

三、仪器与试剂

仪器：原子吸收分光光度计(具有氢化物发生装置)；电子天平(精确到 0.0001g)；具塞比色管(10ml、25ml)；压力自控微波消解系统；聚四氟乙烯溶样杯；水浴锅(或敞开式电加热恒温炉)；容量瓶(100ml)。

试剂：砷单元素溶液标准物质[ρ(As)=1000mg/L，国家标准单元素储备溶液，应在有效期范围内]；碘化钾、抗坏血酸；硼氢化钠；硝酸、硫酸、盐酸；氢氧化钠；氧化镁、硝酸镁、过氧化氢[ω(H_2O_2)=30%]；样品为待测化妆品。除另有规定外，所用试剂均为分析纯或以上规格，水为 GB/T 6682 规定的一级水。

四、操作步骤

1. 溶液的配制

(1)盐酸[φ(HCl)=10%]：取优级纯盐酸(ρ_{20}=1.19g/ml)10ml，加水 90ml，混匀。

(2)碘化钾-抗坏血酸混合溶液：称取碘化钾 15g 和抗坏血酸 2g，加水溶解然后稀释至 100ml。

(3)砷标准溶液Ⅰ：移取砷单元素溶液标准物质[ρ(As)=1000mg/L]1.00ml 置于 100ml 容量瓶中，加水至刻度，混匀。

(4)砷标准溶液Ⅱ：临用时移取砷标准溶液Ⅰ10.00ml 于 100ml 容量瓶中，加水至刻度，混匀。

(5)标准系列溶液的配制：取砷标准溶液Ⅱ 0ml、0.50ml、1.00ml、2.00ml、4.00ml 于 100ml 容量瓶中，用盐酸[φ(HCl)=10%]稀释至刻度，得相应浓度为 0μg/L、5.0μg/L、10.0μg/L、20.0μg/L、40.0μg/L 的砷标准系列溶液。

(6)硼氢化钠溶液：称取氢氧化钠 0.5g 溶于 100ml 水中，加入硼氢化钠 0.5g，溶解过滤至塑料瓶内，置于冰箱内保存。

(7)硝酸镁溶液：称取硝酸镁 100g 溶于 1L 水中。

2. 样品预处理(可任选一种)

(1)HNO_3-H_2SO_4湿式消解法：准确称取样品 1g(精确到 0.0001g)于 150ml 锥形瓶中，加数粒玻璃珠，缓慢加入硝酸(ρ_{20}=1.42g/ml)10～20ml，边加边缓慢旋转锥形瓶。加完放置片刻后，缓缓加热，反应开始后移去热源，稍冷后加入硫酸(ρ_{20}=1.84 g/ml)2ml，继续加热消解。若消解过程中溶液出现棕色烟雾，再可加少许硝酸(ρ_{20}=1.42g/ml)消解，如此反复直至溶液澄清或微黄。放置冷却后加水 20ml 继续加热煮沸至产生白烟，将消解液定量转移至 50ml 具塞比色管中，加配制的碘化钾-抗坏血酸混合溶液 5ml，加水定容至刻度，放置 10min 后才可测定。

随同试样做试剂空白，取与消解样品相同量的硝酸、硫酸，按同一方法做试剂空白实验。

（2）干灰化法：称取样品 1g（精确到 0.0001g），于 50ml 坩埚中，加入氧化镁 1g，硝酸镁溶液 2ml，充分搅拌均匀，在水浴上蒸干水分后微火碳化至不冒烟。移入箱形电炉，在 550℃下灰化 4～6h。取出，向灰分中加少许水使其润湿，然后用盐酸（1+1）溶液 20ml 分数次溶解灰分，加入碘化钾-抗坏血酸混合溶液 5ml，加水定容至 50ml，放置 10min 后测定。

随同试样做试剂空白，取与消解样品相同量的硝酸镁、盐酸、碘化钾-抗坏血酸混合溶液，按同一方法做试剂空白实验。

（3）微波消解法：准确称取样品 0.5～1.0g（精确到 0.0001g）于清洗好的聚四氟乙烯溶样杯内。若样品中含有乙醇等有机溶剂，应在加酸消解前先将样品在水浴或电热板上低温挥发，不得干涸。若样品为含乙醇等挥发性原料的化妆品如香水、摩丝、沐浴液、染发剂、刮胡水、面膜等，则须先将装有样品的溶样杯放入温度可调的 100℃恒温电加热器或水浴上挥发，不得蒸干。若样品为油脂类和膏粉类等干性物质，如唇膏、睫毛膏、眉笔、胭脂、唇线笔、粉饼、眼影、爽身粉、痱子粉等，取样后应先加水 0.5～1.0ml，润湿摇匀。

根据不同类型的样品选择预处理方法，样品或经过预处理的样品，加入硝酸（ρ_{20}=1.42g/ml）10～15ml，或加入硝酸（ρ_{20}=1.42g/ml）6ml 和过氧化氢[$\omega(H_2O_2)$=30%]6ml，将溶样杯摇动几次，使样品充分浸没，静置，让其充分反应作用。盖上聚四氟乙烯内盖，放入消解罐不锈钢筒体内，按照消解罐操作手册，依次盖上内盖、内垫和外盖，拧上罐盖（注意：不要拧得过紧）。将消解罐放入恒温箱中于 100℃烘 2h，升温至 140～150℃，加热 4h，放冷取出。将样品溶液转移至 50ml 烧杯中，用水洗涤内胆数次，合并洗涤液。加入硫酸 5ml，在电热板上加热赶酸至产生白烟。放冷，加入水 20ml，转移至 50ml 容量瓶中，加入碘化钾-抗坏血酸混合溶液 5ml，加水至刻度。放置 10min 后测定。

3. 仪器参考条件　灯电流 1.5mA；负高压 588V；载气为氮气；载气流量为 1.0L/min；C_2H_2/空气为 1.0/5.0；波长 193.7nm；通带 0.4nm；增益×2；积分 9s；方式为峰面积；硼氢化钠溶液 2ml。

4. 标准曲线的绘制　按照以上所示的仪器条件及装好氢化物发生装置，吸取砷标准系列溶液 5.00ml 于氢化物反应瓶内，注入氢化物发生器中，加入一定量硼氢化钠溶液，测定其荧光强度，以标准系列溶液浓度为横坐标、荧光强度为纵坐标，绘制标准曲线。

5. 样品测定　在与测量标准系列溶液相同的条件下测量空白溶液和样品溶液，记录吸光强度读数，从标准曲线上查出样品溶液中砷的浓度。

6. 实验结果表述

（1）计算公式：样品中砷的含量按式（2-2）计算：

$$\omega=\frac{(\rho_1-\rho_0)\times V\times V_S\times 1000}{m\times V_1} \quad (2\text{-}2)$$

式中，ω——样品中砷的质量分数，μg/g；ρ_1——测试溶液中砷的质量浓度，μg/L；ρ_0——空白溶液中砷的质量浓度，μg/L；m——样品取样量，g；V——样品消解液的总体积，ml；V_S——测定时移取标准溶液体积，ml；V_1——测定时移取样品溶液体积，ml。

（2）定量限和检测限：本方法对砷的检出限为1.7ng，定量下限为5.7ng；取样量为1g时，检出浓度为0.17mg/kg，最低定量浓度为0.57mg/kg。

（3）回收率和重复性：当样品中的砷含量为2.09～12.12μg/g时，各浓度样品的相对标准偏差为3.1%～7.1%。多家实验室测定的相对标准偏差为3.7%～9.0%。

当样品中加入2.5～10μg/g的砷时，样品的加标回收率为94.3%，测定的加标回收率范围为84.2%～103%。

五、注意事项

1. 样品中含有碳酸盐类的粉剂如碳酸面膜等，在加酸消解时应缓慢加入，以防止二氧化碳气体剧烈产生。

2. 干灰化之前应彻底干燥样品，否则在高温下能造成爆炸，造成危险。

3. 防止溶样罐损坏：溶样罐局部表面被污染后，或溶样罐内尚残余微量水分，在微波作用下，会使溶样罐局部发热；或压力不足造成加热时间过长，这些均有可能使溶样罐局部温度超过其耐温的极限而软化甚至融化。此时，罐内外的压力差就使罐的局部变形（如鼓包）或炸裂发生损坏或危险。因此在加压过程中，注意观察显示屏数字，若数字不但不上升，反而不动或下降，应立即关掉微波，防止烧坏溶样罐，待空转冷却后取出溶样罐，检查溶样杯密封是否完好，溶样罐中是否忘了垫块等。

4. 恒温加热结束后，不要急于取出溶样罐，应放冷后取出，再将其置于通风橱中冷却至罐内基本没有压力，才可开罐取出溶样杯。

六、思考题

1. 样品消解后为什么应先用碘化钾-抗坏血酸将五价砷还原为三价砷？可否直接用硼氢化钠还原生成气态的砷化氢？碘化钾-抗坏血酸在样品消解中起着什么样的作用？

2. 灰化前加入氧化镁和硝酸镁的原因分别是什么？

3. 样品消解过程中加入硫脲-抗坏血酸会产生什么现象？原因是什么？

实验三　化妆品中铅的测定——石墨炉原子吸收分光光度法

一、实验目的

1. 熟悉石墨炉原子吸收分光光度计的使用方法。

2. 掌握石墨炉原子吸收分光光度法测定化妆品中铅含量的原理和方法。

二、实验原理

铅是化妆品中主要的污染元素，是化妆品的禁用物质（限值为10mg/kg），严禁被添加到产品中。但是，铅广泛存在于水、土壤、矿石等自然环境中，容易导致动物、植物的污染，而化妆品中的很多天然原料多来源动物、植物、矿石等，因此原料的携带容易导致化妆品的铅污染。长期接触含铅量高的化妆品易引起人体慢性中毒，影响健康。

目前，化妆品中铅含量常用的检测方法有原子吸收光谱法、分光光度法、电位溶出法、电感耦合等离子体质谱法、电感耦合等离子体发射光谱法、原子荧光光度法等。本实验采用石墨炉原子吸收分光光度法检测化妆品中铅元素的含量。在实验中，样品经硝酸湿式消解或微波消解后，铅元素以离子状态存在于样品溶液中，样品溶液中铅离子被石墨炉原子化器原子化后，基态铅原子吸收来自铅空心阴极灯发出的 283.3nm 共振线，其吸光度与样品中铅含量成正比。在其他条件不变的情况下，根据测量被吸收后的谱线强度，与标准系列溶液测得值比较定量。铅原子的灵敏线为 217nm，位于真空紫外区附近，背景吸收较强，干扰大，测定准确度不高，因此采用铅的次灵敏线作为检测波长。

三、仪器和试剂

仪器：原子吸收分光光度计及其配件；电子天平（精确到 0.0001g）；消解管；具塞比色管（10ml、25ml、50ml）；压力自控微波消解系统；离心机；水浴锅（或敞开式电加热恒温炉）；玻璃珠；玻璃棒。

试剂：铅单元素溶液标准物质；甲基异丁基酮（MIBK）；硝酸、高氯酸（优级纯）；过氧化氢；辛醇。

四、操作步骤

1. 溶液的配制

（1）硝酸（1+1）溶液：取硝酸（ρ_{20}=1.42g/ml）100ml，加水 100ml，混匀。

（2）硝酸（0.5mol/L）溶液：取硝酸（ρ_{20}=1.42g/ml）3.2ml，加水至 100ml，混合均匀。

（3）铅标准溶液Ⅰ：取铅标准储备溶液[ρ（Pb）=1000mg/L，国家标准单元素储备溶液，应在有效期内]1.00ml 置于 100ml 容量瓶中，用硝酸溶液（0.5mol/L）稀释至刻度。

（4）铅标准溶液Ⅱ：取铅标准溶液Ⅰ 1.00ml 置于 100ml 容量瓶中，用硝酸溶液（0.5mol/L）稀释至刻度。

（5）取铅标准储备溶液Ⅱ 0.40ml、0.80ml、1.20ml、1.60ml、2.00ml，分别置于 10ml 具塞比色管中，加水至刻度，得相应浓度为 4μg/L、8μg/L、12μg/L、16μg/L、20μg/L 的铅标准系列溶液。

2. 样品预处理

（1）湿式消解法：准确称取样品 1.0～2.0g（精确到 0.0001g），置于消解管中。若样品中含有乙醇等有机溶剂，应在加酸消解前先将样品在水浴或电热板上低温挥发，不得干涸。若样品为油脂类或膏霜型，取样后应先在水浴中加热使瓶壁上样品融化流入瓶的底部。

根据不同类型的样品选择预处理方法，样品或经过预处理的样品，加入数粒玻璃珠，然后加入硝酸（ρ_{20}=1.42g/ml）10ml，由低温至高温加热消解，当消解液体积减少到 2～3ml，移去热源，冷却。加入高氯酸[ω（$HClO_4$）=70%～72%]2～5ml，继续加热消解，不时缓缓摇动使均匀，消解至冒白烟，消解液呈淡黄色或无色。浓缩消解液至 1ml 左右，冷至室温后定量转移至 10ml（如为粉类样品，则至 25ml）具塞比色管中，以水定容至刻度，备用。如样液浑浊，离心沉淀后可取上清液进行测定。

随同试样做试剂空白，取与消解样品相同量的硝酸、高氯酸，按同一方法做试剂空白实验。

（2）微波消解法：准确称取样品 0.3～1.0g（精确到 0.0001g）于清洗好的聚四氟乙烯溶样杯内。若样品为含乙醇等挥发性原料的化妆品如香水、摩丝、沐浴液、染发剂、刮胡水、面膜等，则须先将装有样品的溶样杯放入温度可调的 100℃恒温电加热器或水浴上挥发，不得蒸干。若样品为油脂类和膏粉类等干性物质，如唇膏、睫毛膏、眉笔、胭脂、唇线笔、粉饼、眼影、爽身粉、痱子粉等，取样后应先加水 0.5～1.0ml，润湿摇匀。

根据不同类型的样品选择预处理方法，样品或经过预处理后的样品微波消解处理过程参考实验一。

（3）浸提法：只适用于不含蜡质的化妆品。

准确称取样品 1g（精确到 0.0001g）置于 50ml 具塞比色管中。若样品中含有乙醇等有机溶剂，在消解前应将样品置在水浴或电热板上低温挥发但不得干涸。若样品为油脂类或膏霜型，取样后应先在水浴中加热使瓶壁上样品融化流入瓶的底部。根据不同类型的样品选择预处理方法后，加入硝酸（ρ_{20}=1.42g/ml）5ml、过氧化氢[ω（H_2O_2）=30%]2ml，混匀。若样品产生大量泡沫，可滴加数滴辛醇。待泡沫逐渐减少消失后，将具塞比色管置于沸水浴中加热 2h，冷却，取出，放置 15～20min，加水定容至 25ml，备用。

随同试样做试剂空白，取与消解样品相同量的硝酸、过氧化氢，按同一方法做试剂空白实验。

3. 仪器参考条件　根据仪器操作程序，将仪器性能调至最佳状态。背景校正为氘灯或塞曼效应。如样品溶液中铁含量超过铅含量 100 倍，不宜采用氘灯校正背景法，应采用塞曼效应校正背景法。参考条件为波长 283.3nm；狭缝 0.2～1.0nm；灯电流 5～7mA；干燥温度 120℃，20s；灰化温度 800℃，持续 15～20s；原子化温度 1100～1500℃，持续 3～5s。

4. 标准曲线的绘制　在以上所示的仪器条件下，取标准系列溶液各 20μl，注入石墨炉中，分别测得溶液的吸光值，得到以标准系列溶液浓度为横坐标，吸光值为纵坐标的标准曲线。

5. 样品测定　在以上所示的仪器条件下，测定样品溶液和空白溶液的吸光值，与标准系列溶液比较进行定值。

6. 实验结果表述

（1）计算公式：样品中铅的含量按式（2-3）计算：

$$\omega=\frac{(\rho_1-\rho_0)\times V\times 1000}{m\times 1000\times 1000} \tag{2-3}$$

式中，ω——样品中铅的质量分数，mg/kg；ρ_1——测试溶液中铅的质量浓度，ng/ml；ρ_0——空白溶液中铅的质量浓度，ng/ml；V——样品消解液总体积，ml；m——样品取样量，g。

（2）定量限和检出限：依照所设定的条件，本方法对铅的检出限为 1.00μg/L，定量下限为 3.00μg/L；取样量为 0.5g，定容至 25ml 时，检出浓度为 0.05mg/kg，最低定量浓度为 0.15mg/kg。

（3）回收率和重复性：依照所设定的条件，线性范围为 0～10mg/L；回收率为 95%；多次测定的相对标准偏差为 1.2%。

五、注意事项

1. 高氯酸为强氧化剂，在无机含氧酸中酸性最强，具有极强的腐蚀性，取用时应特别小心。

2. 铅属于较易挥发的元素，在不加入基体改进剂的情况下，铅在 600℃可能有损失，加入基体改进剂后可提高灰化温度，有利于原子化。研究发现，磷酸二氢铵可将灰化温度提高至 800℃。

3. 若样品中铁元素的含量超过铅含量的 100 倍时，可预先用甲基异丁基酮（MIBK）除去铁。具体做法：将消解后的样品溶液转移至蒸发皿中，在水浴上蒸发至干。加入盐酸 10ml 溶解残渣，然后转移至分液漏斗，用等量的甲基异丁基酮萃取两次，保留盐酸溶液。再用盐酸 5ml 洗甲基异丁基酮层，合并盐酸溶液，必要时赶酸，定容。测得其吸光值，与标准系列溶液比较进行定值。

六、思考题

1. 实验中，该如何选择背景校正方法？

2. 若样品的成分比较复杂，对样品测定有干扰，该如何消除原子吸收分析中的这些不利因素？

3. 原子吸收分光光度计的工作原理是什么？

实验四 化妆品中镉的测定——原子吸收分光光度法

一、实验目的

1. 熟悉火焰原子吸收分光光度计的使用方法。

2. 掌握火焰原子吸收分光光度法测定化妆品中镉含量的原理和方法。

二、实验原理

氧化锌是一种常用的物理防晒成分，并且还具有缓解急性和亚急性皮炎的作用，因此常被添加于护肤品中。但是，在自然界中镉常与锌、铅共生，如氧化锌的原料闪锌矿中常含有镉，因此被添加至化妆品中的氧化锌中可能会有镉的残留。在粉类化妆品中，滑石粉、钛白粉等矿石来源的原料也常常残留有镉。此外，由于镉广泛应用于电镀工业、化工业、电子业等，相当数量的镉通过废水、废渣排入环境，造成污染。原料、水源及环境的镉污染，都有可能导致化妆品受到金属镉的污染。金属镉在人体内积蓄会造成慢性中毒，对肾脏、肝脏和动脉有严重的损伤，因此，我国《化妆品安全技术规范》（2015 年版）中明确规定，镉为化妆品禁用组分，限值为 5mg/kg。

目前，化妆品中镉含量常用的检测方法有双硫腙分光光度法、原子吸收光谱法、极谱法等。本实验采用火焰原子吸收分光光度法检测化妆品中镉元素的含量。在实验中，样品经加酸湿式消解或微波消解后，镉以离子状态存在于样品溶液中，然后被原子化器原子化生成基态镉原子，基态原子吸收来自镉空心阴极灯发射的共振线，其吸收量与样品中镉的含量成正比。在其他条件不变的情况下，根据测量被吸收后的谱线强度，与标准系列溶液测得值比较定量。

三、仪器与试剂

仪器：原子吸收分光光度计；硬质玻璃消解管或高型烧杯；具塞比色管（10ml、25ml）；电热板或水浴锅；压力自控密闭微波溶样炉；高压密闭消解罐；聚四氟乙烯溶样杯；电子天平（精确到 0.0001g）。

试剂：镉单元素溶液标准物质[ρ（Cd）=1g/L，国家标准单元素储备溶液，应在有效期内]；甲基异丁基酮（MIBK）；盐酸羟胺；硝酸、盐酸、高氯酸（优级纯）；过氧化氢[ω（H_2O_2）=30%，优级纯]；辛醇；样品为待测化妆品。

四、操作步骤

1. 溶液的配制

（1）硝酸（1+1）：取硝酸（ρ_{20}=1.42g/ml）100ml，加水 100ml，混匀。

（2）混合酸：硝酸（ρ_{20}=1.42g/ml）和高氯酸[ω（$HClO_4$）=70%～72%]按 3：1 混合。

（3）盐酸（7mol/L）：取优级纯浓盐酸（ρ_{20}=1.19g/ml）30ml，加水至 50ml。

（4）镉标准溶液Ⅰ：镉单元素溶液标准物质[ρ（Cd）=1g/L，国家标准单元素储备溶液，应在有效期内]10.00ml 于 100ml 容量瓶中，加硝酸（1+1）2ml，用水稀释至刻度。

（5）镉标准溶液Ⅱ：取镉标准溶液Ⅰ10.00ml 于 100ml 容量瓶中，加硝酸（1+1）2ml，用水稀释至刻度。

（6）镉标准溶液Ⅲ：取镉标准溶液Ⅱ0ml、0.50ml、1.00ml、2.00ml、3.00ml、4.00ml、5.00ml，分别于 50ml 容量瓶中，加硝酸（1+1）1ml，用水稀释至刻度，得浓度为 0mg/L、0.10mg/L、0.20mg/L、0.40mg/L、0.60mg/L、0.80mg/L、1.00mg/L 的镉标准系列溶液。

（7）盐酸羟胺溶液：取盐酸羟胺 12.0g 和氯化钠 12.0g 溶于 100ml 水中。

2. 样品预处理

（1）湿式消解法：准确称取样品 1～2g（精确到 0.0001g）于消解管中。样品如含有乙醇等有机溶剂，先在水浴或电热板上低温挥发。若为膏霜型样品，可预先在水浴中加热使瓶壁上样品融化流入瓶的底部。加入数粒玻璃珠，然后加入硝酸（ρ_{20}=1.42g/ml）10ml，由低温至高温加热消解，当消解液体积减少到 2～3ml，移去热源，冷却。加入高氯酸[ω（$HClO_4$）=70%～72%]2～5ml，继续加热消解，不时缓缓摇动使均匀，消解至冒白烟，消解液呈淡黄色或无色。浓缩消解液至 1ml 左右。冷至室温后定量转移至 10ml（如为粉类样品，则至 25ml）具塞比色管中，以水定容至刻度，备用。如样品溶液浑浊，离心沉淀后取上清液进行测定。

随同试样做试剂空白，取与消解样品相同量的硝酸、高氯酸，按同一方法做试剂空白实验。

（2）微波消解法：准确称取样品 0.5～1.0g（精确到 0.0001g）于清洗好的聚四氟乙烯溶样杯内。若样品为含乙醇等挥发性原料的化妆品如香水、摩丝、沐浴液、染发剂、刮胡水、面膜等，则须先将装有样品的溶样杯放入温度可调的 100℃恒温电加热器或水浴上挥发，不得蒸干。若样品为油脂类和膏粉类等干性物质，如唇膏、睫毛膏、眉笔、胭脂、唇线笔、粉饼、眼影、爽身粉、痱子粉等，取样后应先加水 0.5～1.0ml，润湿摇匀。

根据不同类型的样品选择预处理方法，样品或经过预处理后的样品微波消解处理过程参考实验一。

3. 仪器参考条件　根据仪器操作程序，将仪器性能调至最佳状态。背景校正为氘灯或塞曼效应。如样品溶液中铁含量超过镉含量 100 倍，不宜采用氘灯校正除背景法，应采用塞曼效应校正背景法。参考条件为波长 228.8nm；狭缝 0.5nm；灯电流 4mA。

4. 标准曲线的绘制　在以上所示的仪器条件下，测定标准系列溶液的吸光值，得到以标准系列溶液浓度为横坐标，吸光值为纵坐标的标准曲线。

5. 样品测定　在以上所示的仪器条件下，测定样品溶液和空白溶液的吸光值，与标准系列溶液比较进行定值。

6. 实验结果表述

（1）计算公式：样品中镉的含量按式（2-4）计算：

$$\omega = \frac{(\rho_1 - \rho_0) \times V}{m} \qquad (2\text{-}4)$$

式中，ω——样品中镉的质量分数，mg/kg；ρ_1——测试溶液中镉的质量浓度，mg/L；ρ_0——空白溶液中镉的质量浓度，mg/L；V——样品消解液总体积，ml；m——样品取样量，g。

（2）定量限和检出限：依照设定的条件，本方法对镉的检出限为 0.007mg/L，定量下限为 0.023mg/L；取样量为 1g 时，检出浓度为 0.18mg/kg，最低定量浓度为 0.59mg/kg。

（3）回收率和重复性：依照设定的条件，本方法测定含镉为 0.25～1.00μg/g 的膏霜、粉饼、水剂等不同种类的化妆品样品时，其相对标准偏差为 0.73%～8.73%，回收率范围为 85.8%～101.3%。

五、注意事项

1. 高氯酸为强氧化剂，在无机含氧酸中酸性最强，具有极强的腐蚀性，取用时应特别小心。

2. 若样品中铁元素的含量超过镉含量的 100 倍时，可预先用甲基异丁基酮（MIBK）除去铁。具体做法：将消解后的样品溶液转移至蒸发皿中，在水浴上蒸发至干。加入盐酸 10ml 溶解残渣，然后转移至分液漏斗，用等量的甲基异丁基酮萃取两次，保留盐酸溶液。再用盐酸 5ml 洗甲基异丁基酮层，合并盐酸溶液，必要时赶酸，定容。测得其吸光值，与标准系列溶液比较进行定值。

六、思考题

1. 一般来说，粉类化妆品比较难被消解，如果样品经湿式消解后溶液浑浊，则需离心分离取上清液测定，在此过程中若操作不当，会对测量结果产生什么样的影响？为什么？

2. 若样品中含有大量的铁、镁、钙等该如何排除原子吸收分析中的这些干扰？

3. 与双硫腙分光光度法相比，本实验测量化妆品中镉含量的方法有什么优缺点？

实验五　锂等 37 种元素的测定——电感耦合等离子体质谱法

一、实验目的

1. 熟悉电感耦合等离子体质谱仪的工作原理和使用方法。

2. 掌握电感耦合等离子体质谱法测定化妆品中锂等 37 种元素的方法。

二、实验原理

锂（Li）、铍（Be）、钪（Sc）、钒（V）、铬（Cr）、锰（Mn）、钴（Co）、镍（Ni）、铜（Cu）、砷（As）、铷（Rb）、锶（Sr）、银（Ag）、镉（Cd）、铟（In）、铯（Cs）、钡（Ba）、汞（Hg）、铊（Tl）、铅（Pb）、铋（Bi）、钍（Th）、镧（La）、铈（Ce）、镨（Pr）、钕（Nd）、镝（Dy）、铒（Er）、铕（Eu）、钆（Gd）、钬（Ho）、镥（Lu）、钐（Sm）、铽（Tb）、铥（Tm）、

钇（Y）、镱（Yb）37 种元素的单质及其盐类大量进入体内，严重威胁人体健康，是化妆品中的禁用组分。

使用电感耦合等离子体质谱仪，可以同时精确测量样品中的多种元素。样品经酸消解处理成溶液后，经气动雾化器以气溶胶的形式进入以氩气为基质的高温射频等离子体中，经过蒸发、解离、原子化、电离等过程，转化为带正电荷的正离子，经离子采集系统进入质谱仪，质谱仪根据质荷比进行分离，质谱积分面积与进入质谱仪中的离子数成正比，即被测元素浓度与各元素产生的信号强度 CPS 成正比，与标准系列比较定量。

若取 0.5g 样品，定容体积为 25ml，本方法定量下限和最低定量浓度见附录 1。

三、仪器与试剂

仪器：电感耦合等离子体质谱（ICP-MS）（工作站）；微波消解仪；水浴锅（或敞开式电加热恒温炉）；电子天平（精度为 0.0001g）；具塞比色管（10ml、25ml、50ml）；容量瓶（50ml、100ml）。

试剂：硝酸（优级纯）；高氯酸（优级纯）；过氧化氢（30%，优级纯）；汞元素标准储备溶液（汞 ρ=10.0mg/L）；其他 36 种单元素标准储备溶液（ρ=100.0mg/L）；铼（Re）内标储备溶液（ρ=10.0mg/L）；铑（Rh）内标储备溶液（ρ=10.0mg/L）；样品为待测化妆品。

四、操作步骤

1. 溶液的配制

（1）0.5mol/L 硝酸溶液：取硝酸 3.2ml 加入 50ml 水中，稀释至 100ml。

（2）混合酸：硝酸和高氯酸按 3+1 混合。

（3）37 种元素的混合标准使用液：取各元素的标准储备 1.00ml，用 0.5mol/L 硝酸溶液定容至 100ml，摇匀，配成质量浓度为 1000μg/L 的混合标准使用液。准确移取汞（Hg）标准储备溶液 1.00ml，用 0.5mol/L 硝酸溶液定容至 100ml，摇匀，配成质量浓度为 100μg/L 的汞标准溶液。

（4）标准系列溶液的制备：取 36 种元素混合标准使用液 0.00ml、0.10ml、0.50ml、1.00ml、5.00ml、10.0ml 于 100ml 容量瓶中，加 0.5mol/L 硝酸溶液至刻度，摇匀，配制成浓度分别为 0.00μg/L、1.00μg/L、5.00μg/L、10.0μg/L、50.0μg/L、100μg/L 的混合标准系列溶液。取汞标准使用液 0.00ml、0.50ml、1.00ml、2.00ml、4.00ml、5.00ml 于 100ml 容量瓶中，加 0.5mol/L 硝酸溶液至刻度，摇匀，配制成浓度分别为 0.00μg/L、0.50μg/L、1.00μg/L、2.00μg/L、4.00μg/L、5.00μg/L 汞元素标准系列溶液。根据待测元素的实际含量，可在此范围内选取合适的标准曲线范围。

（5）内标使用液：用 0.5mol/L 硝酸溶液配成浓度各为 20μg/L 的（Re+Rh）混合内标使用液。

（6）质谱调谐液：锂（Li）、钴（Co）、铟（In）、铀（U）、钡（Ba）、铈（Ce）混合溶液为质谱调谐液，浓度为 1.0μg/L。

2. 样品预处理

（1）湿式消解法：称取样品 0.5～1.0g（精确到 0.0001g），置于三角瓶中，同时做试剂空白。样品如含有乙醇等有机溶剂，先在水浴或电热板上低温挥发。若为膏霜型样品，可预先在水浴中加热使瓶壁上样品融化流入瓶的底部。加入数粒玻璃珠，然后加入混合酸 10～15ml，由低温至高温加热消解，不时缓缓摇动使均匀，消解至冒白烟，消解液呈淡黄色或无色。浓缩消解液至 2～3ml。冷至室温后定量转移至 25ml 具塞比色管中，以水定容至刻度，备用。对于某些粉质化妆品消解后存在一些沉淀物或悬浊物，定容后过滤，待测。

（2）微波消解法：称取样品 0.3～0.5g（精确到 0.0001g），置清洗好的聚四氟乙烯消解罐内，同时做试剂空白。含乙醇等挥发性原料的化妆品如香水、摩丝、沐浴液、染发剂、精华素、刮胡水、面膜等，先放入温度可调的 100℃恒温电加热器或水浴上挥发（不得蒸干）。油脂类和膏粉类等干性物质，如唇膏、睫毛膏、眉笔、胭脂、唇线笔、粉饼、眼影、爽身粉、痱子粉等，取样后先加水 0.5～1.0ml，润湿摇匀。

根据样品消解难易程度，样品或经预处理的样品，先加入硝酸 3.0～5.0ml，静置过夜，充分作用。然后再依次加入过氧化氢 1.0～2.0ml，将消解罐晃动几次，使样品充分浸没。放入沸水浴或温度可调的恒温电加热设备中 100℃加热约 30min 取下，冷却。把装有样品的消解罐拧上罐盖，放进微波消解仪中。微波消解处理过程中参数选择可参考实验一。

将样品移至 25ml 具塞比色管中，用水洗涤消解罐数次，合并洗涤液，用水定容至 25ml，备用。对于某些粉质化妆品消解后存在一些沉淀物或悬浊物，定容后过滤，待测。

3. 仪器参考条件 用调谐液调整仪器各项指标，使仪器灵敏度、氧化物、双电荷、分辨率等指标达到要求。其他参数条件射频功率为 1550W；等离子体氩气流速为 14L/min；雾化器氩气流速为 1ml/min；采样深度为 5mm；雾化器为 Barbinton；雾化室温度 4℃；采样锥与截取锥类型为镍锥；模式为碰撞反应模式。

4. 样品测定 在上述仪器条件下，引入在线内标溶液，标准和样品同时进行电感耦合等离子体质谱分析。每一样品定量需三次积分，取平均值。以各元素标准溶液浓度为横坐标，各元素与相应内标计数值的比值为纵坐标，绘制标准曲线，由工作站直接计算出待测溶液的浓度。

对每一元素，应测定可能影响数据的每一同位素，以减少干扰造成的分析误差。推荐测定的元素同位素见附录 2。

5. 实验结果表述

（1）计算公式：样品中各元素的含量按式（2-5）计算：

$$\omega=\frac{(\rho_1-\rho_0)\times V}{m\times 1000} \tag{2-5}$$

式中，ω——样品中锂等 37 种元素的浓度，mg/kg；ρ_1——测试溶液中待测元素的质量浓度，μg/L；ρ_0——空白溶液中待测元素的质量浓度，μg/L；V——样品消解液总体积，ml；m——样品取样量，g。

结果以重复性条件下获得的两次独立测定结果的算术平均值表示，结果保留两位有效数字。在重复性条件下获得的两次独立测定结果的绝对差值不得超过算术平均值的 20%。

（2）定量限和检测限：见附录 1。

五、注意事项

1. 汞元素为易挥发元素，在样品处理过程中，应尽量降低预消解温度和赶酸温度（100℃以下为宜），同时也应减少赶酸时间，赶酸至氮氧化物除去即可。

2. 汞元素的标准溶液应现用现配，防止吸附。其他元素标准液可配制后放入 4℃冰箱中，有效期一周。为避免元素的吸附作用，不宜使用玻璃试剂瓶存储标准溶液，最好使用塑料材质的试剂瓶。

3. 每种元素的质量数的选择会对测量结果产生轻微影响，附录 1 中所列出的各质量数是优化后的结果。

六、思考题

1. 电感耦合等离子体质谱仪的工作原理是什么？相比较于原子光谱（原子吸收或原子发射）有何优缺点？

2. 相对外标法而言，内标法有哪些优点和缺点？

3. 使用电感耦合等离子体质谱仪可以同时测多种元素，在使用过程中需要注意哪些方面来确保多个元素测量的准确性？

第三章

化妆品中禁限用物质的检测

化妆品是现代生活必不可少的日用消费品，其安全性越来越受到关注，某些物质应用于化妆品会对人体健康造成多种急性或慢性的损害，如对皮肤或黏膜产生刺激作用，引发过敏或接触性皮炎，甚至会引起孕妇流产或胎儿畸形，有些还有致癌作用等，故将这些物质列为化妆品中的禁用物质或限用物质。《化妆品安全技术规范》(2015年版)列有1388项禁用物质和47项限用物质。研究化妆品中禁限用组分的检测，有助于提高政府对化妆品的监管，保证化妆品的安全性。

目前，化妆品中禁限用物质的检测常用的方法有高效液相色谱法、气相色谱法、液相色谱-质谱法、气相色谱-质谱法、原子吸收分光光度法等。本章采用以上检测方法，共安排了11个实验对化妆品中的禁限用物质进行检测，分别为禁用组分抗真菌药、抗生素、性激素类药物、丙烯酰胺、二噁烷、氢醌、苯酚、石棉、甲醇；限用组分 α-羟基酸、过氧化氢、水杨酸和间苯二酚。

第一节　化妆品中禁用物质的检测

实验六　洗发类化妆品中违禁抗真菌药物的检测

一、实验目的

1. 熟悉洗发类化妆品中禁用的抗真菌药物成分及常用检测方法。
2. 学习高效液相色谱法检测洗发类化妆品中违禁氟康唑、酮康唑、特康唑和硝酸咪康唑含量的技术和方法。
3. 了解高效液相色谱仪的构造、原理及使用方法。

二、实验原理

头屑是头皮角质细胞过度增生而引起的脱屑现象，据统计我国大约有60%的成年人受到不同程度的头屑问题困扰，人们缓解头屑问题最常用的方法是使用去屑洗发类化妆品。市场上去屑类洗发水约占洗发类化妆品总量的35%以上，去屑洗发水作为发用化妆品的重要组成部分，与人们日常生活密切相关。去屑洗发水是指添加了适宜去屑剂(常用去屑剂有水杨酸、吡啶硫酮锌、二硫化硒、氯咪巴唑和吡罗克酮等)以达到去屑效果的化妆品，多数去屑剂在去屑同时会给人体带来一定的副作用，故《化妆品安全技术规范》对去屑剂的用量有严格的限制。

氟康唑、酮康唑、特康唑和硝酸咪康唑为广谱抗真菌药物，对皮肤癣、念珠菌及隐球菌均有一定的抑制和杀灭作用，可以缓解由花斑癣、脂溢性皮炎和头皮糠疹引起的脱屑与瘙痒，可用于以上疾病的药物治疗，具有去屑止痒的效果。但由于其毒性反应较大，《化妆品安全技术规范》(2015年版)中规定其为禁用组分，化妆品中不得检出。随着对化妆品市场监管工作的加强，在去屑类洗发水中检测违禁添加的抗真菌药物已成为监管工作的重点之一。本实验采用高效液相色谱法同时检测洗发水中氟康唑、酮康唑、特康唑和硝酸咪康唑的含量，对市售去屑洗发类化妆品进行监测。

三、仪器与试剂

1. 仪器 高效液相色谱仪配二极管阵列检测器；超声波清洗仪；精密 pH 计；涡旋混合仪；离心机，精密移液器；电子天平等。

2. 试剂 氟康唑标准品、酮康唑标准品、特康唑标准品、硝酸咪康唑标准品（含量测定用，纯度＞98%）；乙腈（色谱纯）；除另有规定外，本实验所用试剂均为分析纯或以上规格，水为 GB/T 6682-2008 规定的一级水。检测样品为市售去屑洗发类化妆品。

四、操作步骤

1. 标准溶液的配制 混合标准储备溶液：分别称取氟康唑、酮康唑、特康唑和硝酸咪康唑标准品各 10mg（精确到 0.0001g），置同一 100ml 量瓶中，加甲醇溶解并定容至刻度，摇匀制得各组分浓度均为 0.1mg/ml 的混合标准储备溶液。

2. 样品处理 称取洗发水样品 1.0g（精确到 0.0001g），置 50ml 量瓶中，加甲醇适量，超声 20min，冷却至室温，加甲醇定容至刻度，摇匀。离心（4000r/min）15min，取上清液经 0.45μm 滤膜过滤，取续滤液为待测样品溶液。

3. 色谱条件 色谱柱为 C_{18} 柱（4.6mm×150mm，5μm）或等效色谱柱；流动相为 0.34%四丁基硫酸氢铵溶液-乙腈（95∶5）；检测波长 210nm；流速 1.0ml/min；柱温 30℃；进样量 10μl。在此色谱条件下，进样测定，各组分的理论板数均大于 10 000，分离度良好。

4. 含量测定

（1）标准曲线绘制：取混合标准储备溶液适量，用甲醇配制得各组分浓度为 1μg/ml、2μg/ml、5μg/ml、10μg/ml、20μg/ml、50μg/ml、100μg/ml 的混合标准系列溶液，在设定色谱条件下，分别进样测定，记录色谱图。以混合标准系列溶液浓度为横坐标，峰面积为纵坐标，绘制标准曲线，计算回归方程。

（2）样品测定：在设定色谱条件下，取待测样品溶液进样测定（若样品中被测组分含量过高，可用甲醇稀释后测定）。根据保留时间和紫外光谱图定性，记录峰面积，根据标准曲线回归方程计算相应组分的浓度。按式（3-1）计算样品中相应组分的含量。

5. 实验结果表述

（1）计算公式

$$\omega=\frac{\rho\times V}{m} \tag{3-1}$$

式中，ω——化妆品中氟康唑等组分的质量分数，μg/g；ρ——从标准曲线计算得到的待测组分质量浓度，μg/ml；V——样品定容体积，ml；m——样品取样量，g。

（2）定量限及检测限：在设定的色谱条件下，一般以 3 倍信噪比（$S/N=3$）确定检出限，10 倍信噪比（$S/N=10$）确定定量限。

（3）回收率和精密度：在设定的色谱条件下，高、中、低浓度的方法回收率为 85%～115%，相对标准偏差小于 10%。

五、注意事项

1. 洗发类化妆品在样品处理的过程中，要避免振摇，以免产生泡沫，影响提取与定容。

2. 高效液相色谱的流动相均为色谱纯的试剂，使用前用 0.45μm 滤膜过滤（有机相用有机膜，水相用水膜，不可混用），以除去试剂中可能含有的细微颗粒。

3. 由于洗发类化妆品的基质成分复杂，样品测定时要保证所有成分均洗脱出色谱柱，而不会干扰下一次的样品测定，建议每个样品测定后，用 0.34%四丁基硫酸氢铵溶液-乙腈（50：50）冲洗系统 20min。

4. 由于氟康唑、酮康唑、特康唑和硝酸咪康唑的最大吸收波长各不相同，为保证各成分均有良好的灵敏度，综合考虑采用 210nm 作为检测波长。

六、思考题

1. 去屑类洗发产品中常用的去屑剂有哪几类?

2. 洗发水中常用的去屑剂在化妆品中哪些是禁用成分、哪些是限用成分?

3. 常用的去屑剂的检测方法有哪些?

4. 洗发水类化妆品的检测在样品处理过程中有何注意事项?

实验七　祛痘类化妆品中违禁药物的检测

一、实验目的

1. 熟悉祛痘类化妆品中禁用的抗菌药物。

2. 学习高效液相色谱法检测祛痘类化妆品中违禁盐酸米诺环素、二水土霉素、盐酸四环素、盐酸金霉素、盐酸多西环素、氯霉素及甲硝唑含量的方法。

二、实验原理

祛痘或抑制粉刺类化妆品是目前监管难度最大的化妆品类别之一，其非法添加抗菌类药物的现象比较普遍。抗生素及某些抑菌药物能抑制微生物的生长，不法商家为了达到祛痘类化妆品的祛痘效果，有时会在化妆品中违禁加入抑菌药物。这些药物的使用暂时会使祛痘效果明显，但会诱发菌群失调，极易引起接触性皮炎、抗生素过敏等症。《化妆品安全技术规范》（2015 年版）中规定抗生素为化妆品禁用组分，化妆品中不得检出。化妆品中抗生素检测方法，目前大都采用反相高效液相色谱法，以保留时间和色谱图定性，峰面积定量，以标准曲线法计算含量。本实验采用高效液相色谱法同时测定几种市售祛痘化妆品中 6 种抗生素及甲硝唑的含量。

三、仪器与试剂

1. 仪器　高效液相色谱仪配二极管阵列检测器；超声波清洗器；精密 pH 计，涡旋混合仪，离心机，电子天平等。

2. 试剂　甲硝唑标准品、盐酸多西环素标准品、二水土霉素标准品、盐酸四环素标准品、盐酸金霉素标准品、盐酸米诺环素标准品、氯霉素标准品（含量测定用）；甲醇、乙腈（色谱纯）；除另有规定外，本实验所用试剂均为分析纯或以上规格，水为 GB/T6682-2008

规定的一级水。检测样品为市售祛痘化妆品。

四、操作步骤

1. 标准溶液的配制 混合标准储备溶液：分别精密称取甲硝唑、盐酸多西环素、二水土霉素、盐酸四环素、盐酸金霉素、盐酸米诺环素、氯霉素标准品各 0.1g（精确到 0.0001g），用少许甲醇及盐酸溶解，移入 100ml 容量瓶中，甲醇定容至刻度，摇匀制得各组分浓度均为 1.00mg/ml 的混合标准储备溶液。

2. 样品处理 称取祛痘化妆品试样 1.00g，精密称定，于 10ml 具塞比色管中，加 0.1mol/L 的盐酸 2ml，轻轻振荡使样品溶解，加甲醇定容至刻度，超声 30min。离心（4000r/min）15min，取上清液经 0.45μm 滤膜过滤，取续滤液为待测样品溶液。

3. 色谱条件 色谱柱为 C_{18} 柱（4.6mm×150mm，5μm）或等效色谱柱；检测波长 268nm；流速 0.8ml/min；柱温 25℃；进样量 10μl，流动相由甲醇、乙腈和 0.002mol/L 的草酸（磷酸调水溶液 pH 至 2.0）组成，梯度洗脱。色谱条件见表 3-1，在此色谱条件下，进样测定，各组分的理论板数均大于 5000，分离度良好。

表 3-1 6 种抗生素及甲硝唑同时测定梯度洗脱条件

时间（min）	甲醇（%）	乙腈（%）	草酸（%）
0	4	16	80
6	6	24	70
13	7	28	65
20	7	28	65
25	4	16	80

4. 含量测定

（1）标准曲线绘制：取混合标准储备溶液适量，用甲醇配制得浓度为 1μg/ml、2μg/ml、5μg/ml、10μg/ml、20μg/ml、50μg/ml、100μg/ml 的混合标准系列溶液，分别进样测定，记录色谱图。以混合标准系列溶液浓度为横坐标，峰面积为纵坐标，绘制标准曲线，计算回归方程。

（2）样品测定：在设定色谱条件下，取待测样品溶液进样测定（若样品中被测组分含量过高，可用甲醇稀释后测定）。根据保留时间和紫外光谱图定性，记录峰面积，根据标准曲线回归方程计算相应组分的浓度。按式（3-2）计算样品中相应组分的含量。

5. 实验结果表述

（1）计算公式

$$\omega = \frac{\rho \times V}{m} \tag{3-2}$$

式中，ω——化妆品中盐酸米诺环等 7 种组分的质量分数，μg/g；ρ——从标准曲线计算得到的待测组分质量浓度，μg/ml；V——样品定容体积，ml；m——样品取样量，g。

（2）定量限和检测限：在设定的色谱条件下，一般以 3 倍信噪比（$S/N = 3$）确定检测限，10 倍信噪比（$S/N = 10$）确定定量限。

（3）回收率和精密度：在设定的色谱条件下，6 种抗生素及甲硝唑高、中、低浓度的方法回收率为 80%～110%，相对标准偏差小于 5%。

五、注意事项

1. 四环素类抗生素结构中活性基团众多，性质不稳定，与钙或镁离子形成不溶性的钙盐或镁盐，与铁离子形成红色络合物，与铝离子形成黄色络合物，或遇蛋白质发生缔合作用，影响提取，因此需要用酸将其从样品中提取出来。

2. 四环素类抗生素在弱酸性溶液中相对较稳定，在酸性条件下（$pH<2$）、中性或碱性条件下（$pH>7$）中易降解，所以提取液中 0.1mol/L 盐酸的加入量可影响提取效率。

3. 甲醇、乙腈、草酸溶液的比例对 6 种抗生素及甲硝唑分离具有可大影响。有文献报道，可用甲醇：乙腈：0.01mol/L 草酸=11：22：67（*V*/*V*/*V*）等度洗脱，但为了达到较佳的分离效果一般需用梯度洗脱，具体梯度可能需要根据仪器条件进行摸索调试。

4. 流动相 pH 对四环素类抗生素分离有很大影响，在一定 pH 范围内分离效果好，本实验 pH 为 2.0～2.5 较理想。

5. 流速影响化合物的分离，随着流速的增加，柱压升高，不利于化合物的分离及色谱柱的长期使用，同时也对峰宽、峰高、峰面积有影响，实验中的流速可结合实验自行调整。

六、思考题

1. 祛痘类化妆品中为什么会添加抑菌药物？

2. 化妆品中抗生素的检测方法常用的有哪些？

3. 样品含量测定方法的建立中为什么要进行回收率实验？

实验八　化妆品中禁用性激素的检测

一、实验目的

1. 熟悉化妆品中常添加的性激素及检测方法。

2. 学习高效液相色谱法检测化妆品中雌酮、雌二醇、雌三醇、己烯雌酚、睾酮、甲睾酮、黄体酮 7 种性激素含量的方法。

二、实验原理

性激素（包括雌激素、雄激素、孕激素）是一种类固醇激素，性激素添加到化妆品中有抗衰老、防止细胞老化、增加皮肤弹性、促进毛发生长等功效，但长期使用会导致色素沉积、皮肤萎缩及人体代谢紊乱，甚至具有致癌性。一些不良化妆品生产商，为了增强其产品的功效，非法添加性激素。消费者在使用添加性激素的化妆品的初期，产品效果明显，长期使用此类化妆品容易诱发乳腺癌、子宫内膜癌等激素依赖性肿瘤。我国《化妆品安全技术规范》和欧盟化妆品法规均明确规定性激素为化妆品禁用组分。因而研究化妆品中性激素类物质的检测方法具有重要意义。

化妆品中性激素的检测方法主要包括薄层色谱法、分光光度法、毛细管电色谱法、气相色谱-质谱联用法、高效液相色谱法、高效液相色谱-质谱联用法等。其中，以高效液相色谱法应用最为广泛。本实验选择了较具代表性的雌酮、雌二醇、雌三醇、己烯雌酚、睾酮、甲睾酮、黄体酮 7 种性激素，采用高效液相色谱法对化妆品中性激素含量进行监测。

三、仪器与试剂

1. 仪器 高效液相色谱仪配二极管阵列检测器；恒温水浴锅；精密 pH 计，涡旋混合仪，离心机，电子天平等。

2. 试剂 雌酮标准品、雌二醇标准品、雌三醇标准品、己烯雌酚标准品、睾酮标准品、甲睾酮标准品、黄体酮标准品（含量测定用）；甲醇、乙腈（色谱纯）；除另有规定外，本实验所用试剂均为分析纯或以上规格，水为 GB/T6682-2008 规定的一级水。样品为待检化妆品。

四、操作步骤

1. 标准溶液的配制 雌激素标准储备溶液：分别称取雌酮、雌二醇、雌三醇、己烯雌酚各 0.2g（精确到 0.0001g），用少量甲醇溶解，转移至 100ml 容量瓶中，甲醇稀释至刻度。

雄激素标准储备溶液：分别称取睾酮、甲睾酮各 0.06g（精确到 0.0001g），用少量甲醇溶解，转移至 100ml 容量瓶中，用甲醇稀释至刻度。

孕激素标准储备溶液：称取黄体酮 0.06g（精确到 0.0001g），用少量甲醇溶解，转移至 100ml 容量瓶中，用甲醇稀释至刻度。

混合标准储备溶液：分别取雌激素标准储备溶液 50.00ml，雄激素标准储备溶液 5.00ml 和孕激素标准储备溶液 5.00ml 置于 100ml 容量瓶中，用甲醇稀释至刻度，配成 1ml 分别含 4 种雌激素各 1.00mg、2 种雄激素各 30.0μg 和 1 种孕激素 30.0μg 的混合标准储备溶液。

2. 样品处理 溶液状样品：称取样品 0.5g（精确到 0.001g）于 10ml 具塞比色管中，在水浴上蒸除乙醇等挥发性有机溶剂，用甲醇定容到 10ml，超声 20min，过 0.45μm 微孔滤膜，取续滤液为待测样品溶液。

乳膏状样品：称取样品 0.5g（精确到 0.001g）于 100ml 锥形瓶中，加入饱和氯化钠溶液 50ml，2%硫酸 2ml，振荡溶解，转移至 100ml 分液漏斗中，以环己烷 30ml 分 3 次萃取，必要时离心分离，合并环己烷层并在水浴上蒸除。用甲醇溶解残留物，转移到 10ml 具塞比色管中，用甲醇稀释到刻度。混匀后，过 0.45μm 微孔滤膜，取续滤液为待测样品溶液。

3. 色谱条件 色谱柱为 C_{18} 柱（4.6mm×150mm，10μm）或等效色谱柱；检测波长 204nm（雌激素），245nm（雄激素、孕激素）；流速 1.2ml/min；柱温为室温；进样量 10μl，流动相为甲醇-水（60∶40）。在此色谱条件下，分别取混合标准溶液和样品溶液进样，各组分的理论板数均大于 5000，分离度良好。

4. 含量测定

（1）标准曲线绘制：取混合标准储备溶液 1.00ml、2.00ml、3.00ml、4.00ml、5.00ml 于 10ml 具塞比色管中，用甲醇稀释至 10ml 刻度，制得混合标准系列溶液。分别进样测定，记录色谱图。以混合标准系列溶液浓度为横坐标，峰面积为纵坐标，绘制标准曲线，计算回归方程。

（2）样品测定：在设定色谱条件下，取待测样品溶液进样测定（若样品中被测组分含量过高，可用甲醇稀释后测定）。根据保留时间和紫外光谱图定性，记录峰面积，根据标准曲线回归方程计算相应组分的浓度。按式（3-3）计算样品中相应组分的含量。

5. 实验结果表述

（1）计算公式

$$\omega=\frac{\rho\times V}{m} \tag{3-3}$$

式中，ω——化妆品中雌三醇等 7 种组分的质量分数，μg/g；ρ——从标准曲线计算得到的待测组分质量浓度，μg/ml；V——样品定容体积，ml；m——样品取样量，g。

（2）定量限和检测限：在设定的色谱条件下，一般以 3 倍信噪比（$S/N=3$）确定检测限，10 倍信噪比（$S/N=10$）确定定量限。

（3）回收率和精密度：在设定色谱条件下，高、中、低浓度的方法回收率为 90%～105%，相对标准偏差小于 5%。

五、注意事项

1. 对于化妆品中性激素的提取，多采用液-液萃取的方法，但萃取过程易出现乳化现象，操作要仔细认真，必要时可离心分离。

2. 对于乳膏状化妆品，也可用甲醇直接提取，但甲醇提取杂质干扰较多，不易分离。

3. 用甲醇-水洗脱比乙腈-水有助于激素在色谱柱上的保留，甲醇的体积分数越多，目标物出峰时间越短，间隔越小，杂质峰可能干扰严重。本色谱条件下，若 V（甲醇）＞80%，样品中杂质峰对目标物干扰严重，己烯雌酚与雌二醇不能完全分离。

六、思考题

1. 化妆品中添加性激素对人体的危害是什么？

2. 性激素有几种类型？常用的检测方法有哪些？

3. 含量测定方法的建立，方法学考察包括哪些项目？

实验九 化妆品中丙烯酰胺的检测

一、实验目的

1. 了解化妆品中丙烯酰胺的来源及常用的检测方法。

2. 学习高效液相色谱-质谱法测定化妆品中丙烯酰胺含量的方法和技术。

二、实验原理

丙烯酰胺是一种白色结晶化合物，是生产聚丙烯酰胺的原料。聚丙烯酰胺作为黏合剂、增稠剂、调理剂、成膜剂、发用定型剂等广泛用于化妆品中。由于在聚合反应过程中丙烯酰胺单体实际上难以全部参与反应，因而丙烯酰胺单体可能作为杂质残留于聚丙烯酰胺制品中。丙烯酰胺具有神经毒性、生殖毒性和致癌作用，其有较强的组织渗透性，可以通过未破损的皮肤、黏膜、肺和消化道进入人体，易被人体消化道、呼吸道、皮肤等组织吸收。故残留在化妆品中的丙烯酰胺单体会对人体造成潜在的危险，《化妆品安全技术规范》（2015 年版）中规定丙烯酰胺为禁用组分，化妆品中不得检出。

由于丙烯酰胺分子量较低、极性较高，且缺乏明显的发色团（共轭双键、三键、苯环等），使得定量分析丙烯酰胺比较困难。目前化妆品中丙烯酰胺的检测方法，常用的有气相色谱法、液相色谱法、液相色谱-串联质谱法等。相对于液相色谱法和气相色谱法，高效液相色谱-串联质谱法（HPLC-MS/MS）具有高选择性，它降低了色谱的背景干扰及信噪比，使得对丙烯酰胺的检测限降低。大部分化妆品中的基质复杂多样，为样品的前处理带来一定的困难，采用串联质谱技术的多反应监测模式则可有效排除基质干扰，是目前化妆品中成分检测的一大趋势。本实验采用高效液相色谱-串联质谱法测定化妆品中丙烯酰胺单体残留量，可检测的化妆品包括各种面霜、乳液、啫喱、爽肤水、洁面乳、凝胶、精华液、面膜、眼霜、按摩霜等。

三、仪器与试剂

1. 仪器 液相色谱-三重四极杆质谱联用仪；超声波清洗器；精密 pH 计，涡旋振荡器，高速离心机，电子天平等。

2. 试剂 丙烯酰胺标准品、氘代丙烯酰胺标准品（含量测定用，纯度≥98%）；甲醇、乙酸铵溶液、乙腈（色谱纯）；除另有规定外，本实验所用试剂均为分析纯或以上规格，水为 GB/T6682-2008 规定的一级水。样品为待检化妆品。

四、操作步骤

1. 标准溶液的配制 内标溶液：称取氘代丙烯酰胺标准品 10mg（精确到 0.0001g）置 100ml容量瓶中，加10%的乙腈溶液适量使其溶解并定容至刻度，摇匀，即得浓度为100μg/ml的氘代丙烯酰胺储备溶液。精密量取氘代丙烯酰胺储备溶液 1ml 置 50ml 容量瓶中，以 10%的乙腈稀释至刻度，即得浓度为 2μg/ml 氘代丙烯酰胺内标溶液。

标准储备溶液：称取丙烯酰胺标准品 50mg（精确到 0.0001g）置 100ml 容量瓶中，加 10%乙腈溶液适量使溶解并定容至刻度，摇匀，即得质量浓度为 0.5mg/ml 的丙烯酰胺标准储备液。

标准系列溶液：精密量取丙烯酰胺标准储备溶液和内标溶液适量，以 10%乙腈作溶剂，定量稀释制成含丙烯酰胺浓度分别为 5ng/ml、10ng/ml、20ng/ml、50ng/ml、75ng/ml、100ng/ml 的标准溶液，内标均为 20ng/ml。

2. 样品处理 称取样品 0.1g（精确到 0.0001g）置 5ml 塑料离心管中，加浓度为 2μg/ml 的内标溶液 50μl，涡旋 30s；然后加 0.15ml 0.02mol/L 的乙酸铵溶液，涡旋 30s，再加 2.0ml 10%乙腈溶液，涡旋 60s 后，以 10 000r/min 转速离心 10min，取上清液，氮气吹干，残渣加 2ml 色谱流动相复溶，涡旋 60s，以 10 000r/min 转速离心 5min，经 0.45μm 微孔滤膜过滤，取续滤液为样品待测溶液。

3. 色谱条件 色谱柱为 C_{18} 柱（2.1mm×150mm，3.5μm）或等效色谱柱；流动相为甲醇-0.1%甲酸水溶液（98∶2），恒度洗脱 3min；流速 0.3ml/min；柱温 25℃；进样量 10μl。质谱条件见下：离子源为电喷雾离子源（ESI 源）；监测模式为正离子监测；监测离子对及相关电压参数设定见表 3-2；雾化气压力 50psi（1psi=6.9×10^3Pa）；干燥气流速 12L/min；干燥气温度 350℃；毛细管电压 4000V；0～1min 不进入质谱仪分析，1～2.5min 进入质谱仪分析。

表 3-2 三重四级杆离子对及相关电压参数设定表

组分名称	母离子（*m/z*）	Frag（V）	子离子（*m/z*）	CE（V）
丙烯酰胺	72	40	55	8
氘代丙烯酰胺（内标）	75	40	58	8

4. 含量测定

（1）标准曲线绘制：在设定色谱条件下，取已配制标准系列溶液进样测定，以丙烯酰胺的质量浓度为横坐标（ρ），丙烯酰胺与内标的峰面积比为纵坐标（Y），以 Y 对 ρ 进行线性回归，计算回归方程。

（2）样品测定

1）定性：用高效液相色谱-质谱法对样品进行定性判定，如果检出的色谱峰的保留时间与标准品相一致，并且所选择的监测离子对的相对丰度比与标准样品的离子对相对丰度比相一致（表 3-3），则可以判断样品中存在丙烯酰胺。

表 3-3　监测离子和离子相对丰度比

检测离子对（m/z）	离子相对丰度比（%）	允许相对偏差（%）
72～55	100	
72～44	应用标准品测定离子相对丰度比	±50
72～27	应用标准品测定离子相对丰度比	±50

2）定量：在设定色谱条件下，取已配制样品待测溶液进样测定，将丙烯酰胺与内标的峰面积比代入标准曲线，计算丙烯酰胺的质量浓度，进而算出样品中丙烯酰胺的含量。

5. 实验结果表述

（1）计算公式见式（3-4）。

$$\omega = \frac{m_1}{m} \tag{3-4}$$

式中，ω——化妆品中丙烯酰胺的含量，μg/g；m_1——从标准曲线得到待测组分的质量，μg；m——样品取样量，g。

（2）检出限和定量限：在设定的色谱条件下，一般以 3 倍信噪比（S/N=3）确定检出限，10 倍信噪比（S/N = 10）确定定量限。

（3）回收率和精密度：在设定的色谱条件下，平均方法回收率为 90.0%～115.0%，相对标准偏差小于 9%（n=6）。

五、注意事项

1. 流动相中有机相的选择：分别选择甲醇、乙腈作为流动相中的有机相，结果发现乙腈为有机相时，丙烯酰胺的峰形较好，但保留时间太短，有些化妆品易受到基质抑制效应的影响。若选择甲醇为有机相，则丙烯酰胺的保留时间较长，基质抑制效应的影响可通过减小甲醇的百分比而得到明显改善或消除。故本实验选择甲醇作为有机相。

2. 丙烯酰胺为强极性化合物，在反相色谱柱上保留较弱，在此色谱条件下，丙烯酰胺的保留时间为 2.5min 左右，故本实验恒度洗脱 3min。3min 后可以增加流动相中甲醇的比例，洗脱化妆品样品中可能保留的其他成分，避免干扰后一针样品的检测。3min 后的洗脱液直接排入废液瓶，不进入质谱检测器，以免污染检测器。

3. 在流动相中添加 0.1%甲酸，可改善质谱的离子化效率，提高质谱检测的灵敏度。不同浓度的甲酸溶液虽然不影响丙烯酰胺的保留时间，但可影响丙烯酰胺的响应。

六、思考题

1. 化妆品中为什么会有丙烯酰胺？对人体有何危害？
2. 高效液相色谱-串联质谱的工作原理是什么？
3. 色谱定量分析中内标法的原理和特点是什么？

实验十　化妆品中二噁烷的检测

一、实验目的

1. 了解化妆品中二噁烷的来源及常用的检测方法。
2. 学习气相色谱-质谱法测定化妆品中二噁烷含量的方法和技术。

二、实验原理

二噁烷，化学名 1，4-二氧六环，是一种无色挥发性液体，溶于水及一般溶剂，对肝脏、肾脏和神经系统均会造成损害，且具有致癌性。在化妆品中，二噁烷主要来源于一些阴离子及非离子表面活性剂，脂肪醇聚氧乙烯醚硫酸盐（AES）是其主要来源。AES 由脂肪醇和环氧乙烷进行加成反应制得，反应过程中环氧乙烷发生二聚产生副产物二噁烷。《化妆品安全技术规范》（2015 年版）规定二噁烷为化妆品组分中的禁用物质。

目前针对合成洗涤剂及化妆品中二噁烷残留的样品前处理方法主要有顶空法（HS）、热脱附法（TD）、固相萃取法（SPE）和固相微萃取法（SPME）等，检测技术主要采用气相色谱法（GC）和气相色谱-质谱法（GC-MS）。其中气相色谱法成本较低，应用较为普遍，但其检出限略高；而气相色谱-质谱法的精密度更高，定性效果更好，已成为二噁烷残留测定的主要技术手段。本实验采用气相色谱-质谱法测定化妆品中二噁烷的含量，该方法适用于液态水基类、膏霜乳液类化妆品中二噁烷含量的测定。

三、仪器与试剂

1. 仪器　气相色谱仪（配有质谱检测器）；顶空进样器（或气密针）；超声波清洗器；高速离心机，电子天平；顶空瓶 20ml 等。

2. 试剂　二噁烷标准物质（含量测定用，纯度＞99.0%）；氯化钠；除另有规定外，本实验所用试剂均为分析纯或以上规格，水为 GB/T6682-2008 规定的一级水。样品为待检化妆品。

四、操作步骤

1. 标准溶液的配制　标准储备溶液：称取二噁烷标准物质 0.1g（精确到 0.0001g），置 100ml 容量瓶中，用水配制成浓度为 1000μg/ml 的标准储备溶液。

标准系列溶液：用水将标准储备溶液分别配成二噁烷浓度为 4μg/ml、10μg/ml、20μg/ml、50μg/ml、100μg/ml 的标准系列溶液。

系列浓度基质标准溶液：称取空白基质 2g（精确到 0.001g）6 份，分别加入标准系列溶液 1.0ml，置于顶空进样瓶中，加氯化钠 1g，加水 8ml，密封后超声，轻轻摇匀，即得质量浓度为 0μg/g、2μg/g、5μg/g、10μg/g、25μg/g、50μg/g 的系列浓度基质标准溶液。

2. 样品处理　称取样品 2g（精确到 0.001g），置于顶空进样瓶中，加入氯化钠 1g，去离子水 8ml，密封后超声，轻轻摇匀，置于顶空进样器中，待测。当样品中二噁烷含量超过标准曲线范围后，应对样品进行适当稀释并选择合适的标准曲线范围进行检测。

3. 色谱条件

（1）气相色谱-质谱条件：色谱柱为交联 5%苯基甲基硅烷毛细管柱（30m×0.25mm×0.25μm）或等效色谱柱；升温程序：40℃（8min），220℃（10min），可根据实验室情况适当调整升温程序。进样口温度为 210℃；色谱-质谱接口温度为 280℃；载气为氦气，纯度≥99.999%，流速 1.0ml/min；电离方式为电子电离（EI）；电离能量 70eV；进样方式为分流进样，分流比 1∶1；进样量为 1.0ml；测定方式为选择离子检测（SIM），选择检测离子（*m/z*）见表 3-4。

表 3-4 检测离子和离子相对丰度比

检测离子（*m/z*）	离子相对丰度比（%）	允许相对偏差（%）
88*	100	
58	相当浓度标准品测定离子相对丰度比	±20
43	相当浓度标准品测定离子相对丰度比	±25

注：选择检测离子中带“*”的为定量离子

（2）顶空条件：气化室温度 70℃；定量管温度 150℃；传输线温度 200℃；振荡情况为振荡；气液平衡时间 40min；进样时间 1min。

4. 含量测定

（1）定性：在设定气相色谱-质谱条件下，对待测溶液进行测定，如果检出色谱峰的保留时间与二噁烷标准溶液一致，并且在校正背景后，样品质谱图中所选择的检测离子均出现，而且检测离子相对丰度比与相当浓度标准溶液的离子相对丰度比一致，则可以判定样品中存在二噁烷。

（2）定量：在设定气质条件下，取系列浓度基质标准溶液分别进样，进行质谱分析，以系列基质标准溶液的浓度为横坐标，定量离子（*m/z*）88 的峰面积为纵坐标，绘制标准曲线，其线性相关系数 $r>0.99$。取样品待测溶液进样，测得峰面积，根据基质标准曲线，得到待测溶液中二噁烷的浓度，进一步计算样品中二噁烷的含量。

5. 实验结果表述

（1）计算公式为式（3-5）。

$$\omega=\frac{\rho\times 2.0\times D}{m} \qquad (3\text{-}5)$$

式中，ω——化妆品中二噁烷的质量分数，μg/g；ρ——从标准曲线得到待测组分质量浓度，μg/g；m——样品取样量，g；D——稀释倍数（不稀释则取 1）。

在重复性条件下获得的两次独立测定结果的绝对差值不得超过算术平均值的 10%。

（2）回收率和精密度：低浓度的平均方法回收率为 91.7%～111.2%，相对标准偏差小于 6.0%；中浓度的平均方法回收率为 86.9%～111.2%，相对标准偏差小于 7.7%；高浓度的平均方法回收率为 93.3%～102.3%，相对标准偏差小于 4.9%。精密度相对标准偏差小于 10.4%（n=6）。

五、注意事项

1. 样品中加入适量氯化钠可产生“盐析”效应，以增加二噁烷的析出量，进而增加二噁烷在仪器中的响应值，提高检测方法的灵敏度。

2. 顶空进样技术可免除烦琐的样品前处理过程，避免有机溶剂对分析造成的干扰，减少对色谱柱及进样口的污染。

3. 由于进入顶空的载气与气化的样品同时进入气相色谱，故用于顶空的气体净化度要求较高，须作净化处理。

4. 顶空瓶加热温度、定量管温度、传输线温度应由小到大，传输线与进样口的温度应保持一致。

5. 样品充满定量管的时间和进样的时间应足够长。

六、思考题

1. 化妆品中二噁烷的主要来源及检测方法有哪些？
2. 什么是顶空进样？其优缺点有哪些？
3. 气相色谱-质谱法的工作原理是什么？
4. 如何控制化妆品中二噁烷的含量？

实验十一　美白化妆品中氢醌、苯酚的检测

一、实验目的

1. 了解化妆品中加入氢醌、苯酚有何作用和危害。

2. 学习高效液相色谱-二极管阵列检测器法测定美白化妆品中氢醌、苯酚含量的方法和技术。

二、实验原理

苯酚是最简单的酚，常温下为白色结晶固体，具有一定的美白作用，且价格低廉。氢醌即对苯二酚，是酪氨酸酶活力抑制剂，早期多用于美白类化妆品中，效果显著。但是苯酚和氢醌的毒理学研究已发现，苯酚属高毒类化合物，对细胞有毒害作用，能使黏膜、心血管和中枢神经系统受到损害，而氢醌对许多系统及器官也有毒害作用，具有确切的心血管疾病和白血病致病性。《化妆品安全技术规范》（2015年版）规定氢醌、苯酚为化妆品组分中的禁用物质，化妆品中不得检出。

目前氢醌、苯酚的检验方法有分光光度法、气相色谱法、液相色谱法、毛细管电泳法、气质联用法、试剂盒快速检测法等多种方法。本实验采用高效液相色谱-二极管阵列检测器法对祛斑美白类化妆品中氢醌、苯酚的含量进行检测。

三、仪器与试剂

1. 仪器　高效液相色谱仪配二极管阵列检测器；超声波清洗仪；精密pH计，涡旋混合仪，离心机，电子天平等。

2. 试剂　氢醌、苯酚、甲醇（色谱纯或优级纯，纯度>99%）；除另有规定外，本实

验所用试剂均为分析纯或以上规格，水为 GB/T6682-2008 规定的一级水。待测样品为市售美白化妆品。

四、操作步骤

1. 标准溶液的配制　氢醌标准溶液：称取色谱纯或经蒸馏精制的氢醌 0.1g（精确到 0.0001g）于烧杯中，用少量甲醇溶解后，转移至 100ml 容量瓶中，用甲醇稀释至刻度。本溶液于 4℃暗处保存，在一个月内稳定。

苯酚标准溶液：称取色谱纯苯酚 0.1g（精确到 0.0001g）于烧杯中，用少量甲醇溶解后，转移至 100ml 容量瓶中，用甲醇稀释至刻度。本溶液于 4℃暗处保存，在一个月内稳定。

混合标准系列溶液：取氢醌标准溶液和苯酚标准溶液适量，分别配制成含氢醌和苯酚均为 2μg/ml、5μg/ml、10μg/ml、20μg/ml、40μg/ml、70μg/ml、100μg/ml 的混合标准系列溶液。

2. 样品处理　称取待测样品 1g（精确到 0.001g）于 10ml 具塞比色管中，必要时在水浴上蒸除乙醇等挥发性有机溶剂，用甲醇定容至 10ml，常温超声提取 15min，离心，取上清液过 0.45μm 微孔滤膜，续滤液作为待测样品溶液。

3. 色谱条件　色谱柱为 C_{18} 柱（4.6mm×150mm，5μm）或等效色谱柱；流动相为甲醇-10mmol/L 磷酸二氢钾（磷酸调 pH 3.5）（60：40）；检测波长 280nm；流速 1.0ml/min；柱温为室温；进样量 10μl。在此色谱条件下，分别取标准溶液和供试品溶液进样，各组分的理论板数均大于 3000，分离度良好。

4. 含量测定

（1）标准曲线的绘制：在设定色谱条件下，取已配制混合标准系列溶液分别进样测定，记录色谱图。以混合标准系列溶液浓度为横坐标，峰面积为纵坐标，绘制氢醌、苯酚的标准曲线，计算回归方程。

（2）样品测定：取样品待测溶液进样，记录色谱图，测得峰面积，根据标准曲线得到样品待测溶液中氢醌、苯酚的浓度，进而计算样品中氢醌、苯酚的含量。

5. 实验结果表述

（1）计算公式为式（3-6）。

$$\omega=\frac{\rho\times V}{m} \tag{3-6}$$

式中，ω——化妆品中氢醌、苯酚的质量分数，μg/g；ρ——从标准曲线计算得到的待测组分质量浓度，μg/ml；V——样品定容体积，ml；m——样品取样量，g。

（2）检出限和定量限：在设定的色谱条件下，一般以 3 倍信噪比（$S/N=3$）确定检出限，10 倍信噪比（$S/N=10$）确定定量限。

（3）回收率和精密度：在设定的色谱条件下，高、中、低浓度的方法回收率为 95.0%～110.0%，相对标准偏差小于 4%（n=6）。

五、注意事项

1. 流动相的离子强度较小时，酸性化合物易出现色谱峰太宽、对称性差等峰形问题，加入适当的缓冲盐可改善这一问题。

2. 氢醌和苯酚均为弱酸性成分，在 C_{18} 色谱柱上的色谱性质比较稳定，流动相的离子强度和 pH 对其色谱行为影响不会太大。

3. 在流动相系统中加入乙酸铵或磷酸二氢钾对氢醌、苯酚的保留时间、峰形和峰面积等无明显影响，但对化妆品样品中杂质峰的峰形有显著的修饰作用，可大大改善目标峰与干扰峰的分离情况。

4. 本实验参考《化妆品安全技术规范》(2015 年版) 中氢醌、苯酚检测第一法，以甲醇-水系统为流动相，等度洗脱，有时不同的色谱条件下，等度洗脱不能将杂质峰和目标峰有效分离，特别是一些添加了中药提取物的样品，可采用梯度洗脱法，适当调节梯度比例，将样品中杂质峰和目标峰有效分离。

六、思考题

1. 为什么有些美白化妆品中会添加氢醌、苯酚？有何危害？
2. 化妆品中氢醌、苯酚含量测定常用的方法有哪些？
3. 什么是回收率？在高效液相色谱法测定物质含量时，如何计算？

实验十二　粉状化妆品中石棉的检测

一、实验目的

1. 了解粉末化妆品中石棉的来源途径及危害。
2. 熟悉粉末化妆品中石棉的检测方法。
3. 学习用 X 射线衍射仪及偏光显微镜测定粉状化妆品及其原料中石棉的含量。

二、实验原理

石棉是天然纤维状硅酸盐类矿物的总称，它包含 6 种矿物石棉：一种为蛇纹石石棉，又称为温石棉；一种为角闪石类石棉，包括蓝闪石石棉、直闪石石棉、透闪石石棉、阳起石石棉和镁铁闪石石棉 5 种。石棉属于有毒有害物质，它能引起石棉肺、胸膜间皮瘤等疾病，而且是公认致癌物质。粉末状化妆品中的石棉大多是滑石粉中的杂质，滑石是一种矿物质，它与含有石棉成分的蛇纹岩共同埋藏在地下，因而在自然形态下常常含有石棉成分。滑石粉手感滑腻、价格便宜，常被用作润滑辅料添加到爽身粉、美容粉等粉末化妆品中。根据《化妆品安全技术规范》(2015 年版)，我国将石棉列为化妆品原料成分的禁用物，不得检出。

目前，石棉的检测主要借鉴的是矿物学的研究和鉴定方法，有 X 射线衍射法 (XRD)、扫描电镜法 (SEM)、红外光谱法 (IR)、相差显微镜法 (PCM)、偏光显微镜法 (PLM)、透射电镜法 (TEM)、差热法 (DTA)、中子活化法 (NAA) 等。每种矿物都具有其特定的 X 射线衍射数据和图谱，样品中某种矿物的含量与其衍射峰的强度成正比关系，据此来判断样品中是否含有某种石棉矿物和测定其含量。每种矿物都有其特定矿物光性和形态特征，通过偏光显微镜观测可以判断样品是否含有石棉。本实验粉状化妆品及其原料中石棉的测定采用 X 射线衍射与偏光显微镜观察相结合的方法进行，首先，用 X 射线衍射仪进行测定，确认是否含有某种石棉，然后，对于初步定为“含有某种石棉”的样品，再用偏光显微镜进一步确认是否存在石棉，具有更高的准确性。

三、仪器与试剂

1. 仪器 X射线衍射仪；偏光显微镜；马弗炉；电子天平等。

2. 试剂 温石棉、蓝闪石石棉、直闪石石棉、透闪石石棉、阳起石石棉、镁铁闪石石棉标准物质；异丙醇（色谱纯）；除另有规定外，本实验所用试剂均为分析纯或以上规格，水为GB/T6682-2008规定的一级水。待测样品为市售粉末化妆品样品。

四、操作步骤

1. 样品处理 准确称取2g待测粉末化妆品放入烘干称量过的坩埚中，放入温度为450℃的马弗炉中，保温1h，关闭电源，冷却，得到灰化后的试样，用于石棉定性、定量分析。

2. X射线衍射测定

（1）技术条件：X射线衍射仪工作参数如下所示。铜靶；工作电压30～45kV；工作电流30～60mA；扫描范围5°～64°（2θ）；采样步宽0.02°/步；发射狭缝宽度1.0mm；散射狭缝宽度1.0mm；接收狭缝宽度0.3mm；扫描时间1.0s/步。

（2）定性分析：将上述灰化后的试样研磨均匀，平整地放置到样品皿中（样品皿为X射线衍射仪配有的凹槽器皿），根据已设定X射线衍射仪条件进行初步定性分析。将样品的X射线衍射数据与石棉矿物的X射线衍射数据（附录3）对比，鉴定样品中的石棉种类。首先分析第一阶段2θ（10°～13°）特征峰，初步判断是否有石棉存在，根据特征峰的位置不同可以判断出可能含有温石棉还是其他5种类型的石棉；其次分析第二阶段2θ（23°～26°）特征峰，此阶段是仅有温石棉才会出现特征峰，最后分析第三阶段2θ（27°～30°）特征峰，这一阶段是除温石棉外的其他5种类型的石棉特征峰出现的阶段。通过对这三阶段特征峰的整体分析不仅可以初步判断试样中是否有石棉存在，同时也可以初步判断是否有温石棉存在。

（3）定量分析

1）标准曲线制备：精确称取5mg石棉标准试样放入250ml的烧杯中，加入100ml异丙醇搅拌、超声分散；然后将其转移到500ml容量瓶中，异丙醇定容至刻度，作为母液。分别从母液中移取5ml、10ml、20ml、50ml、100ml的悬浊液通过装有过滤膜（滤波片）的过滤装置进行过滤，并洗涤数次，取下铺有标准品的滤膜待测（注意取液时应先充分振摇装有母液的容量瓶，之后马上用移液管吸取），同时制备空白滤膜。将制备好具有不同石棉含量（0.05mg、0.1mg、0.2mg、0.5mg、1.0mg）的滤膜固定在X射线衍射分析仪的试样台上（仪器配备含有锌板的样品台），按上述测试条件进行定量分析。

定量分析法是通过消除基底标准锌板法测定的。测定基底标准锌板和标准试样，得到锌板衍射强度I^0_{Zn}、载有试样后基底标准锌板的衍射强度I_{Zn}和标准试样的衍射强度I_m。则有

$$I = I_m \cdot K_f \tag{3-7}$$

$$K_f = -R\ln T/(1-T^R) \tag{3-8}$$

$$T = I_{Zn}/I^0_{Zn} \tag{3-9}$$

根据式（3-7）～式（3-9）计算得到修正后标准试样衍射强度I，以标准试样的含量x为横坐标、校正后标准试样衍射强度I为纵坐标绘制标准曲线，得到6种石棉标准物质的含量与衍射强度的线性方程。

2）样品含量测定：称取 500mg 样品处理得到的灰化试样放入 250ml 的烧杯中，加入异丙醇 100ml 搅拌、超声分散；然后将其转移到 500ml 容量瓶中，异丙醇定容至刻度，按照标准曲线配制方法取出 20ml 悬浊液制备样品滤膜。采用与标准试样相同的测试条件进行 X 射线衍射定量分析。

3. 偏光显微镜检测

（1）样品处理：取 3 份适量样品，分别置于玻璃载物片上，用滴管加入适量的折光率为 1.550±0.005 的浸油，并使粉体颗粒充分分散和润湿，避免出现颗粒重叠、堆积，之后盖上盖玻片待测定。

（2）测定方法：对 X 射线衍射测定检出含蛇纹石矿物的样品，将制备好的 3 个测试样品放在单偏光下观察，只要在其中一个样品中发现有低突起且长径比大于 3 的纤维矿物，则定为该测样品含温石棉；否则定为不含温石棉。

对 X 射线衍射测定检出含角闪石类矿物的样品，将制备好的 3 个测试样品放在单偏光下观察，只要在其中一个样品中发现有中突起且长径比大于 3 的纤维矿物，则定为含角闪石类石棉；否则定为不含角闪石类石棉。

五、注意事项

1. 定量分析过程中采用异丙醇作为分散剂，因为异丙醇具有挥发快的特点，在烘干过程中节约了大量时间，很大程度上提高了检测效率。异丙醇分散与基底标准吸收校正法相结合，减少了滤膜片和锌板带来的误差，各种石棉均可获得良好的线性关系。

2. X 射线衍射-偏光显微镜法能够快速、准确定性分析粉末化妆品中的石棉，石棉在化妆品中为禁用物质，在不具体判断石棉类别的情况下，该方法不仅可以对石棉检测起到快速的筛选作用，同时还可以完成大批量样品的石棉检测工作，在一定程度上节约成本，提高效率。

3. 对粗颗粒样品（$d>0.04$mm），测定前应对其研磨加工，加工应先过筛（300 目），之后对筛上物再研磨、过筛、混匀。

六、思考题

1. 粉状化妆品中石棉的主要来源是什么?有何危害?
2. 粉状化妆品中石棉定性、定量检测方法常用的有哪些?
3. X 射线衍射法的工作原理是什么?
4. 偏振光显微镜与普通显微镜的区别与适用范围是什么?

实验十三　化妆品中甲醇的检测

一、实验目的

1. 熟悉化妆品中甲醇的危害、来源及常用的检测方法。
2. 学习气相色谱法测定化妆品中甲醇的含量。

二、实验原理

乙醇是化妆品在生产过程中经常使用的一种溶剂，如卸妆水、乳液、花露水、香水、发胶和摩丝等都含有乙醇，甲醇是乙醇的同系物，在乙醇中常混有少量甲醇。甲醇毒性较强，且容易引起头痛、头晕、乏力、眩晕、酒醉感、意识错乱、谵妄，甚至昏迷、视神经及视网膜病变、可视物模糊或复视等，重者失明。甲醇主要通过呼吸道进入体内，在体内的代谢产物是甲酸和甲醛，这两种物质的毒性都远大于甲醇，所以化妆品卫生标准规定甲醇为化妆品中禁用物质。化妆品中甲醇的检测方法，主要以比色法、分光光度法和气相色谱法居多，而采用气相色谱法测定化妆品中甲醇，结果更为准确、快速和灵敏。

三、仪器与试剂

1. 仪器　气相色谱仪（配氢焰离子化检测器，FID）；超声波清洗仪；精密移液器；精密 pH 计；涡旋混合仪；离心机；自动顶空进样器；顶空瓶；电子天平等。

2. 试剂　甲醇、异丙醇标准品（含量测定用）；*N*，*N*-二甲基甲酰胺（色谱纯），除另有规定外，本实验所用试剂均为分析纯或以上规格，水为 GB/T6682-2008 规定一级水。待测样品为市售化妆品。

四、操作步骤

1. 标准溶液的配制　标准溶液：称取甲醇标准品 1.0g（精确到 0.0001g）于 10ml 容量瓶中，用 *N*，*N*-二甲基甲酰胺定容至刻度，制成甲醇标准储备溶液（浓度为 100mg/ml）。取 1ml 标准储备液于 10ml 容量瓶中，并用 *N*, *N*-二甲基甲酰胺定容，制成甲醇标准溶液（浓度为 10mg/ml）。

系列标准工作溶液：分别取 2μl、5μl、20μl、100μl 和 500μl 的甲醇标准溶液于 25ml 容量瓶中，准确加入 10μl 异丙醇作为内标物，用 *N*，*N*-二甲基甲酰胺定容至刻度，得到浓度分别为 0.8μg/ml、2μg/ml、8μg/ml、40μg/ml、200μg/ml 的系列标准溶液。

2. 样品处理　称取待测样品 2.5g（精确到 0.0001g）于 25ml 容量瓶中，准确加入 10μl 异丙醇作为内标物，用 *N*，*N*-二甲基甲酰胺准确定容，充分涡旋后，取出少量溶液转移至离心管中，经 5000r/min 离心 3min 后，过 0.45μm 微孔滤膜，续滤液即为待测样品溶液。

3. 色谱条件　DB-FFAP 毛细管柱（6000mm×0.32mm，1.0μm），载气为高纯氮，流量为 1.0ml/min，恒流模式，进样口温度为 240℃，分流进样，分流比为 10：1；柱箱升温程序：起始温度为 80℃（保持 1min），以 5℃/ min 的速率升至 120℃（保持 2min），再以 35℃/min 的速率升至 240℃（保持 10min）；检测器温度：240℃；进样量为 1μl。

4. 含量测定

（1）标准曲线绘制：取上述配制系列标准工作溶液，在设定的色谱条件下进样 1μl，以甲醇-异丙醇的峰面积比（*Y*）对其浓度（*X*，μg/ml）进行线性回归，计算回归方程。

（2）样品测定：在设定色谱条件下，将已处理待测样品溶液，进样测定，根据标准曲线，计算甲醇浓度。

5. 实验结果表述

（1）计算公式见式（3-10）。

$$\omega = \frac{\rho \times V}{m} \tag{3-10}$$

式中，ω——化妆品中甲醇的质量分数，μg/g；ρ——从标准曲线计算得到的待测组分质量浓度，μg/ml；V——样品定容体积，ml；m——样品取样量，g。

（2）检出限和定量限：在设定的色谱条件下，一般以3倍信噪比（$S/N=3$）确定检出限，10倍信噪比（$S/N=10$）确定定量限。

（3）回收率和精密度：在设定的色谱条件下，内标法回收率为90.0%～105.0%，相对标准偏差小于7%（n=6）。

五、注意事项

1. 本实验可采用水和N，N-二甲基甲酰胺作为溶剂对样品进行稀释，已有研究发现以水作为溶剂时，其基线和噪音均较高。另外，水相在进入毛细管柱时会对柱子产生一定伤害，并且重复性较差。而以N，N-二甲基甲酰胺作为溶剂时，其重复性和重现性均较好，并能够溶解各种类型的化妆品。因此，实验使用N，N-二甲基甲酰胺有机相作为样品溶剂。

2. 甲醇沸点较低，属于极易挥发的物质，若用外标法定量，配制标准工作溶液过程中甲醇会有少量挥发，从而造成样品定量不准确。应选择一种与两者沸点接近的内标物质，消除定量偏差。异丙醇沸点为82.5℃，与甲醇的沸点相近，在氢火焰离子检测器（FID）上其相应值与两者相近，并且在化妆品样品中绝大部分不含异丙醇，因此，实验使用异丙醇作为内标物质同时检测化妆品中的甲醇含量。

六、思考题

1. 化妆品中甲醇的危害是什么？
2. 化妆品中甲醇的检测方法有哪些？
3. 如何控制化妆品中甲醇的量？

第二节　化妆品中限用物质的检测

实验十四　化妆品中α-羟基酸的检测

一、实验目的

1. 了解化妆品中常添加的α-羟基酸有哪些。
2. 学习高效液相色谱法测定化妆品中α-羟基酸（包括酒石酸、乙醇酸、苹果酸、乳酸、柠檬酸）含量的技术和方法。

二、实验原理

α-羟基酸是指在α位有羟基的羧酸，因最初是从苹果、柠檬、甘蔗等水果和植物中提取的，也称果酸。α-羟基酸是一类小分子物质，在化妆品中可迅速被吸收，可使皮肤变得光滑、柔软，富有弹性，具有较好的改善肤质作用。但是α-羟基酸在化妆品中浓度过高会对皮肤造成一定的损害，《化妆品安全技术规范》（2015年版）规定化妆品中的α-羟基酸的使用总量不得超过6%（以酸计）。本实验采用高效液相色谱法对市售洗发、护发及肤用化妆品中5种α-羟基酸（包括酒石酸、乙醇酸、苹果酸、乳酸、柠檬酸）含量进行监控。

三、仪器与试剂

1. 仪器　高效液相色谱仪配二极管阵列检测器；超声波清洗器；pH 酸度计；涡旋混合仪；恒温水浴锅；高速离心机；电子天平等。

2. 试剂　乳酸标准品、乙醇酸标准品、酒石酸标准品、苹果酸标准品、柠檬酸标准品（含量测定用，纯度大于98%）；磷酸二氢铵（色谱纯），除另有规定外，本实验所用试剂均为分析纯或以上规格，水为GB/T6682-2008规定的一级水，样品为市售含 α-羟基酸化妆品。

四、操作步骤

1. 标准溶液的配制　分别精密称取乙醇酸、乳酸、酒石酸、苹果酸、柠檬酸对照品适量，溶解后转移至100ml容量瓶中，定容，配成如表3-5的标准储备溶液，再用标准储备溶液配成混合标准系列溶液。

表3-5　各 α-羟基酸的储备溶液浓度及标准系列浓度

α-羟基酸组分	乙醇酸	乳酸	酒石酸	苹果酸	柠檬酸
储备溶液浓度（mg/ml）	8.0	40.0	5.0	20.0	20.0
标准系列浓度（μg/ml）	160	800	100	400	400
	400	2000	250	1000	1000
	800	4000	500	2000	2000

2. 样品处理　称取样品1.0g（精确到0.001g）于10ml具塞比色管中，水浴去除挥发性有机溶剂，加水至10ml，超声提取20min，取适量样品在10 000r/min下高速离心15min，取上清液过0.45μm微孔滤膜，续滤液为待测样品溶液。

3. 色谱条件　色谱柱为 C_{18} 柱（250mm×4.6mm，10μm）或等效色谱柱；流动相为0.1mol/L的磷酸二氢铵溶液，用磷酸调pH为2.45；流速0.8ml/min；检测波长214nm；柱温为室温；进样量5μl。

4. 含量测定

（1）标准曲线绘制：取已配制混合标准系列溶液分别进样测定，记录色谱图。以混合标准系列溶液浓度为横坐标，峰面积为纵坐标，绘制各标准品标准曲线，计算回归方程。

（2）样品测定：取待测样品溶液进样，根据保留时间和紫外光谱图定性，测得峰面积，根据标准曲线得到待测溶液中 α-羟基酸的浓度。进而计算样品中 α-羟基酸的含量。

5. 实验结果表述

（1）计算公式为式（3-11）。

$$\omega=\frac{\rho\times V}{m} \qquad (3\text{-}11)$$

式中，ω——化妆品中 α-羟基酸组分的质量分数，μg/g；ρ——从标准曲线计算得到的待测组分质量浓度，μg/ml；V——样品定容体积，ml；m——样品取样量，g。

（2）检出限和定量限：在设定的色谱条件下，一般以3倍信噪比（$S/N=3$）确定检出限，10倍信噪比（$S/N=10$）确定定量限。

（3）回收率和精密度：在设定的色谱条件下，高、中、低浓度的方法回收率为90.0%～110.0%，相对标准偏差小于5%（n=6）。

五、注意事项

1. 对 5 种 α-羟基酸分别进行全波长扫描（200～400nm），均在 200～220nm 为最大吸收，且流动相为磷酸盐缓冲溶液，在 203nm 处有比较明显的溶剂吸收峰，最终选择 214nm 为检测波长。

2. α-羟基酸类化合物均具有较强的水溶性和极性，易于被洗脱，普通填料的 C_8、C_{18} 色谱柱可能无法实现多种 α-羟基酸的有效分离，可适当选择色谱柱。

六、思考题

1. 什么是 α-羟基酸？在化妆品中有何作用？使用限量为多少？
2. 化妆品中 α-羟基酸的检测常用方法有哪些？
3. 高效液相色谱法测定化妆品中 α-羟基酸的原理是什么？

实验十五　化妆品中过氧化氢的检测

一、实验目的

1. 了解化妆品中为什么要添加过氧化氢。
2. 学习高效液相色谱法测定化妆品中过氧化氢含量的技术和方法。

二、实验原理

过氧化氢作为一种重要的漂白剂和氧化剂被广泛地应用于染发、烫发类化妆品中，由于其较强的氧化性，过量使用会对皮肤、毛发产生严重损害，《化妆品安全技术规范》（2015 年版）中对其使用限量做了规定，在发用产品中，限量为 12%（以存在或释放的过氧化氢计）；在肤用产品中，限量为 4%（以存在或释放的过氧化氢计）；在指甲硬化产品中，限量为 2%（以存在或释放的过氧化氢计）。

本实验建立一种高效液相色谱测定方法，将不能被液相色谱直接检出的过氧化氢与三苯基膦进行衍生化反应，生成氧化三苯基膦，该物质可以很好地被高效液相色谱仪检出和分离，用二极管阵列检测器在 225nm 波长下测定。

三、仪器与试剂

1. 仪器　高效液相色谱仪配二极管阵列检测器；超声波清洗器；pH 酸度计；涡旋混合仪；恒温水浴锅；高速离心机；电子天平等。

2. 试剂　3%过氧化氢（使用前需进行标定，见附录 4-1），乙腈（色谱纯）；除另有规定外，本实验所用试剂均为分析纯或以上规格，水为 GB/T6682-2008 规定的一级水，样品为市售含过氧化氢化妆品。

四、操作步骤

1. 标准溶液的配制　标准储备溶液：称取标定过的过氧化氢 1.5g（精确到 0.0001g）于 25ml 棕色容量瓶中，用水定容至刻度，即得浓度为 1.8mg/ml 的标准储备溶液。

标准系列溶液：取过氧化氢标准储备溶液，分别配制浓度为 3.6μg/ml、9.0μg/ml、

18.0μg/ml、36.0μg/ml、54.0μg/ml、90.0μg/ml、180.0μg/ml 的标准系列溶液。

2. 样品处理　三苯基膦乙腈溶液：称取三苯基膦 1.3g，乙腈溶解，定容至 25ml，浓度为 0.2mol/L，现配现用。

氧化三苯基膦乙腈溶液：称取氧化三苯基膦 0.0003g，乙腈溶解，定容至 100ml，浓度为 0.000 01mol/L。

样品处理：称取样品 0.05～0.2g（含过氧化氢 3%以下称取 0.2g，含过氧化氢 3%～6% 称取 0.1g，含过氧化氢 6%～12%称取 0.05g）（精确到 0.0001g）于 100ml 容量瓶中，加入约 50ml 水，振摇至样品完全溶解，用水定容至刻度，摇匀备用。面膜等半固体样品可以称取样品于 50ml 烧杯中，加入约 20ml 水，用玻璃棒将样品搅碎，用水转移至 100ml 容量瓶中，定容至刻度，摇匀备用。

衍生化反应：分别移取过氧化氢标准系列溶液和样品处理溶液各 1ml 于 10ml 棕色容量瓶中，摇匀，加入 1ml 三苯基膦乙腈溶液，振摇，继续加入 5ml 乙腈，振摇，用水定容至刻度，置于暗处室温反应 30min，即得样品待测溶液。

3. 色谱条件　色谱柱为 C_{18} 柱（250mm×4.6mm，5μm）或等效色谱柱；流动相为乙腈-水（60：40）；流速 1.0ml/min；检测波长 225nm；进样量 10μl。

4. 含量测定

（1）标准曲线的制备：吸取 10μl 氧化三苯基膦乙腈溶液，注入高效液相色谱仪，确定氧化三苯基膦的保留时间。衍生化反应结束后，立即开始色谱分析，分别吸取 10μl 过氧化氢标准系列衍生溶液，注入高效液相色谱仪，2h 内完成上机分析。在设定色谱条件下测定氧化三苯基膦峰面积，以标准系列溶液浓度为横坐标、氧化三苯基膦的峰面积为纵坐标，绘制标准曲线。

（2）样品测定：衍生化反应结束后，立即开始色谱分析，吸取 10μl 待测溶液注入高效液相色谱仪，2h 内完成上机分析。在设定色谱条件下测得峰面积。根据标准曲线得到待测溶液中过氧化氢的浓度，进而计算样品中过氧化氢的含量。

5. 实验结果表述

（1）计算公式为式（3-12）。

$$\omega=\frac{\rho\times V\times D}{m\times 10^{6}}\times 100\% \qquad (3\text{-}12)$$

式中，ω——化妆品中过氧化氢的含量，%；ρ——从标准曲线计算得到的待测溶液中过氧化氢的质量浓度，μg/ml；V——样品定容体积，ml；D——样品稀释倍数；m——样品取样量，g。

（2）检出限和定量限：在设定的色谱条件下，一般以 3 倍信噪比（$S/N=3$）确定检出限，10 倍信噪比（$S/N=10$）确定定量限。

（3）回收率和精密度：方法回收率为 98.0%～107.0%，相对标准偏差小于 7%（n=6）。

五、注意事项

1. 由于过氧化氢本身不能被高效液相色谱仪的检测器检测到，需要一种稳定、快速、高效且经济合理的衍生剂，来实现过氧化氢的高效液相色谱分析。参考《化妆品安全技术规范》（2015 年版），本实验中选择三苯基膦作为衍生剂。

2. 光是过氧化氢与三苯基膦反应当中的重要影响因素。由于过氧化氢的不稳定性，曝光与避光会对反应的稳定性和反应程度造成很大的影响，有研究发现曝光反应不仅结果偏高，而且很不稳定；避光反应的峰面积很稳定。因此，本实验中衍生化反应在避光条件下进行。

六、思考题

1. 哪些化妆品中可能会含有过氧化氢？不同的化妆品中过氧化氢的限制含量分别是多少？

2. 使用含过氧化氢的化妆品有何注意事项？

3. 本实验中过氧化氢衍生化反应的机制是什么？

实验十六 化妆品中水杨酸和间苯二酚的检测

一、实验目的

1. 了解化妆品中为什么要添加间苯二酚和水杨酸。

2. 学习高效液相色谱法同时测定化妆品中间苯二酚和水杨酸含量的技术和方法。

二、实验原理

间苯二酚是一种化工原料，广泛用于染料、塑料、医药、橡胶等工业领域，由于其具有抗菌消炎和溶解角质的作用被广泛用于化妆品中，但因其具有一定的皮肤毒性，使用量受到严格限制，《化妆品安全技术规范》（2015 年版）规定间苯二酚在发露和香波中限量为 0.5%。水杨酸是一种历史悠久的皮肤用药，早期水杨酸是用来软化硬皮或溶解角质的药物，医生曾以高达 30%浓度的水杨酸作为化学换肤的药剂。时下很多化妆品为获得更好的美白效果，往往添加了水杨酸，但水杨酸具有一定的毒性，其用量受到国家的严格限制。《化妆品安全技术规范》（2015 年版）规定水杨酸在驻留类护肤产品和淋洗类护肤产品中的限量为 2.0%，在淋洗类发用产品中限量为 3.0%，用作防腐剂时限量为 0.5%。

由于间苯二酚和水杨酸适用范围有一定的重叠，化妆品中有时会同时添加这两种成分。目前间苯二酚和水杨酸的含量测定方法常用的有滴定法、分光光度法、荧光分析法、高效液相色谱法、气相色谱法和顺序注射色谱法等。这些方法大多用于药品中间苯二酚和水杨酸的检测，在化妆品中同时测定间苯二酚和水杨酸的应用较少。本实验采用高效液相色谱，建立了一种快速、准确的检测方法同时检测化妆品中该两种成分的含量。

三、仪器与试剂

1. 仪器 高效液相色谱仪配二极管阵列检测器；超声波清洗器；精密 pH 计；涡旋混合仪；恒温水浴锅；高速离心机；电子天平等。

2. 试剂 间苯二酚标准品、水杨酸标准品（含量测定用，纯度＞99%），甲醇（色谱纯）；除另有规定外，本实验所用试剂均为分析纯或以上规格，水为 GB/T6682-2008 规定的一级水，本实验操作均在避光条件下进行。样品为市售含间苯二酚和水杨酸化妆品。

四、操作步骤

1. 标准溶液的配制 精密称取间苯二酚和水杨酸标准品各 0.05g（精确到 0.0001g）于

同一 50 ml 棕色容量瓶中，用 75%甲醇-水溶解并稀释至刻度，摇匀，即得含间苯二酚和水杨酸的标准储备液，避光保存，5 日内稳定。

2. 样品处理　精密称取化妆品样品 0.25g（精确到 0.0001g），置 25ml 具塞比色管中，加入 75%甲醇-水 20ml，涡旋 60s，分散均匀，超声提取 15min，冷至室温后，再用 75%甲醇-水定容至 25ml，涡旋振荡摇匀，过 0.45μm 有机系微孔滤膜，滤液可根据需要用 75%甲醇-水进行稀释，保存于 2ml 棕色进样瓶中作为待测样品溶液，备用，避光保存，5 日内稳定。

3. 色谱条件　色谱柱为耐酸性 C_8 柱（4.6mm×250mm，5μm）或等效色谱柱；梯度洗脱，检测波长 275nm；流速 1.0ml/min；柱温为室温；进样量 20μl。流动相的配制如下所示。①磷酸溶液：称取 11.5g 磷酸，加入 950ml 水，用氨水调节 pH 至 2.3～2.5，加水至 1000ml。②流动相 A：量取磷酸溶液 200ml，并用水稀释至 1000ml。③流动相 B：量取磷酸溶液 250ml，并用甲醇稀释至 1000ml。在此色谱条件下，分别取标准溶液和样品溶液进样，各组分的理论板数均大于 3000，分离度良好。流动相梯度洗脱程序如表 3-6 所示。

表 3-6　梯度洗脱程序表

时间（min）	*V*（流动相 A）（%）	*V*（流动相 B）（%）
0.0	80	20
10.0	10	90
15.0	10	90
20.0	80	20

4. 含量测定

（1）标准曲线的绘制：将间苯二酚和水杨酸的标准储备液稀释成 0.5μg/ml、1.0μg/ml、10.0μg/ml、50.0μg/ml、100.0μg/ml、150.0μg/ml 的系列标准溶液。移取 20μl 系列标准溶液，注入高效液相色谱仪中进行测定，以色谱峰的峰面积（A）为纵坐标，标准溶液的质量浓度（ρ）为横坐标，绘制标准曲线。

（2）样品测定：在设定色谱条件下，取待测样品溶液进样测定，根据保留时间和紫外光谱图定性，峰面积定量，以标准曲线计算待测溶液中间苯二酚和水杨酸的浓度，进而求算样品中间苯二酚和水杨酸的含量。

5. 实验结果表述

（1）计算公式为式（3-13）。

$$\omega=\frac{\rho\times V\times D}{m\times 10^6}\times 100\% \tag{3-13}$$

式中，ω——化妆品中间苯二酚或水杨酸的含量，%；ρ——样品溶液中间苯二酚或水杨酸的质量浓度，μg/ml；V——样品定容体积，ml；D——样品稀释倍数；m——样品取样量，g。

（2）检出限和定量限：在设定的色谱条件下，一般以 3 倍信噪比（$S/N=3$）确定检出限，10 倍信噪比（$S/N=10$）确定定量限。

（3）回收率和精密度：在设定的色谱条件下，方法回收率为 90.0%～110.0%，相对标准偏差小于 4%（n=6）。

五、注意事项

1. 间苯二酚和水杨酸的最大吸收波长分别为264nm和300nm。为同时检测两种物质，分别对两者在不同波长下的色谱峰峰高响应值进行了对比实验，结果发现275nm时两者的响应值可以满足实验要求。

2. 间苯二酚和水杨酸均为酸性物质，在中性流动相中容易拖尾，利用实际样品和空白样品进行色谱条件的选择与优化。实验结果表明，在上述梯度洗脱程序下，间苯二酚和水杨酸的峰形和分离效果好，且出峰较快。

3. 超声法是常用的化妆品提取方法之一，由于超声时溶剂会有少量损失，一般需在提取后进行定容。

4. 为较好的溶解样品中间苯二酚和水杨酸，同时消除溶剂效应的干扰，需选择接近流动相极性的提取溶剂，本实验选择了75%甲醇-水。

六、思考题

1. 化妆品中加入间苯二酚和水杨酸的作用分别是什么？
2. 不同的化妆品中间苯二酚和水杨酸的限制用量分别是多少？
3. 高效液相色谱梯度洗脱时，流动相梯度调节的依据是什么？

第四章

化妆品中准用物质的检测

化妆品在生产、使用和保存过程中，防腐剂虽然对抑制和杀灭化妆品中的各种细菌有良好效果，但过量使用对人体有潜在的毒副作用，可引起接触性皮炎、过敏性皮炎，高浓度摄入后引起头痛、恶心、呕吐、胃肠道刺激等。防晒剂通过吸收 UVB、UVA 区的紫外线从而达到保护皮肤的作用，但化妆品防晒剂容易引起红疹、变黑、接触性皮炎、防晒剂光敏性反应等，诱发系统性红斑狼疮、干扰甲状腺素代谢等。着色剂在彩妆化妆品中有赋色、美化及修饰作用，但假冒伪劣彩妆化妆品中的着色剂原料质量低劣，或未进行纯化精炼，容易引起烧灼、瘙痒、表皮剥脱、疼痛等皮肤变态反应，这些物质甚至含有禁用组分，具有强烈毒性、致突变性、致癌性和致畸性。苯胺类化合物是常用的氧化型染料，具有毒性和强致敏性，可经皮肤吸收，引起接触性皮炎、红斑、皮疹、水肿、水疱、湿疹等不良反应，有研究表明经常染发的人群患乳腺癌、皮肤癌、白血病、膀胱癌的概率增加，长期接触可使呼吸系统、胃肠道和肝脏受损。

因此，我国《化妆品安全技术规范》（2015 年版）规定了化妆品成分中准用防腐剂、防晒剂、着色剂与染发剂的种类、使用时最大允许浓度、使用范围和限制条件及标签上必须标印的使用条件和注意事项。《化妆品安全技术规范》（2015 年版）对化妆品准用物质的要求，包括 51 项准用防腐剂、27 项准用防晒剂、157 项准用着色剂和 75 项准用染发剂。研究液态水基类、膏霜乳液类、胭脂、口红、粉类等化妆品中准用物质的检测，有利于提高对化妆品质量的监督管理，确保化妆品的安全性。

目前，化妆品中准用组分的检测常用方法主要有紫外可见分光光度法、原子吸收分光光度法、高效液相色谱-紫外可见检测器法、高效液相色谱-二极管阵列检测器法、高效液相色谱-质谱联用法、气相色谱法、气相色谱-质谱联用法、毛细管电泳法等。本章采用上述检测方法，共安排了 13 个实验对化妆品中的准用组分进行检测，分别有化妆品准用防腐剂苯甲醇、苯氧异丙醇、甲醛、三氯卡班、山梨酸、脱氢乙酸、4-羟基苯甲酸甲酯、4-羟基苯甲酸乙酯与 4-羟基苯甲酸丙酯；化妆品准用防晒剂二苯酮-2、二氧化钛、二乙氨羟苯甲酰基苯甲酸己酯、氧化锌；化妆品准用着色剂碱性橙 31、碱性红 51、碱性蓝 26、碱性紫 14、酸性紫 43、碱性黄 87、酸性橙 3、食品红 9、食品红 7、食品红 17、食品红 1、酸性红 87、酸性橙 7、溶剂绿 7、橙黄Ⅰ、食品黄 3、酸性黄 1；化妆品准用染发剂对苯二胺、对氨基苯酚、氢醌、甲苯 2，5-二胺、间氨基苯酚、邻苯二胺、间苯二酚和对甲氨基苯酚。

第一节　化妆品准用防腐剂的检测

实验十七　化妆品中苯甲醇的检测

一、实验目的

1. 熟悉化妆品中防腐剂的种类及常用的检测方法。

2. 掌握气相色谱法检测化妆品中苯甲醇的含量。
3. 学习苯甲醇在化妆品中的应用及其对人体的危害性。

二、实验原理

苯甲醇，又称苄醇，是一种芳香族醇，化学式为 C_7H_8O，外观为无色液体、有芳香味。苯甲醇是最简单的芳香醇之一，在自然界中多数以酯的形式存在于香精油中，如茉莉花油、风信子油和秘鲁香脂中都含有此成分。在化妆品中，苯甲醇常用作芳香族组分、防腐剂、溶剂和降黏剂，是近几年来新增的防腐剂。苯甲醇微溶于水，易溶于醇、醚、芳烃。由于化妆品在生产、使用和保存过程中，很容易受微生物污染，为了防止化妆品在保质期内受到细菌的污染，化妆品生产企业主要采取添加一定量的防腐剂来预防。苯甲醇是常用的防腐剂之一，具有麻醉作用，对眼部、皮肤和呼吸系统有强烈的刺激作用，吞食、吸入或皮肤接触均对身体有害，摄入后引起头痛、恶心、呕吐、胃肠道刺激、惊厥、昏迷，严重时可导致死亡。我国《化妆品安全技术规范》（2015年版）中规定作为化妆品中的防腐剂，苯甲醇使用时的最大允许浓度为 1.0%。

目前，苯甲醇常用的检测方法有高效液相色谱法和气相色谱法。本实验采用气相色谱法检测化妆品中的苯甲醇含量，样品处理后，经气相色谱仪分离，氢火焰离子化检测器检测，根据保留时间定性，峰面积定量，以标准曲线法测定化妆品中苯甲醇的含量，对市售膏霜乳液类化妆品中的苯甲醇进行监测。

三、仪器与试剂

1. 仪器　气相色谱仪；氢火焰离子化检测器（FID）；电子天平；涡旋振荡器；恒温水浴锅；超声波清洗器；离心机，转速不小于 5000r/min。

2. 试剂　苯甲醇标准品（含量测定用，纯度≥99.5%）；无水乙醇；样品为市售膏霜乳液；除另有规定外，所用试剂均为分析纯或以上规格，水为 GB/T 6682 规定的一级水。

四、操作步骤

1. 标准溶液的配制　标准储备溶液：称取苯甲醇标准品 0.1g（精确到 0.0001g）于 100ml 的容量瓶中，用无水乙醇溶解并稀释至刻度，即得浓度为 1.0mg/ml 的苯甲醇标准储备溶液。该储备液应在 0～4℃冰箱冷藏保存。

2. 样品处理　称取样品 0.5～1.0g（精确到 0.001g）于 10ml 容量瓶中，加入 5ml 无水乙醇，涡旋振荡使样品与提取溶剂充分混匀，置于 50℃水浴中加热 5min（液体类样品不需水浴加热），超声提取 20min，冷却至室温后，用无水乙醇稀释至刻度，混匀后转移至 10ml 刻度离心管中，以 5000r/min 离心 5min。上清液经 0.45μm 滤膜过滤，滤液作为样品溶液备用。

3. 色谱条件　色谱柱：HP-FFAP 石英毛细管色谱柱（30m×0.25mm×0.25μm，硝基对苯二酸改性的聚乙二醇）或等效色谱柱。柱温程序：初始温度 150℃，以 10℃/min 的速率升温至 180℃，保持 3min 后，再以 20℃/min 的速率升温至 230℃，保持 5min；进样口温度 240℃；检测器温度 250℃；载气为 N_2，流速 1.0ml/min；氢气流量 40ml/min；空气流量 400ml/min；尾吹气氮气流量 30ml/min；进样方式为分流进样；分流比为 40：1；进样量 1μl。

4. 含量测定

（1）标准曲线的绘制：分别精密量取一定体积的苯甲醇标准储备溶液于10ml容量瓶中，用无水乙醇稀释并定容至刻度，得到浓度为 0.05mg/ml、0.10mg/ml、0.20mg/ml、0.30mg/ml、0.40mg/ml、0.50mg/ml 的标准系列溶液。在设定色谱条件下，取标准系列溶液分别进样，进行气相色谱分析，以标准系列溶液浓度为横坐标，峰面积为纵坐标，绘制标准曲线，计算回归方程。

（2）样品测定：在设定色谱条件下，取待测样品溶液进样，根据保留时间定性，测得峰面积，根据标准曲线得到待测溶液中苯甲醇的浓度，按式（4-1）计算样品中苯甲醇的含量。

5. 分析结果的表述

（1）计算公式：

$$\omega = \frac{\rho \times V}{m \times 1000} \times 100\% \qquad (4\text{-}1)$$

式中，ω——化妆品中苯甲醇的质量分数，%；ρ——从标准曲线中得到苯甲醇的浓度，mg/ml；V——样品定容体积，ml；m——样品取样量，g。

（2）检测限和定量限：本实验对苯甲醇的检测限为0.0012μg，定量下限为0.0039μg；取样量为1.0g时，检出浓度为0.0012%，最低定量浓度为0.004%。

（3）回收率和重复性：当样品添加标准溶液浓度为0.05%～0.50%时，测定结果的平均回收率在 97.9%～108.7%。在重复性条件下获得的两次独立测定结果的绝对差值不得超过算术平均值的10%。

五、注意事项

1. 载气、空气、氢气流速随仪器而异，操作者可根据仪器及色谱柱等差异，通过实验选择最佳操作条件，使苯甲醇与化妆品中其他组分峰获得完全分离。

2. 实验前，对色谱仪整个气路系统必须进行检漏，如有漏气现象，应及时排除。在进行气路密封性检查时，切忌用强碱性肥皂水检漏，以免使管道受损坏。

3. 为了防止热丝烧断，开机前应先通载气后通电，关机时应先关闭电源后关闭气体。

4. 注射器易碎，使用时应轻拿轻放，不要来回空抽，否则会损坏其气密性，降低准确度。注射器中不应有气泡，使用前先用待测溶液润洗3～5次，实验用完后用乙醇清洗干净。

5. 测定标准系列溶液时顺序为由低浓度至高浓度，以减少测量误差。

6. 在测定标准系列溶液和样品溶液时，应保持实验条件恒定，仪器参数设置需要一致。

7. 根据待测样品的性质确定色谱条件，如柱温、气化室和检测器的温度，一般气化室的温度要比样品组分中最高的沸点要高，检测器的温度要比柱温高。

六、思考题

1. 膏霜乳液类化妆品中常用的防腐剂有哪些？

2. 为何在化妆品中添加苯甲醇？在化妆品中过量加入时对人体的危害有哪些？

3. 气相色谱仪主要由哪几部分组成？各部分的功能分别是什么？

4. 简述氢火焰离子化检测器的检测原理、适用范围和注意事项。

实验十八　化妆品中苯氧异丙醇的检测

一、实验目的

1. 熟悉淋洗类化妆品中防腐剂的种类及常用的检测方法。
2. 掌握高效液相色谱法检测淋洗类化妆品中苯氧异丙醇的含量。
3. 学习苯氧异丙醇在化妆品中的应用及其使用限制。

二、实验原理

苯氧异丙醇，又称为 1-苯氧基-2-丙醇，分子式为 $C_9H_{12}O_2$，是有机合成的中间体，在化妆品中用作溶剂和（或）防腐剂。目前，我国《化妆品安全技术规范》（2015年版）规定苯氧异丙醇用于淋洗类产品中防腐剂时的最大允许浓度为 1.0%。

根据苯氧异丙醇的特性可以使用气相色谱法和高效液相色谱法对其进行分析。本实验采用高效液相色谱法检测化妆品中的苯氧异丙醇含量，样品经过提取后，引入超声辅助提取法作为预处理方法，经高效液相色谱仪分离，紫外检测器检测，根据保留时间定性，峰面积定量，以标准曲线法测定淋洗类化妆品中苯氧异丙醇的含量，该方法适用于淋洗类化妆品（包括液态水基类和膏霜乳液类，不包括口腔卫生用品）中苯氧异丙醇的含量测定。

三、仪器与试剂

1. 仪器　高效液相色谱仪；紫外检测器；电子天平；超声波清洗器；微型涡旋振荡器。

2. 试剂　苯氧异丙醇标准品（含量测定用，纯度＞93.0%）；乙腈（色谱纯）；甲醇（色谱纯）；四氢呋喃（THF，色谱纯）；样品为市售沐浴乳；除另有规定外，本实验所用试剂均为分析纯或以上规格，水为 GB/T 6682 规定的一级水。

四、操作步骤

1. 标准溶液的配制　标准储备溶液：称取苯氧异丙醇 0.05g（精确到 0.0001g）于 50ml 容量瓶中，加入甲醇溶解并定容至 50ml，配制得质量浓度为 1.0mg/ml 的苯氧异丙醇标准储备溶液。

2. 样品处理　称取样品 0.25g（精确到 0.0001g），置于 25ml 具塞比色管中，加入甲醇 20ml，涡旋 60s 分散均匀，超声提取 15min，冷却到室温后，用流动相定容至 25ml 刻度线，涡旋振荡摇匀，混合液过 0.45μm 滤膜，滤液可根据需要进行稀释，保存于 2ml 棕色进样瓶中作为待测溶液，备用。

3. 色谱条件　色谱柱为 C_{18} 柱（250mm×4.6mm×5μm）或等效色谱柱；流动相为水-乙腈-甲醇-THF（体积比 60∶25∶10∶5）；流速 1.2ml/min；检测波长 268nm；柱温 30℃；进样量 20μl。

4. 含量测定

（1）标准曲线的绘制：按照表 4-1 操作，分别精密量取一定体积的苯氧异丙醇标准储备溶液和标准溶液于 10ml 容量瓶中，用甲醇稀释并定容至刻度，得到苯氧异丙醇标准系列溶液。在设定色谱条件下，取苯氧异丙醇标准系列溶液分别进样，进行色谱分析，以标准系列溶液浓度为横坐标，峰面积为纵坐标，绘制标准曲线，计算回归方程。

表 4-1　苯氧异丙醇标准系列溶液的配制

序号	工作溶液	标准溶液的浓度（mg/ml）	量取体积（ml）	定容体积（ml）	标准溶液终浓度（μg/ml）
1	储备液	1.0	2	10	200
2	储备液	1.0	1	10	100
3	储备液	1.0	0.5	10	50
4	标准溶液	0.05	2	10	10
5	标准溶液	0.01	1	10	1

（2）样品测定：在设定色谱条件下，取待测样品溶液进样，根据保留时间定性，测得峰面积，根据标准曲线得到待测溶液中苯氧异丙醇的浓度，按式（4-2）计算样品中苯氧异丙醇的含量。

5. 分析结果的表述

（1）计算公式：

$$\omega=\frac{D\times\rho\times V}{m\times10^{6}}\times100\% \qquad (4\text{-}2)$$

式中，ω——化妆品中苯氧异丙醇的含量，%；D——样品稀释倍数（不稀释则为 1）；ρ——从标准曲线得到苯氧异丙醇的质量浓度，μg/ml；V——样品定容体积，ml；m——样品取样量，g。

（2）检测限和定量限：本实验对苯氧异丙醇的检测限为 0.0008μg，定量下限为 0.0012μg；取样量为 0.25g 时，检出浓度为 5.0μg/g，最低定量浓度为 8.0μg/g。

（3）回收率和重复性：多家实验室验证的平均回收率在 96%～107%，相对标准偏差小于 3%。在重复性条件下获得的两次独立测定结果的绝对差值不得超过算术平均值的 10%。

五、注意事项

1. 苯氧异丙醇与其同分异构体苯氧基丙醇色谱峰之间的分离度应符合要求（$R\geqslant1.5$）。

2. 为了确定两异构体的峰位，需要在相同色谱条件下对某一异构体的对照品溶液进行检测。

3. 在溶液的配制过程中要注意容量仪器的规范操作和使用，准确配制标准品溶液与待测样品溶液。苯氧异丙醇标准溶液、样品溶液均应避光保存，最好临用时配制。

4. 在使用仪器前，应熟悉仪器的结构、功能和操作程序。

5. 使用输液泵时，防止任何固体微粒进入泵体，仪器运行过程中务必防止溶剂瓶内的流动相被用完，输液泵的工作压力切记低于所规定的最高使用压力。

6. 所有流动相不应含有任何腐蚀性物质，在使用前务必先脱气，而且尽可能临用临配。

7. 测定标准系列溶液时顺序为由低浓度至高浓度，以减少测量误差；在测定标准系列溶液和样品溶液时，应保持实验条件恒定，仪器参数设置需要一致。

六、思考题

1. 淋洗类化妆品中常用的防腐剂有哪些？

2. 为何在化妆品中添加苯氧异丙醇？如何能有效控制其用量？

3. 试分析影响被测组分之间分离度的各种因素有哪些？如何提高苯氧异丙醇及其同分异构体苯氧基丙醇的分离度？

4. 与外标一点法相比，校正曲线法测定化妆品中苯氧异丙醇的含量有何优点？

实验十九　化妆品中甲醛的检测

一、实验目的

1. 熟悉化妆品中防腐剂的种类及常用的检测方法。
2. 掌握柱前衍生化液相色谱-紫外检测法测定化妆品中甲醛的含量。
3. 学习化妆品中添加甲醛的作用及其对人体的危害性。

二、实验原理

甲醛，又称蚁醛，无色气体，有特殊的刺激性气味，对人眼、鼻等有刺激作用，易溶于水和乙醇。甲醛是原浆毒物质，能与蛋白质结合，高浓度吸入时出现呼吸道严重的刺激和水肿，引起头痛，同时表现为对皮肤黏膜的刺激作用，可引起眼红、眼痒、咽喉不适或疼痛、声音嘶哑、喷嚏、胸闷、气喘、皮炎等。当皮肤直接接触甲醛可引起过敏性皮炎、色斑、坏死，吸入高浓度甲醛时可诱发支气管哮喘。甲醛被世界卫生组织确认为致癌和致畸物质，在我国有毒化学品控制名单上高居第二位，化妆品中甲醛超标问题越来越引起消费者的关注。甲醛缓释剂通常被添加至化妆品中，通过缓慢释放甲醛或其衍生物从而达到杀菌防腐目的。我国《化妆品安全技术规范》（2015年版）明确规定甲醛作为防腐剂使用时，其最大允许浓度为总量0.2%（以游离甲醛计），同时规定禁用于喷雾产品。

目前，对于化妆品中甲醛的测定主要采用分光光度法、比色法、气相色谱法、柱前衍生化液相色谱-紫外检测法、质谱法等。由于化妆品中甲醛缓释剂的存在，在样品前处理过程中，甲醛缓释剂会大量分解，在测定化妆品中游离甲醛含量时会导致检测结果偏高，无法准确反映化妆品中游离甲醛的真实含量。本实验在预处理过程中，通过样品中的甲醛与2,4-二硝基苯肼反应生成黄色的2,4-二硝基苯腙衍生物（图4-1），采用柱前衍生化高效液相色谱-紫外检测法，经高效液相色谱分离，紫外检测器在355nm波长下检测，根据保留时间定性，峰面积定量，以标准曲线法计算含量，从而测定化妆品中游离甲醛的含量，避免甲醛缓释剂分解导致检测结果偏高的问题。

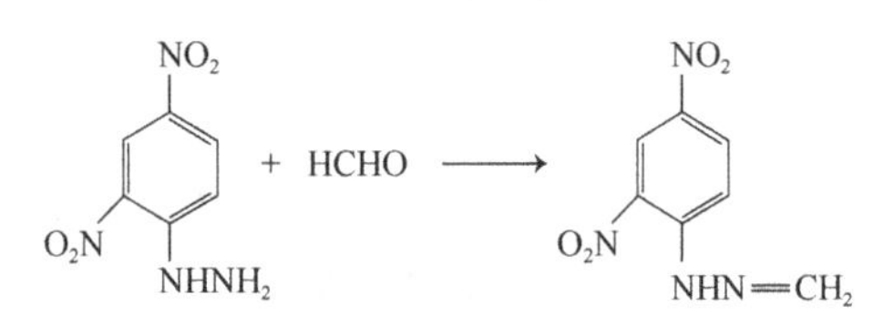

图4-1　甲醛衍生化反应式

三、仪器与试剂

1. 仪器　高效液相色谱仪；紫外检测器；电子天平；超声波清洗仪；离心机；涡旋振荡器。

2. 试剂　甲醛标准物质水溶液；2,4-二硝基苯肼（纯度≥99.0%）；三氯甲烷（色谱纯，含量≥99.9%）；盐酸（ρ_{20}=1.19g/ml）；氢氧化钠；磷酸氢二钠（$Na_2HPO_4 \cdot 12H_2O$）；磷酸二氢钠（$NaH_2PO_4 \cdot 2H_2O$）；乙腈（色谱纯）；甲醇（色谱纯）；样品为市售化妆品；去离子水。除另有规定外，所用试剂均为分析纯或以上规格，水为GB/T 6682-2008规定的一级水。

四、操作步骤

1. 溶液的配制

（1）2,4-二硝基苯肼盐酸溶液：称取 2,4-二硝基苯肼 0.20g，置于锥形瓶中，加盐酸（ρ_{20}=1.19g/ml）40ml 使溶解（必要时可超声助溶），加去离子水 60ml，摇匀，即得。

（2）氢氧化钠溶液[c（NaOH）=1mol/L]：称取氢氧化钠 10g，加水适量溶解后，转移到 250ml 量瓶中，用去离子水稀释并定容至刻度，摇匀，即得。

（3）磷酸缓冲溶液[c（PO_4^{3-}）0.5mol/L]：精密称取磷酸二氢钠（$NaH_2PO_4 \cdot 2H_2O$）2.28g 和磷酸氢二钠（$Na_2HPO_4 \cdot 12H_2O$）12.67g，加水适量溶解后，转移到 100ml 量瓶中，加水稀释至刻度，摇匀，即得。

（4）乙腈水溶液：量取乙腈 180ml，置锥形瓶中，加水 20ml，摇匀，即得。

2. 标准溶液的配制 标准储备溶液：精密量取甲醛标准物质水溶液适量，置 10ml 量瓶中，加乙腈水溶液稀释至刻度，摇匀，即得浓度约为 10.4mg/ml 的甲醛标准储备溶液。取甲醛标准储备溶液，按照表 4-2 配制甲醛标准系列溶液。

表 4-2 甲醛标准系列溶液配制

工作溶液	溶液初始浓度（mg/ml）	量取体积（ml）	定容终体积（ml）	标准系列溶液终浓度（μg/ml）
储备溶液	10.4	1	10	1040
标准溶液 1	1.04	2.5	10	260
标准溶液 2	1.04	2	10	208
标准溶液 3	1.04	1	10	104
标准溶液 4	0.104	5	10	52.0
标准溶液 5	0.104	1	10	10.4
标准溶液 6	0.0104	5	10	5.2

注：甲醛标准储备溶液的初始浓度应以甲醛标准物质水溶液的标示量计算

3. 样品处理 称取样品 0.2g（精确到 0.0001g），置具塞刻度试管中，加乙腈水溶液至 2ml，涡旋 2min，使混匀，离心（5000r/min）5min，精密量取上清液 1ml 置 5ml 离心管中，加水 2ml，涡旋 30s，必要时离心（5000r/min）5min，精密量取上清液 1ml 置 10ml 离心管中，加 2,4-二硝基苯肼盐酸溶液 0.4ml，涡旋 1min，静置 2min，加磷酸缓冲液 0.4ml，再加氢氧化钠溶液约 1.9ml 调至中性，涡旋 10s，然后加 4ml 三氯甲烷，涡旋 3min，离心（5000r/min）10min，取三氯甲烷层溶液 1ml 置离心管中，离心（5000r/min）10min，取三氯甲烷层溶液，作为样品待测溶液，备用。

4. 色谱条件 色谱柱为 C_{18} 柱（250mm×4.6mm×5μm）或等效色谱柱；流动相为甲醇-水（体积比 60：40）；流速 1.0ml/min；检测波长 355nm；柱温 25℃；进样量 10μl。

5. 含量测定

（1）标准曲线的绘制：精密量取甲醛标准系列溶液各 1ml 置 5ml 离心管中，加水 2ml，涡旋 30s，必要时离心（5000r/min）5min，精密量取上清液 1ml 置 10ml 离心管中，加 2,4-二硝基苯肼盐酸溶液 0.4ml，涡旋 1min，静置 2min，加磷酸缓冲液 0.4ml，再加氢氧化钠溶液约 1.9ml 调至中性，涡旋 10s，然后精密加入 4ml 三氯甲烷，涡旋 3min，离心（5000r/min）10min，取三氯甲烷层溶液 1ml 置离心管中，离心（5000r/min）10min，取三氯甲烷层溶液作为标准曲线待测溶液。在设定色谱条件下，分别进样，记录色谱图，以标准系列溶液浓度为横坐标，甲醛衍生物 2,4-二硝基苯腙的峰面积为纵坐标，绘制标准曲线，计算回归方程。

（2）样品测定：在设定色谱条件下，取待测样品溶液进样，记录色谱图，根据保留时间定性，测得甲醛衍生物 2,4-二硝基苯腙的峰面积，从标准曲线得到待测溶液中游离甲醛的质量浓度，按式（4-3）计算样品中游离甲醛的含量。

6. 分析结果的表述

（1）计算公式：

$$\omega = \frac{\rho \times V}{m \times 1000} \times 100\% \tag{4-3}$$

式中，ω—— 样品中游离甲醛的含量，%；m——样品取样量，g；ρ——从标准曲线得到甲醛的质量浓度，mg/ml；V——样品定容体积，本方法为 2ml。

（2）检测限和定量限：本实验对甲醛的检测限为 0.01μg，定量下限为 0.052μg；取样量为 0.2g 时，检出浓度为 0.001%，最低定量浓度为 0.0052%。

（3）回收率和重复性：方法回收率为 99.9%～104%，相对标准偏差小于 7%（n=6）。在重复性条件下获得的两次独立测定结果的绝对差值不得超过算术平均值的 10%。

五、注意事项

1. 在溶液的配制过程中要注意容量仪器的规范操作和使用，准确配制标准品溶液与待测样品溶液。

2. 本文采用乙腈水溶液进行提取，有效抑制了甲醛释放体释放甲醛，样品中的游离甲醛与 2,4-二硝基苯肼衍生反应后，将衍生物用三氯甲烷萃取，从而阻断甲醛释放体释放甲醛的干扰，可用于化妆品中游离甲醛的测定。

3. 使用输液泵时，防止任何固体微粒进入泵体，仪器运行过程中务必防止溶剂瓶内的流动相被用完，输液泵的工作压力切记低于所规定的最高使用压力。

4. 所有流动相不应含有任何腐蚀性物质，在使用前务必先脱气，而且尽可能临用临配。

5. 测定标准系列溶液时顺序为由低浓度至高浓度，以减少测量误差；在测定标准系列溶液和样品溶液时，应保持实验条件恒定，仪器参数设置需要一致。

六、思考题

1. 化妆品中为何要添加甲醛？

2. 在化妆品中，过量加入甲醛时对人体的危害主要有哪些？应如何控制其用量？

3. 试分析高效液相色谱法测定化妆品中甲醛的含量时，为何需要柱前衍生化？柱前衍生化反应的机制是什么？

4. 除了柱前衍生化液相色谱-紫外检测法以外，测定化妆品中甲醛含量的方法还有哪些？试比较各自的优缺点。

实验二十　固体皂类化妆品中三氯卡班的检测

一、实验目的

1. 熟悉固体皂类化妆品中防腐剂的种类及常用的检测方法。

2. 掌握高效液相色谱法检测固体皂类化妆品中三氯卡班的含量。
3. 学习三氯卡班在皂类化妆品中的应用及其对人体的危害性。

二、实验原理

三氯卡班，分子式为 $C_{13}H_9Cl_3N_2O$，活性成分为 *N*-（4-氯苯基）-*N'*-（3,4-二氯苯基）脲，外观为几乎白色微细粉末，是一种高效、广谱抗菌剂，它具备持续、安全、稳定的杀菌特点，常用于香皂、香波、沐浴露、洗手液、洗面奶、美容液、祛痘霜、洗衣粉、洗衣液、创伤膏、须用泡沫膏、牙膏、漱口水、抗菌餐具洗涤剂和除腋臭及脚气类产品的杀菌、抑菌和除臭成分。三氯卡班与皮肤具有良好的相容性，并且对革兰氏阳性菌、革兰氏阴性菌、真菌、酵母菌等数十种致病菌，以及甲肝、乙肝病毒具有高效抑杀作用，在低浓度时仍具抑杀作用，作为抗菌剂被广泛应用于日化用品中。由于对人体皮肤具有一定刺激性，故在化妆品中三氯卡班的添加量受到严格限制，且三氯卡班因为其与多氯联苯类似的平面结构可能导致环境污染以影响动物体内的激素水平，目前美国食品药品监督管理局（FDA）已经禁止在洗手液、香皂等日用品中使用三氯卡班。我国《化妆品安全技术规范》（2015年版）规定，在化妆品中，三氯卡班作为防腐剂使用时的最大允许浓度为0.2%。

目前，测定日化产品中三氯卡班的方法主要有高效液相色谱法、气相色谱-质谱联用法、分光光度法等。其中高效液相色谱法测定方法简便、快速、准确、重复性好，具有较高的准确度及精密度。本实验采用反相高效液相色谱法测定化妆品中三氯卡班的含量，样品提取后，经高效液相色谱仪分离，紫外检测器检测，根据保留时间定性，峰面积定量，以标准曲线法测定固体皂类化妆品中三氯卡班的含量，该方法适用于液态水基类、膏霜乳液类、固体皂类等化妆品中三氯卡班的含量测定。

三、仪器与试剂

1. 仪器　高效液相色谱仪；紫外检测器；电子天平；超声波清洗器；微型涡旋振荡器。

2. 试剂　三氯卡班标准品（纯度>99.0%）；丙酮（色谱纯）；甲醇（色谱纯）；样品为市售固体皂类化妆品；除另有规定外，所用试剂均为分析纯或以上规格，水为GB/T 6682规定的一级水。

四、操作步骤

1. 标准溶液的配制　标准储备溶液：称取三氯卡班0.025g（精确到0.0001g）于50ml容量瓶中，加入甲醇溶解并定容至50ml，即得质量浓度为0.5mg/ml的三氯卡班标准储备溶液。按照表4-3操作，分别精密量取一定体积的三氯卡班标准储备溶液和标准溶液于10ml容量瓶中，以甲醇稀释并定容至刻度，制得三氯卡班的标准系列溶液。

表4-3　三氯卡班标准系列溶液的配制

序号	工作溶液	标准溶液的浓度（mg/ml）	量取体积（ml）	定容体积（ml）	标准溶液终浓度（μg/ml）
1	储备液	0.5	2.4	10	120
2	储备液	0.5	2.0	10	100
3	标准溶液	0.1	2.0	10	20
4	标准溶液	0.02	2.5	10	5
5	标准溶液	0.005	2.0	10	1

2. 样品处理　取固体皂类化妆品，从中部切开样品，刮取断面样品（碎末状），称取0.25g（精确到0.0001g），置于25ml具塞比色管中，加入丙酮5ml，涡旋60s，分散均匀，超声提取15min，再加入甲醇15ml，超声提取15min，冷却到室温后，用甲醇定容至25ml刻度线，涡旋振荡摇匀，混合液过0.45μm滤膜，滤液可根据需要进行稀释，保存于2ml棕色进样瓶中作为待测溶液，备用。

3. 色谱条件　色谱柱为 C_{18} 柱（250mm×4.6mm×5μm）或等效色谱柱；流动相为甲醇-水（体积比为88∶12）；流速1.0ml/min；检测波长281nm；柱温25℃；进样量20μl。

4. 含量测定

（1）标准曲线的绘制：在设定色谱条件下，取三氯卡班标准系列溶液分别进样，进行色谱分析，以标准系列溶液浓度为横坐标，峰面积为纵坐标，绘制标准曲线，计算回归方程。

（2）样品测定：在设定色谱条件下，取待测样品溶液进样，根据保留时间定性，测得峰面积，根据标准曲线得到待测溶液中三氯卡班的质量浓度，按式（4-4）计算样品中三氯卡班的含量。

5. 分析结果的表述

（1）计算公式：

$$\omega=\frac{D\times\rho\times V}{m\times10^{6}}\times100\% \tag{4-4}$$

式中，ω——化妆品中三氯卡班的含量，%；D——样品稀释倍数（不稀释则为1）；ρ——从标准曲线得到三氯卡班的质量浓度，μg/ml；V——样品定容体积，ml；m——样品取样量，g。

（2）检测限和定量限：本实验对三氯卡班的检测限为0.0005μg，定量下限为0.001μg；取样量为0.25g时，检出浓度为4.5μg/g，最低定量浓度为7.5μg/g。

（3）回收率和重复性：多家实验室验证的回收率为91%～106%，相对标准偏差小于3%。在重复性条件下获得的两次独立测定结果的绝对差值不得超过算术平均值的10%。

五、注意事项

1. 在溶液的配制过程中要注意容量仪器的规范操作和使用，准确配制标准品溶液与待测样品溶液；三氯卡班标准溶液、待测样品溶液均应避光保存，最好临用时配制。

2. 提取溶剂的选择，分别考察了水、50%甲醇、80%甲醇、甲醇、丙酮对样品的提取效果，结果丙酮与甲醇相结合，提取效果较好，未出现因无法过滤或基质干扰等原因导致的回收率下降情况。

3. 流动相的选择，选择甲醇-水为色谱体系，所得色谱峰峰形、分离度较好。当流动相为甲醇-水（体积比为88∶12），出峰时间较为适中；当流动相为甲醇-水（体积比为70∶30），出峰时间相对滞后，且有拖尾现象。因此，选择甲醇-水（体积比为88∶12）作为流动相。

4. 使用输液泵时，防止任何固体微粒进入泵体，仪器运行过程中务必防止溶剂瓶内的流动相被用完，输液泵的工作压力切记低于所规定的最高使用压力。

5. 所有流动相不应含有任何腐蚀性物质，在使用前务必先脱气，而且尽可能临用临配。

6. 测定标准系列溶液时顺序为由低浓度至高浓度，以减少测量误差；在测定标准系列溶液和样品溶液时，应保持实验条件恒定，仪器参数设置需要一致。

六、思考题

1. 在固体皂类化妆品中，添加三氯卡班的作用是什么？过量加入时对人体有何危害？
2. 在固体皂类化妆品的样品处理过程中，为何加入丙酮与甲醇进行超声提取？
3. 高效液相色谱仪工作原理是什么？主要由哪几部分组成？各部分功能分别是什么？
4. 在检测固体皂类化妆品中三氯卡班的含量时，需要注意什么问题？

实验二十一　凝胶类化妆品中山梨酸、脱氢乙酸的检测

一、实验目的

1. 熟悉凝胶类化妆品中防腐剂的种类及常用的检测方法。
2. 掌握高效液相色谱法检测凝胶类化妆品中山梨酸和脱氢乙酸的含量。
3. 学习山梨酸和脱氢乙酸在化妆品中的应用及其对人体的危害性。

二、实验原理

山梨酸，又称为清凉茶酸、2,4-己二烯酸，是国际粮农组织和卫生组织推荐的高效安全的防腐保鲜剂，作为不饱和酸，广泛应用于食品、农产品、化妆品等行业中。山梨酸在乙醇中易溶解，在乙醚中溶解，在水中极微溶解。山梨酸、脱氢乙酸均为有机酸类防腐剂，在酸性条件下具有较强的抗真菌性能，能有效抑制霉菌、酵母菌和好氧性细菌的活性，防止肉毒杆菌、葡萄球菌、沙门菌等有害微生物的生长和繁殖，常用于霉菌和酵母菌的抑制剂、杀菌剂等，是目前化妆品中常用的防腐剂，其作用是防止化妆品在生产、使用和保存过程中被微生物污染。防腐剂虽然对抑制和杀灭化妆品中的各种细菌有良好效果，但过量加入对人体有潜在的毒副作用，容易造成皮肤损伤，甚至危害消费者健康。因此，我国《化妆品安全技术规范》（2015年版）规定山梨酸及其盐类在化妆品中的最大允许浓度为总量0.6%（以酸计）；脱氢乙酸及其盐类在化妆品中的最大允许浓度为总量0.6%（以酸计），同时规定禁用于喷雾产品。

目前，测定山梨酸和脱氢乙酸的方法主要有高效液相色谱法、气相色谱法等。本实验采用反相高效液相色谱法，样品经过提取后，以乙腈-甲酸溶液（体积比为25：75）为流动相，经高效液相色谱仪分离，二极管阵列检测器检测，根据保留时间定性，峰面积定量，以标准曲线法测定凝胶类化妆品中山梨酸和脱氢乙酸的含量，该方法适用于膏霜乳液类、液态水基类和凝胶类化妆品中山梨酸、脱氢乙酸及其盐含量的测定。

三、仪器与试剂

1. 仪器　高效液相色谱仪；二极管阵列检测器；超声波清洗器；电子天平；离心机；涡旋振荡器。

2. 试剂　山梨酸标准品（纯度≥99%）；脱氢乙酸标准品（纯度≥99%）；甲醇；甲酸溶液（取甲酸1ml，加水至1000ml）；乙腈（色谱纯）；样品为市售凝胶类化妆品；除另有规定外，本实验所用试剂均为分析纯或以上规格，水为GB/T 6682-2008规定的一级水。

四、操作步骤

1. 混合标准溶液的配制 混合标准储备溶液：称取山梨酸和脱氢乙酸标准品各 0.03g（精确到 0.0001g）于 50ml 容量瓶中，用甲醇溶解并定容至刻度，于 5℃下避光可保存 5 日。

2. 样品处理 称取样品 0.2g（精确到 0.0001g）于 10ml 具塞比色管中，加入甲醇定容至刻度，涡旋振荡 30s，超声提取 20min，必要时以 10 000r/min 离心 5min，取上清液经 0.45μm 滤膜过滤，滤液作为待测溶液。

3. 色谱条件 色谱柱为 C_{18} 柱（250mm×4.6mm×5μm）或等效色谱柱；流动相：乙腈-甲酸溶液（体积比为 25∶75）；流速 1.0ml/min；检测波长 290nm；柱温 30℃；进样量 5μl。

4. 含量测定

（1）标准曲线的绘制：取混合标准储备溶液，分别用甲醇配制成山梨酸和脱氢乙酸浓度为 6.0μg/ml、12.0μg/ml、24.0μg/ml、60.0μg/ml、150.0μg/ml 的混合标准系列溶液。在设定色谱条件下，取混合标准系列溶液分别进样，进行高效液相色谱分析，以混合标准系列溶液浓度为横坐标，峰面积为纵坐标，绘制标准曲线，计算回归方程。

（2）样品测定：在设定色谱条件下，取待测样品溶液进样，根据保留时间定性，测得峰面积，峰面积定量，根据标准曲线得到待测溶液中山梨酸和脱氢乙酸的浓度，按式（4-5）计算样品中山梨酸和脱氢乙酸的含量。

5. 分析结果的表述

（1）计算公式：

$$\omega = \frac{\rho \times V}{m \times 10^6} \times 100\% \tag{4-5}$$

式中，ω——化妆品中山梨酸或脱氢乙酸的质量分数，%；m——样品取样量，g；ρ——从标准曲线得到待测组分的浓度，μg/ml；V——样品定容体积，ml。

（2）检测限和定量限：本实验对山梨酸和脱氢乙酸的检测限均为 6ng，定量下限均为 15ng，取样量为 0.2g 时，检出浓度均为 0.006%，最低定量浓度均为 0.015%。

（3）回收率和重复性：本方法山梨酸回收率为 92.4%～99.5%，相对标准偏差小于 1.4%（n=6）；脱氢乙酸回收率为 90.9%～99.5%，相对标准偏差小于 1.7%（n=6）。在重复性条件下获得的两次独立测定结果的绝对差值不得超过算术平均值的 10%。

五、注意事项

1. 在溶液的配制过程中要注意容量仪器的规范操作和使用，准确配制标准品溶液与待测样品溶液。

2. 采用反相 C_{18} 柱，分别考察了甲醇-水、乙腈-水、甲醇-乙酸铵与乙腈-甲酸溶液作为流动相时对色谱分离效果的影响，选择乙腈-甲酸溶液（体积比为 25∶75）作为流动相，能减少化妆品中杂质峰的干扰，且山梨酸与脱氢乙酸在色谱柱上得到较好分离，15min 内能出峰。

3. 使用输液泵时，防止任何固体微粒进入泵体，仪器运行过程中务必防止溶剂瓶内的流动相被用完，输液泵的工作压力切记低于所规定的最高使用压力。

4. 所有流动相不应含有任何腐蚀性物质，在使用前务必先脱气，而且尽可能临用临配。

5. 测定标准系列溶液时顺序为由低浓度至高浓度，以减少测量误差；在测定标准系列溶液和样品溶液时，应保持实验条件恒定，仪器参数设置需要一致。

六、思考题

1. 凝胶类化妆品中常用的防腐剂有哪些？

2. 在化妆品中添加山梨酸和脱氢乙酸的作用是什么？过量加入时对人体有何危害？

3. 高效液相色谱的定性原理是什么？如何判别凝胶类化妆品色谱图上山梨酸、脱氢乙酸组分的色谱峰归属？如何提高两种待测组分之间的分离度？

4. 简述二极管阵列检测器的原理以及使用特点。

实验二十二　化妆品中4-羟基苯甲酸甲酯、4-羟基苯甲酸乙酯与4-羟基苯甲酸丙酯的检测

一、实验目的

1. 熟悉对羟基苯甲酸酯类防腐剂在化妆品中的应用及其常用的检测方法。

2. 掌握高效液相色谱法同时检测化妆品中4-羟基苯甲酸甲酯、4-羟基苯甲酸乙酯与4-羟基苯甲酸丙酯的含量。

3. 学习对羟基苯甲酸酯类在化妆品中的应用及其对人体的危害性。

二、实验原理

4-羟基苯甲酸甲酯，又名对羟基苯甲酸甲酯、尼泊金甲酯，为白色结晶粉末或无色结晶，易溶于醇、醚和丙酮，极微溶于水。主要用作有机合成、食品、化妆品、医药的杀菌防腐剂。由于它具有酚羟基结构，所以抗细菌性能比苯甲酸、山梨酸都强。其作用机制是破坏微生物的细胞膜，使细胞内蛋白质变性，抑制微生物细胞的呼吸酶系与电子传递酶系的活性。

4-羟基苯甲酸乙酯，又名对羟基苯甲酸乙酯、尼泊金乙酯，为白色结晶或结晶性粉末，有特殊香味，易溶于乙醇、乙醚、丙酮、丙二醇等，微溶于水、氯仿、二硫化碳和石油醚，具有抗微生物特性，常用作化妆品防腐剂。

4-羟基苯甲酸丙酯，又名对羟基苯甲酸丙酯、尼泊金丙酯，为无色小结晶或白色粉末，有特殊气味，不溶于水，微溶于热水，易溶于醇、醚，主要用作食品、化妆品等的防腐剂，与对羟基苯甲酸乙酯合用可提高防腐能力和溶解性。

化妆品中由于添加了大量营养物质，容易为微生物的繁殖创造条件，从而受微生物的污染而发生腐败。因此，在化妆品中加入一定量防腐剂，防止微生物造成化妆品腐败变质及控制皮肤上有害微生物，从而延长保质期。对羟基苯甲酸酯类，是在化妆品中使用频率较高的防腐剂，属酚类防腐剂，对各种霉菌、酵母菌、细菌有效，随着其烷基碳链的增大，其毒性降低，抗菌作用增强。虽然对抑制和杀灭化妆品中各种细菌有良好效果，但由于使用量过大可能导致皮肤不良反应，有研究报道化妆品中过量使用对羟基苯甲酸酯可引起接触性皮炎。因此，我国《化妆品安全技术规范》（2015年版）中规定，对4-羟基苯甲酸及其盐类和酯类化妆品防腐剂的使用浓度给出要求，单一酯的最大允许浓度为0.4%（以酸计）；混合酯总量的最大允许浓度为 0.8%（以酸计）；且 4-羟基苯甲酸丙酯及其盐类、4-羟基苯甲酸丁酯及其盐类之和分别不得超过0.14%（以酸计）。

本实验采用高效液相色谱-二极管阵列检测器法，样品中的4-羟基苯甲酸甲酯、4-羟基苯甲酸乙酯与4-羟基苯甲酸丙酯3种组分经甲醇提取，用高效液相色谱仪分析，根据保留

时间定性，峰面积定量，以标准曲线法测定化妆品中4-羟基苯甲酸甲酯、4-羟基苯甲酸乙酯与4-羟基苯甲酸丙酯的含量。

三、仪器与试剂

1. 仪器　高效液相色谱仪；二极管阵列检测器；电子天平；超声波清洗器；水浴锅；pH计。

2. 试剂　4-羟基苯甲酸甲酯标准品；4-羟基苯甲酸乙酯标准品；4-羟基苯甲酸丙酯标准品；甲醇（色谱纯）；磷酸二氢钠（优级纯）；乙腈（色谱纯）；氯化十六烷三甲胺（优级纯）；样品为市售膏霜乳液类化妆品；除另有规定外，本实验所用试剂均为分析纯或以上规格，水为GB/T 6682-2008规定的一级水。

四、操作步骤

1. 混合标准溶液的配制　混合标准储备溶液：称取各组分标准品适量，用甲醇溶解后，转移至100ml容量瓶中，定容至刻度，制成混合标准储备溶液，浓度见表4-4。取混合标准储备溶液适量，加甲醇制成混合标准系列溶液，浓度见表4-4。

表4-4　各组分储备溶液浓度及标准系列浓度

标准品名称	4-羟基苯甲酸甲酯	4-羟基苯甲酸乙酯	4-羟基苯甲酸丙酯
储备液浓度（g/L）	1.0	1.0	1.0
	10	10	10
标准系列浓度（mg/L）	20	20	20
	50	50	50

2. 样品处理　称取样品1g（精确到0.001g）于具塞比色管中（必要时，置水浴去除乙醇等挥发性有机溶剂），加甲醇至10ml，振摇，超声提取15min，离心。经0.45μm滤膜过滤，滤液作为待测溶液。

3. 色谱条件　色谱柱为C_{18}柱（250mm×4.6mm×10μm）或等效色谱柱；流动相：0.05mol/L磷酸二氢钠-甲醇-乙腈（体积比为50∶35∶15），加氯化十六烷三甲胺至最终浓度为0.002mol/L，并用磷酸调pH至3.5；流速1.5ml/min；检测波长254nm；柱温为室温；进样量5μl。

4. 含量测定

（1）标准曲线的绘制：在设定色谱条件下，取混合标准系列溶液分别进样，进行高效液相色谱分析，以混合标准系列溶液浓度为横坐标，峰面积为纵坐标，绘制标准曲线，计算回归方程。

（2）样品测定：在设定色谱条件下，取待测样品溶液进样，记录色谱图，以保留时间定性，测得峰面积，根据标准曲线得到待测溶液中各组分的质量浓度，按式（4-6）计算样品中各组分的含量。

5. 分析结果的表述

（1）计算公式：

$$\omega=\frac{\rho\times V}{m} \qquad (4\text{-}6)$$

式中，ω——样品中4-羟基苯甲酸甲酯、4-羟基苯甲酸乙酯与4-羟基苯甲酸丙酯3种组分的质量分数，μg/g；m——样品取样量，g；ρ——从标准曲线上得到待测组分的质量浓度，mg/L；V——样品定容体积，ml。

（2）检测限和定量限：本实验方法对各组分的检出限、定量下限及取样量为1g时的检出浓度和最低定量浓度见表4-5。

表4-5　各组分的检出限、定量下限、检出浓度和最低定量浓度

组分名称	4-羟基苯甲酸甲酯	4-羟基苯甲酸乙酯	4-羟基苯甲酸丙酯
检出限（μg）	0.002	0.005	0.005
定量下限（μg）	0.007	0.017	0.017
检出浓度（μg/g）	4	10	10
定量浓度（μg/g）	13	34	34

五、注意事项

1. 有关提取条件的选择，采用振荡与超声提取相结合的方法，分别比较超声时间为5min、10min、15min、20min、30min时的提取率，结果超声时间对测定结果影响不大。考虑不同化妆品样品的致密性、黏度等不同，为避免超声时间过短而导致回收率偏低，选择超声提取15min。

2. 流动相的pH对4-羟基苯甲酸酯类防腐剂的保留时间、分离度和灵敏度均有一定影响。测试分别用磷酸调pH至2.0、3.0和4.0时对分离效果的影响，发现选择用磷酸调流动相pH至3.5时，各组分的色谱峰峰形好，分离效果好，灵敏度高。

3. 有关最佳吸收波长的选择，通过全波长扫描分别获得3种对羟基苯甲酸酯的光谱图，光谱图结果表明该3种对羟基苯甲酸酯在254nm均有较强吸收，故选择254nm作为检测波长，提高分析灵敏度。

4. 由于对羟基苯甲酸酯类（4-羟基苯甲酸甲酯、4-羟基苯甲酸乙酯与4-羟基苯甲酸丙酯）之间的分子量和极性相差不大，可考虑采用梯度洗脱，提高分离效果。

5. 使用输液泵时，防止任何固体微粒进入泵体，仪器运行过程中务必防止溶剂瓶内的流动相被用完，输液泵的工作压力切记低于所规定的最高使用压力。

6. 所有流动相不应含有任何腐蚀性物质，在使用前务必先脱气，而且尽可能临用临配。

7. 测定标准系列溶液时顺序为由低浓度至高浓度，以减少测量误差；在测定标准系列溶液和样品溶液时，应保持实验条件恒定，仪器参数设置需要一致。

六、思考题

1. 在化妆品中添加对羟基苯甲酸酯类有什么作用？如果超出其最大允许浓度，对人体有何危害？

2. 我国《化妆品安全技术规范》（2015年版）对4-羟基苯甲酸及其盐类和酯类的最大允许浓度有何规定？

3. 本实验为何用磷酸调节流动相pH至3.5？

4. 在化妆品中同时检测4-羟基苯甲酸甲酯、4-羟基苯甲酸乙酯与4-羟基苯甲酸丙酯3种防腐剂的含量时，影响测定的因素有哪些？若待测组分之间的分离度未达到要求，应如何提高该3种待测组分之间的分离度？

第二节　化妆品准用防晒剂的检测

实验二十三　化妆品中二苯酮-2的检测

一、实验目的

1. 熟悉化妆品中防晒剂的分类及其常用的检测方法。
2. 掌握高效液相色谱法测定防晒化妆品中二苯酮-2的含量。
3. 学习化妆品中二苯酮-2的防晒机制及其在化妆品中的应用。

二、实验原理

太阳光中含有的紫外线分为长波紫外线（UVA）、中波紫外线（UVB）和短波紫外线（UVC），其中UVB会使皮肤产生红斑或水疱，促进黑色素形成；UVA区紫外光的能量可达皮肤真皮层，引起皮肤的褐色化，促进皱纹生成及红斑反应，甚至引发光毒性或光敏反应。敏感性皮肤在日光下连续经过UVB、UVA的辐射，还能损伤DNA，使免疫力下降，甚至诱发皮肤癌。防晒剂是为了保护皮肤使其免受阳光中紫外线伤害而添加在化妆品中的一类化合物，其对UVB、UVA区的紫外线有较强的吸收能力，从而达到保护皮肤的作用。但防晒剂对人体有不良反应，容易对皮肤产生刺激，使皮肤过敏，引起红疹及皮肤发炎、变黑等。

二苯酮，白色有光泽的菱形结晶，溶于氯仿，不溶于水，有刺激性，是一类具有紫外线吸收功能的高分子材料，由于其最大吸收波长为330nm，同时具有防UVA和UVB的功能，是国内外常用的一类防晒剂，被广泛应用于各种高效防晒类化妆品中。二苯酮类化合物属于芳香酮类，其产生的副产物无法在体内新陈代谢，该类防晒剂的大量使用会使皮肤产生变态反应，容易引起接触性过敏并干扰内分泌功能，有研究显示二苯酮类防晒剂会对生物体及人体产生内分泌干扰效应，属于化妆品准用物质。因此，我国《化妆品安全技术规范》（2015年版）对防晒剂中的二苯酮类紫外吸收剂作了使用浓度规定，二苯酮-3的最大允许浓度为10%，且标签上必须标印含二苯酮-3；二苯酮-4和二苯酮-5总量的最大允许浓度为5%（以酸计）。

目前，针对二苯酮类防晒剂的测定方法有紫外分光光度法、气相色谱法、高效液相色谱法、高效液相色谱-质谱法、气相色谱-质谱法、薄层色谱法等，其中紫外分光光度法操作简便，但只能测定单一的吸收剂；气相色谱法可同时测定多种吸收剂，但样品前处理操作复杂，定量准确度较低。本实验采用高效液相色谱-紫外检测器法，用乙腈-水（体积比为90∶10）超声提取样品，经高效液相色谱仪分离，紫外检测器检测，根据保留时间定性，峰面积定量，以标准曲线法测定化妆品中二苯酮-2的含量，该方法适用于液态水基类、膏霜乳液类和指甲油等化妆品中二苯酮-2的含量测定。

三、仪器与试剂

1. 仪器　高效液相色谱仪；紫外检测器；电子天平；高速离心机；超声波清洗器。

2. 试剂　二苯酮-2标准品（纯度≥97%）；乙腈（色谱纯）；样品为市售防晒乳液；除

另有规定外，本实验所用试剂均为分析纯或以上规格，水为 GB/T 6682-2008 规定的一级水。

四、操作步骤

1. 标准系列溶液的制备　标准储备溶液：称取二苯酮-2 0.1g（精确到 0.0001g）于 100ml 棕色量瓶中，用乙腈溶解并稀释至刻度，摇匀，得浓度为 1000μg/ml 的标准储备溶液（1），取二苯酮-2 标准储备溶液（1）5ml，置 50ml 棕色量瓶中，用乙腈稀释至刻度，摇匀，得 100μg/ml 的二苯酮-2 标准储备溶液（2）。按表 4-6，用乙腈将标准储备溶液配制成浓度分别为 1μg/ml、2μg/ml、4μg/ml、8μg/ml、20μg/ml、100μg/ml、150μg/ml 的二苯酮-2 标准系列溶液。

表 4-6　二苯酮-2 标准系列溶液的配制

序号	储备液	浓度（μg/ml）	量取体积（ml）	定容体积（ml）	标准溶液终浓度（μg/ml）
1	储备液（1）	1000	7.5	50	150
2	储备液（1）	1000	5.0	50	100
3	储备液（1）	1000	1.0	50	20
4	储备液（2）	100	8.0	100	8
5	储备液（2）	100	4.0	100	4
6	储备液（2）	100	2.0	100	2
7	储备液（2）	100	1.0	100	1

2. 样品处理　称取样品 0.1g（精确到 0.0001g）于 50ml 具塞比色管中，加乙腈-水（体积比为 90∶10）约 45ml，超声处理 30min；冷却至室温，用乙腈-水（体积比为 90∶10）加至刻度，摇匀，4500r/min 离心 30min，取上清液作为待测溶液。

3. 色谱条件　色谱柱：C_{18} 柱（250mm×4.6mm×5μm）或等效色谱柱；流速 1.0ml/min；检测波长 335nm；柱温 30℃；进样量 10μl；流动相为梯度洗脱程序（表 4-7）。

表 4-7　梯度洗脱程序表

时间（min）	*V*（乙腈）（%）	*V*（水）（%）
0.00	40	60
3.00	40	60
13.00	100	0
29.00	100	0
38.00	40	60

4. 含量测定

（1）标准曲线的绘制：在设定色谱条件下，取二苯酮-2 标准系列溶液分别进样，进行色谱分析，以标准系列溶液浓度为横坐标，峰面积为纵坐标，绘制标准曲线，计算回归方程。

（2）样品测定：在设定色谱条件下，取待测样品溶液进样，根据保留时间定性，测得峰面积，根据标准曲线得到待测溶液中二苯酮-2 的质量浓度，按式（4-7）计算样品中二苯酮-2 的含量。

5. 分析结果的表述

（1）计算公式：

$$\omega=\frac{\rho\times V}{m\times 10^6}\times 100\% \tag{4-7}$$

式中，ω——化妆品中二苯酮-2 的含量，%；ρ——从标准曲线得到二苯酮-2 的质量浓度，μg/ml；V——样品定容体积，ml；m——样品取样量，g。

（2）检测限和定量限：本实验对二苯酮-2 的检测限为 1.5μg，定量下限为 5μg；取样量为 0.1g 时，检出浓度为 0.03%，最低定量浓度为 0.1%。

（3）回收率和重复性：回收率为 92.5%～108%，相对标准偏差小于 7%（n=6）。在重复性条件下获得的两次独立测定结果的绝对差值不得超过算术平均值的 10%。

五、注意事项

1. 在溶液的配制过程中要注意容量仪器的规范操作和使用，准确配制标准品溶液与待测样品溶液；二苯酮-2 标准溶液、样品溶液均应避光保存，最好临用时配制。

2. 提取溶剂的选择，实验中用不同比例的乙腈-水进行样品提取，当乙腈-水的比例为 90：10 时提取回收率最高，故选择乙腈-水（体积比为 90：10）作为提取溶剂。

3. 检测波长的选择，根据二苯酮类化合物的紫外-可见光谱图，分析二苯酮-2 在不同检测波长下的特征吸收峰分布情况。结果表明，二苯酮-2 在 335nm 附近有较强紫外吸收，且待测样品中无杂质干扰，故选择 335nm 作为检测波长。

4. 根据二苯酮-2 的理化性质，该紫外吸收剂均能溶于乙腈、甲醇等多种有机溶剂。比较甲醇和乙腈作为洗脱溶剂对色谱分离效果的影响，发现两种溶剂在优化条件下均可获得较好色谱图。本实验选择乙腈-水体系作为流动相，采用梯度洗脱程序，色谱分离效果好。

5. 使用输液泵时，防止任何固体微粒进入泵体，仪器运行过程中务必防止溶剂瓶内的流动相被用完，输液泵的工作压力切记低于所规定的最高使用压力。

6. 所有流动相不应含有任何腐蚀性物质，在使用前务必先脱气，而且尽可能临用临配。

7. 测定标准系列溶液时顺序为由低浓度至高浓度，以减少测量误差；在测定标准系列溶液和样品溶液时，应保持实验条件恒定，仪器参数设置需要一致。

六、思考题

1. 化妆品中常用的防晒剂有哪些？

2. 二苯酮-2 的防晒机制是什么？

3. 我国《化妆品安全技术规范》（2015 年版）中对二苯酮-2 的最大允许浓度有何规定？如在防晒化妆品中添加过量，对人体有何危害？

4. 什么叫梯度洗脱？如何确定高效液相色谱测定二苯酮-2 含量时的洗脱程序？

实验二十四　化妆品中二氧化钛的检测

一、实验目的

1. 熟悉化妆品中防晒剂的分类及其常用的检测方法。

2. 掌握分光光度法测定化妆品中二氧化钛的含量。
3. 学习化妆品中二氧化钛的防晒机制及其在化妆品中的应用。

二、实验原理

由于紫外线对人体有很大的危害性，近年来防晒膏霜、粉底、口红、摩丝、焗油膏等防晒化妆品成为产品开发的热点。二氧化钛，白色固体或粉末状的两性氧化物，有较好的紫外线掩蔽作用，可加入防晒膏霜中制得防晒化妆品，常用作物理屏蔽型防晒剂。由于二氧化钛具有高折光性和高光活性，粒径较大时，对紫外线的阻隔是以反射、散射为主，且对UVB区和UVA区紫外线均有效；随着粒径的减小，光线能透过二氧化钛的粒子面，但其对中波区紫外线的吸收性明显增强，具有吸收UVB区紫外线的作用。因此，二氧化钛对UVA区紫外线的阻隔以反射、散射为主，对UVB区紫外线的阻隔以吸收为主，既能反射、散射紫外线，又能吸收紫外线，具有较强的抗紫外线能力。纳米二氧化钛由于其颗粒尺寸小，具有较好的化学稳定性、热稳定性及非迁移性，以及较强的消色力、遮盖力，较低的腐蚀性及良好的分散性，添加到化妆品中使皮肤更透亮、白度更自然，因而在防晒霜中被广泛应用，并逐步取代有机防晒剂。二氧化钛纳米颗粒的尺寸大小及颗粒形态不仅与其抗紫外线能力密切相关，也影响其生物安全性。因此，我国《化妆品安全技术规范》（2015年版）规定，在防晒类化妆品中二氧化钛的最大允许浓度为25%。

本实验采用分光光度法测定化妆品中二氧化钛的含量，样品经高温灰化处理，硫酸消解后，使钛以离子状态存在于样品溶液中，加入抗坏血酸溶液能较好地消除三价铁离子等共存离子的干扰，在强酸性介质中，样品溶液中的钛与二安替比林甲烷溶液生成黄色络合物，用分光光度计在波长388nm处检测吸光度，以标准曲线法测定化妆品中总钛（以二氧化钛计）的含量，该方法适用于防晒膏霜、乳、液等防晒化妆品中二氧化钛的含量检测。

三、仪器与试剂

1. 仪器 紫外可见分光光度计；马弗炉；电子天平；电炉；50ml瓷坩埚。

2. 试剂 钛单元素溶液标准物质（100μg/ml）；抗坏血酸；硫酸（ρ_{20}=1.84g/ml）；盐酸（ρ_{20}=1.19g/ml）；二安替比林甲烷（纯度>97%）；焦硫酸钾；样品为市售防晒霜；除另有规定外，本实验所用试剂均为分析纯或以上规格，水为GB/T 6682-2008规定的一级水。

四、操作步骤

1. 溶液的配制

（1）抗坏血酸溶液（100g/L）：称取10g抗坏血酸，加去离子水稀释至100ml，摇匀，即得。

（2）硫酸（1+9）：取硫酸（ρ_{20}=1.84g/ml）10ml，缓慢加入到90ml去离子水中，混匀。

（3）二安替比林甲烷溶液：称取8g二安替比林甲烷（纯度>97%），加入10ml盐酸（ρ_{20}=1.19g/ml），加去离子水稀释至100ml，摇匀，即得。

（4）焦硫酸钾：将焦硫酸钾固体块研成粉末。

2. 标准系列溶液的制备 精密量取5ml盐酸（ρ_{20}=1.19g/ml）于100ml容量瓶中，精密量取100μg/ml钛单元素溶液标准物质0ml、0.1ml、0.2ml、0.5ml、1.0ml、2.0ml、3.0ml，

分别置于 100ml 容量瓶中，精密加入 10ml 抗坏血酸溶液，稍加振摇，置于室温下放置 5min，精密加入 10ml 二安替比林甲烷溶液，用去离子水稀释至刻度，摇匀，放置 45min，制得钛标准系列溶液中钛的浓度依次为 0μg/ml、0.1μg/ml、0.2μg/ml、0.5μg/ml、1.0μg/ml、2.0μg/ml、3.0μg/ml。

3. 样品处理　称取样品 0.1g（精确到 0.0001g）置于 50ml 瓷坩埚中，同时做试剂空白，在电炉上小火缓慢炽灼至完全炭化，转移至马弗炉中，逐渐升高温度至 800℃后，灰化 2h，取出，置干燥器中，放冷至室温。小心加入 1.8g 焦硫酸钾粉末，使之尽量均匀完全地覆盖样品。坩埚加盖，置 550℃马弗炉中熔融约 10min，取出放冷。量取 30ml 硫酸（1+9）置坩埚中，小火加热至溶液澄清，并将坩埚盖上的熔融物用坩埚中的上清液小心洗下，并入坩埚。用滴管吸取上清液转移至 100ml 容量瓶中。

在上述坩埚中添加 5ml 硫酸（ρ_{20}=1.84g/ml），加热至剩 2～3ml 时取下，上清液用吸管吸出，并入容量瓶。再用 10ml 硫酸（1+9）分 3 次洗涤坩埚及盖，每次小火加热数分钟，用滴管吸取上清液至同一容量瓶中。移取 10ml 去离子水洗涤坩埚和滴管，并入容量瓶。放冷至室温，用去离子水稀释至刻度，摇匀，作为样品溶液，备用。

精密量取 5ml 盐酸（ρ_{20}=1.19g/ml）于 100ml 容量瓶中，精密移取上述样品溶液适量于同一容量瓶中，精密加入 10ml 抗坏血酸溶液，稍加振摇，置于室温下放置 5min。精密加入 10ml 二安替比林甲烷溶液，用去离子水稀释至刻度，摇匀，放置 45min，作为待测溶液（使待测溶液中钛的浓度为 0～3μg/ml）。

4. 含量测定

（1）标准曲线的绘制：取钛浓度分别为 0μg/ml、0.1μg/ml、0.2μg/ml、0.5μg/ml、1.0μg/ml、2.0μg/ml、3.0μg/ml 的钛标准系列溶液，在波长 388nm 处测定吸光度，以钛的吸光度为纵坐标，钛标准系列溶液的浓度（μg/ml）为横坐标进行线性回归，建立标准曲线，计算回归方程。

（2）样品测定：取待测样品溶液、试剂样品空白，在波长 388nm 处测定吸光度，根据标准曲线计算待测样品溶液中钛的质量浓度（ρ_1，μg/ml），按式（4-8）计算待测溶液中二氧化钛的含量。

5. 分析结果的表述

（1）计算公式：

$$\omega=\frac{(\rho_1-\rho_0)\times V\times D\times 1.67}{m\times 10^6}\times 100\% \qquad (4\text{-}8)$$

式中，ω——化妆品中二氧化钛的含量，%；ρ_1——待测溶液中钛的质量浓度，μg/ml；ρ_0——空白溶液中钛的质量浓度，μg/ml；V——样品定容体积，ml；D——稀释倍数（不稀释则为 1）；m——样品取样量，g。

（2）检测限和定量限：本实验对二氧化钛的检测限为 0.068μg/ml，定量下限为 0.2μg/ml；取样量为 0.1g 时，检出浓度为 0.0068%，最低定量浓度为 0.02%。

（3）重复性：在重复性条件下获得的两次独立测定结果的绝对差值不得超过算术平均值的 10%。

五、注意事项

1. 10 000 倍钾、钠、铷、钙、镁、锶、磷，1000 倍锰、铅、锌、铝、锆、砷、铁，50 倍铌、锡，20 倍铬，10 倍铋、钼，对钛测定不产生干扰。

2. 本实验不适用于配方中同时含有除二氧化钛外其他钛及钛化合物的化妆品测定。

3. 由于防晒化妆品中含有丙二醇、乙醇、硬脂酸甘油酯、硬脂酸酯等物质，醇类与高氯酸在一起容易爆炸，所以用湿法消解存在一定的危险性。本实验样品采用高温 800℃灰化处理，硫酸消解后，使钛以离子状态存在于样品溶液中，能有效去除有机物，且测定过程安全稳妥。

4. 本实验考察不同用量的盐酸对显色的影响，分别加入钛标准溶液，按方法加入抗坏血酸溶液，二安替比林甲烷溶液，显色，观察吸光度变化的情况，结果盐酸的用量对吸光度无明显影响。

5. 本实验考察显色剂用量对显色的影响，精密量取 5ml 盐酸，加入钛标准溶液，精密加入 10ml 抗坏血酸溶液，摇匀，室温放置 5min，分别加入不同用量的二安替比林甲烷溶液，用去离子水稀释至刻度，摇匀，放置 45min，测定吸光度，结果当二安替比林甲烷用量为 8～12ml 时，吸光度稳定，故选择显色剂用量为 10ml。

6. 在使用紫外分光光度计前，应熟悉仪器的结构、功能和操作程序；在仪器波长扫描过程中，不要按动任何按键，不要任意打开样品室盖子；仪器不使用时请关闭样品盖，用以保护光源。

7. 比色皿使用前应用待测物质润洗 3 次，以保持待测物浓度不变；比色皿所装溶液高度以皿高的 2/3～3/4 为宜；测试时外壁务必干燥洁净，尤其是透光面；使用完毕，应立即取出，洗涤干净，吸水纸吸干，存放于吸收池的盒内。

8. 在测定标准系列溶液吸光度时，要从稀溶液至浓溶液进行测定，以减少测量误差；在测定标准系列溶液和样品溶液时，应保持实验条件恒定，仪器参数设置需要一致。

六、思考题

1. 化妆品中防晒剂的种类有哪些？如何分类？

2. 二氧化钛的防晒机制是什么？与有机防晒剂相比，纳米二氧化钛防晒剂有何优势？

3. 在样品处理过程中，为何样品必须先经过 800℃高温灰化处理？

4. 在测定防晒化妆品中二氧化钛的含量时，为何需要加入抗坏血酸溶液？本实验用到的显色剂是什么？应如何确定显色剂的用量？

实验二十五　化妆品中二乙氨羟苯甲酰基苯甲酸己酯的检测

一、实验目的

1. 熟悉化妆品中防晒剂的分类及常用的检测方法。

2. 掌握高效液相色谱法测定化妆品中二乙氨羟苯甲酰基苯甲酸己酯的含量。

3. 学习化妆品中二乙氨羟苯甲酰基苯甲酸己酯的防晒机制及其在化妆品中的应用。

二、实验原理

太阳辐射，尤其是中长波紫外线（290～400nm）对人类健康有较大程度的危害，可导致皮肤晒红、晒黑、色素沉着、角质增长、光老化，甚至引起皮肤癌及机体的免疫抑制。因此，防晒化妆品的需求不断增加，具有高效、高安全性、广谱防晒功能的新型紫外线吸收剂被广泛应用于化妆品中，保护人体免受过量的紫外线辐射。目前，据报道用于紫外线吸收剂的化合物已达上百种。二乙氨羟苯甲酰基苯甲酸己酯是一种新型紫外线吸收剂，而且光化学稳定性好，与其他油脂的复配性好，可作为防晒剂在化妆品中被广泛应用。但由于其以乙醇为载体，易沾染衣物，并引起一定的副反应，如二乙氨羟苯甲酰基苯甲酸己酯会诱发光接触性变态反应，诱发如系统性红斑狼疮等自身免疫性疾病，其分解产物亚硝胺降解产物具有潜在致癌的可能性，导致其使用受到限制。我国《化妆品安全技术规范》(2015 年版）规定，二乙氨羟苯甲酰基苯甲酸己酯在防晒化妆品中使用时的最大允许浓度为 10%。

目前，防晒化妆品中紫外吸收剂的检测方法主要有薄层色谱法、电喷雾萃取电离质谱法、气相色谱法、高效液相色谱法、高效液相色谱-质谱联用法、气相色谱-质谱联用法等。其中，高效液相色谱法应用较为广泛。本实验对样品前处理和高效液相色谱法进行了优化，将样品提取后，采用反相 C_{18} 色谱柱，经甲醇-水（体积比为 88：12）等度洗脱，高效液相色谱仪分离，于波长 356nm 处进行紫外检测，根据保留时间定性，峰面积定量，以标准曲线法测定化妆品中二乙氨羟苯甲酰基苯甲酸己酯的含量，使其能满足不同基质化妆品中二乙氨羟苯甲酰基苯甲酸己酯的测定，适用于市售液态水基类、膏霜乳液类防晒化妆品中二乙氨羟苯甲酰基苯甲酸己酯的含量检测。

三、仪器与试剂

1. 仪器 高效液相色谱仪；紫外检测器；超声波清洗器；离心机；电子天平；涡旋振荡器。

2. 试剂 二乙氨羟苯甲酰基苯甲酸己酯标准品（纯度＞99.0%）；甲醇（色谱纯）；样品为市售防晒化妆品；除另有规定外，本实验所用试剂均为分析纯或以上规格，水为 GB/T 6682 规定的一级水。

四、操作步骤

1. 标准系列溶液的配制 标准储备溶液：称取二乙氨羟苯甲酰基苯甲酸己酯 0.1g（精确到 0.0001g）于100ml 容量瓶中，用甲醇溶解并定容至刻度，摇匀，即得浓度为 1.0mg/ml 的二乙氨羟苯甲酰基苯甲酸己酯标准储备溶液。精密移取该标准储备溶液 0.1ml 于 100ml 容量瓶中，0.1ml、0.2ml 于 20ml 容量瓶中，0.15ml、0.25ml、0.4ml 及 0.5ml 于 5ml 容量瓶中，用甲醇稀释至刻度，摇匀，配制成浓度为 1.0μg/ml、5.0μg/ml、10.0μg/ml、30.0μg/ml、50.0μg/ml、80.0μg/ml 和 100.0μg/ml 的二乙氨羟苯甲酰基苯甲酸己酯标准系列溶液。

2. 样品处理 称取样品 0.1g（精确到 0.0001g）于 50ml 具塞比色管中，加入甲醇约 20ml，涡旋 3min，振摇，超声（功率：500W）提取 30min，静置待其冷却到室温，用甲醇定容至 25ml 刻度，必要时于 4500r/min 离心 5min，精密量取上清液 1ml 置于 10ml 容量瓶中，用甲醇稀释至刻度，摇匀，经 0.45μm 滤膜过滤，滤液作为待测溶液，备用。

3. 色谱条件 色谱柱为 C_{18} 柱（250mm×4.6mm×5μm）或等效色谱柱；流动相为甲醇-水（体积比 88：12）；流速 1.0ml/min；检测波长 356nm；柱温 30℃；进样量 20μl。

4. 含量测定

（1）标准曲线的绘制：分别取1.0μg/ml、5.0μg/ml、10.0μg/ml、30.0μg/ml、50.0μg/ml、80.0μg/ml和100.0μg/ml的二乙氨羟苯甲酰基苯甲酸己酯标准系列溶液，在设定的色谱条件下分别进样，进行色谱分析，以标准系列溶液浓度为横坐标，峰面积为纵坐标，绘制标准曲线，计算回归方程。

（2）样品测定：在设定色谱条件下，取待测样品溶液进样，根据保留时间定性，测得峰面积，根据标准曲线得到待测溶液中二乙氨羟苯甲酰基苯甲酸己酯的质量浓度，按式（4-9）计算样品中二乙氨羟苯甲酰基苯甲酸己酯的含量。

5. 分析结果的表述

（1）计算公式：

$$\omega=\frac{D\times\rho\times V}{m\times10^{6}}\times100\% \tag{4-9}$$

式中，ω——化妆品中二乙氨羟苯甲酰基苯甲酸己酯的含量，%；m——样品取样量，g；ρ——从标准曲线得到二乙氨羟苯甲酰基苯甲酸己酯的质量浓度，μg/ml；V——样品定容体积，ml；D——稀释倍数（不稀释则为1）。

（2）检测限和定量限：本实验对二乙氨羟苯甲酰基苯甲酸己酯的检出限为0.001μg，定量下限为0.003μg；取样量为0.1g时，检出浓度为0.01%，最低定量浓度为0.03%。

（3）回收率和重复性：方法的回收率为94.7%～107%，相对标准偏差小于4%（n=6）。在重复性条件下获得的两次独立测定结果的绝对差值不得超过算术平均值的10%。

五、注意事项

1. 在样品处理过程中，待测样品提取时要注意补足减失的重量，超声提取温度不宜过高，多次提取时要注意更换超声提取器中的水，以免热不稳定组分受热分解影响含量测定。

2. 有关提取溶剂的选择，需要综合考虑二乙氨羟苯甲酰基苯甲酸己酯的提取效率、化妆品的基质效应等因素，从而获得操作简单、提取回收率高、重现性好的样品处理方法。

3. 有关流动相的选择，本实验考察了不同体积分数的乙腈、四氢呋喃、甲醇溶液作为流动相时对待测组分的色谱分离效果的影响。当使用乙腈、四氢呋喃作为流动相体系时，色谱峰分离效果较差；当采用甲醇-水（体积比为88∶12）作为流动相时，能在较短时间内对市售防晒化妆品中的二乙氨羟苯甲酰基苯甲酸己酯进行分析检测，且色谱分离效果好。

4. 选择紫外检测器可提高防晒剂的检测灵敏度，且能在很大程度上消除化妆品中其他杂质成分的干扰，由于二乙氨羟苯甲酰基苯甲酸己酯在356nm有较好的吸收，故选择检测波长为356nm。

5. 在溶液的配制过程中要注意容量仪器的规范操作和使用，准确配制标准品系列溶液与待测样品溶液；样品溶液的待测组分浓度应控制在线性范围内。

6. 使用输液泵时，防止任何固体微粒进入泵体，仪器运行过程中务必防止溶剂瓶内的流动相被用完，输液泵的工作压力切记低于所规定的最高使用压力。

7. 所有流动相不应含有任何腐蚀性物质，在使用前务必先脱气，而且尽可能临用临配。

8. 测定标准系列溶液时顺序为由低浓度至高浓度，以减少测量误差；在测定标准系列溶液和样品溶液时，应保持实验条件恒定，仪器参数设置需要一致。

六、思考题

1. 膏霜乳液类化妆品中常用的防晒剂有哪些？二乙氨羟苯甲酰基苯甲酸己酯的防晒机制是什么？
2. 为何要控制化妆品中二乙氨羟苯甲酰基苯甲酸己酯的使用浓度？过量添加时对人体的危害有哪些？
3. 在高效液相色谱定量分析方法中，试比较标准曲线法与外标两点法的优缺点。
4. 化妆品中二乙氨羟苯甲酰基苯甲酸己酯常用的检测方法主要有哪些？

实验二十六　化妆品中氧化锌的检测

一、实验目的

1. 熟悉化妆品中防晒剂的分类及常用的检测方法。
2. 掌握火焰原子吸收法测定化妆品中氧化锌的含量。
3. 学习化妆品中氧化锌的防晒机制及其在化妆品中的应用。

二、实验原理

中波紫外线（UVB）是导致灼伤、间接色素沉积和皮肤癌的主要根源，主要表现为皮肤出现红斑，严重时还可伴有水肿、水疱、脱皮、发热和恶心等症状。长波紫外线（UVA）穿透能力强且具有累积性，长期作用于皮肤可造成皮肤弹性降低、皮肤粗糙和皱纹增多等光老化现象，还能加剧 UVB 造成的伤害。近年来，含纳米氧化锌等一批无机粉体的防晒剂备受青睐，因为其无毒、无味，对皮肤无刺激性，不分解、不变质，热稳定性好，紫外吸收能力强，对 UVA 和 UVB 均能有效发挥屏蔽作用，因而在防晒化妆品中得到广泛应用。氧化锌是锌的一种氧化物，白色粉末，无砂性，难溶于水，不溶于乙醇，可溶于酸和强碱，是一种广谱且使用广泛的物理防晒剂，即无机紫外线屏蔽剂，通过吸收、反射和散射紫外线对皮肤起保护作用。当氧化锌粒径远小于紫外线的波长时，粒子可以将紫外线向各个方向散射，从而减小紫外线的强度；当材料粒径过大，涂在皮肤上会出现不自然的白化现象。因此，与普通尺寸的氧化锌相比，纳米氧化锌在防晒化妆品中的应用更有优势。

纳米氧化锌是稳定的化合物，由于粒子尺寸小，比表面积大，具有表面效应、体积效应、量子尺寸效应等，可以提供广谱的紫外保护（UVA 和 UVB），同时纳米氧化锌能激活空气中的氧变为活性氧，有极强的化学活性，能与多种有机物发生氧化反应，从而杀死病菌和病毒，发挥抑菌和抗炎作用。但由于其颗粒尺寸小，具有更高的化学活性，从而对人体和环境有潜在的危害，如引起体内蛋白、酯类和 DNA 损伤，同时锌产生的氢氧自由基可能会损害皮肤中的 DNA 和细胞结构。据报道，化妆品防晒剂容易引起不良反应，如引起眼部和皮肤刺激、光敏性反应、接触性皮炎、类雌激素作用、诱发系统性红斑狼疮、干扰甲状腺素代谢等。在皮肤毒理学试验结果分析时，发现高防晒指数（sun protection foctor，SPF）值防晒化妆品更容易引起皮肤损害，且皮肤损害程度随 SPF 值增加呈加重趋势；皮肤变态反应试验结果表明高 SPF 值防晒品更容易引起皮肤变态反应。因此，我国《化妆品安全技术规范》(2015 年版）规定，在防晒化妆品中氧化锌的最大允许浓度为 25%。

本实验采用火焰原子吸收法测定化妆品中氧化锌的含量，样品经高温灰化，盐酸溶解，使锌以离子状态存在于样品溶液中，样品溶液中的锌离子被原子化后，基态锌原子吸收来自锌空心阴极灯的共振线，其吸收量与样品中锌的含量成正比。根据吸收值，以标准曲线法测定化妆品中氧化锌的含量，对市售膏霜、乳、液类等防晒化妆品中氧化锌的含量进行检测。

三、仪器与试剂

1. 仪器　火焰原子吸收光谱仪；马弗炉；电子天平；电炉；50ml 瓷坩埚。

2. 试剂　锌单元素溶液标准物质（1000μg/ml）；盐酸（ρ_{20}=1.19g/ml）为 BV-Ⅲ级高纯盐酸；盐酸（6g/L）：取盐酸（ρ_{20}=1.19g/ml）5ml，加去离子水稀释至 100ml；样品为市售防晒化妆品；除另有规定外，本实验所用试剂均为分析纯或以上规格，水为 GB/T 6682-2008 规定的一级水。

四、操作步骤

1. 标准系列溶液的配制　标准储备溶液：精密量取 10ml 锌单元素溶液标准物质（1000μg/ml）至 100ml 容量瓶中，用去离子水稀释至刻度，摇匀，得 100μg/ml 锌标准储备液。取 100μg/ml 锌标准储备液 0ml、0.1ml、0.2ml、0.4ml、0.8ml、1.0ml，分别置于 100ml 容量瓶中，去离子水定容至刻度，制得浓度为 0μg/ml、0.100μg/ml、0.200μg/ml、0.400μg/ml、0.800μg/ml、1.000μg/ml 的锌标准系列溶液。

2. 样品处理　称取样品 0.1g（精确到 0.0001g），置 50ml 瓷坩埚中，同时作试剂空白，在电炉上小火缓慢炽灼至完全炭化，转移至马弗炉中，逐渐升高温度至 800℃后，灰化 2h，取出，置干燥器中，放冷至室温。量取 20ml 盐酸（6g/L）置坩埚中，小火加热至溶液澄清。用滴管吸取上清液转移至 100ml 容量瓶中，再量取 10ml 盐酸（6g/L）置坩埚中，小火加热数分钟，用滴管吸取上清液至同一容量瓶中。分别移取 10ml 去离子水洗涤坩埚和滴管 3 次，并入容量瓶，放冷至室温，用去离子水稀释至刻度。

精密移取上述样品溶液适量置于 50ml 容量瓶中，用去离子水稀释至刻度作为待测溶液，使待测溶液中氧化锌的浓度在 0～1μg/ml 范围内。

3. 仪器测定条件　锌灯检测波长 213.9nm；狭缝 1.0nm；灯电流 2.0mA；背景校正方式为氘灯校正背景；定量方式为积分模式；测量次数为 3 次；测量时间 5s；延迟时间 10s；采用空气-乙炔火焰，乙炔流量 13L/min；空气流量 1.9L/min。

4. 含量测定

（1）标准曲线的绘制：取浓度分别为 0μg/ml、0.100μg/ml、0.200μg/ml、0.400μg/ml、0.800μg/ml、1.000μg/ml 的锌标准系列溶液，在设定仪器测定条件下，取标准系列溶液，分别进行原子吸收分光光度计测定，以标准系列溶液浓度为横坐标，锌吸收值为纵坐标，绘制标准曲线，计算回归方程。

（2）样品测定：在设定仪器测定条件下，分别取待测样品溶液、试剂空白溶液，进行原子吸收分光光度计测定，测得吸收值，根据标准曲线得到待测溶液中锌的质量浓度，以式（4-10）计算样品中氧化锌的含量。

5. 分析结果的表述

（1）计算公式：

$$\omega=\frac{(\rho_1-\rho_0)\times V\times D\times 1.25}{m\times 10^6}\times 100\% \tag{4-10}$$

式中，ω——化妆品中氧化锌的含量，%；ρ_1——待测溶液中锌的质量浓度，μg/ml；ρ_0——空白溶液中锌的质量浓度，μg/ml；V——样品定容体积，ml；D——稀释倍数（不稀释则为1）；m——样品取样量，g。

（2）检测限和定量限：本实验对氧化锌的检测限为0.012μg/ml，定量下限为0.04μg/ml；取样量为0.1g时，检出浓度为0.0012%，最低定量浓度为0.004%。

（3）回收率和重复性：方法的回收率为88.6%～104%，相对标准偏差小于5%（n=5）。在重复性条件下获得的两次独立测定结果的绝对差值不得超过算术平均值的10%。

五、注意事项

1. 本实验方法不适用于配方中同时含有除氧化锌以外其他锌及锌化合物的化妆品含量测定。
2. 所有玻璃器皿均用硝酸（1+1）浸泡过夜，用去离子水冲洗干净，晾干备用。
3. 注意观察待测样品是否溶解完全，在测定待测样品吸收值之前，待测样品溶液务必先进行过滤。
4. 每测定一份溶液后，必须用去离子水喷入火焰，充分冲洗灯头并调零。
5. 在原子吸收分光光度计的操作过程中，点燃火焰时，应先开空气，后开乙炔；熄灭火焰时，应先关乙炔后关空气，避免回火，并检查乙炔钢瓶总开关关闭后压力表指针是否回零，未回零则表示未关紧。
6. 在进行喷雾时，要保证燃气和助燃气压力不变，否则影响吸收值的准确性；注意乙炔流量和压力的稳定性。
7. 为减小测定误差，测定标准系列溶液时顺序为由低浓度至高浓度；同时，待测样品的吸收值应处于标准曲线的中部，否则，可通过改变取样体积加以调整。

六、思考题

1. 在化妆品中添加氧化锌的作用是什么？为何要控制化妆品中氧化锌的使用浓度？
2. 与普通尺寸的氧化锌相比，纳米氧化锌为何在化妆品中的应用更有优势？
3. 原子吸收分光光度计主要由哪几部分组成？各部分的功能是什么？
4. 在火焰原子吸收法检测防晒化妆品中的氧化锌时，主要干扰因素及其消除措施有哪些？需要注意什么问题？

第三节　化妆品准用着色剂的检测

实验二十七　染发类和烫发类化妆品中碱性橙31等7种着色剂组分的检测

一、实验目的

1. 熟悉染发类和烫发类化妆品中着色剂的应用及其常用的检测方法。
2. 掌握高效液相色谱法同时测定化妆品中碱性橙31等7种着色剂组分的含量。

3. 学习化妆品中准用着色剂的种类、允许的使用范围及限制条件和使用要求。

二、实验原理

着色剂，也称色素，在彩妆化妆品中的使用起到赋色、美化及修饰作用，是化妆品中的重要原料成分。根据性能和着色方式的不同可分为染料和颜料两大类，按照来源可分为天然着色剂和合成着色剂，染料分为天然染料和合成染料，颜料分为无机颜料和有机颜料。着色剂原料的质量对于化妆品尤其是彩妆化妆品的质量至关重要，假冒伪劣彩妆化妆品中着色剂原料质量低劣，或没有进行纯化精炼，甚至含有禁用着色剂成分，同时，大部分化妆品中使用的着色剂多为合成染料，来源于煤焦油产物，这些物质具有强烈的毒性、致突变性、致癌性和致畸性，如过量或长期使用会对人体健康造成不同程度的危害。例如，合成色素可引起皮肤光敏反应，导致色素沉着，引起烧灼、瘙痒、表皮剥脱、疼痛等过敏症状，引起生育能力下降、畸胎，尤其是某些煤焦油色素甚至可以诱发癌症。因此，美国、日本及欧盟各国等纷纷立法对化妆品中着色剂的种类及其用量加以限制。我国《化妆品安全技术规范》（2015年版）明确规定了化妆品中准用着色剂的种类、允许的使用范围及限制条件和使用要求。例如，酸性紫 43、碱性蓝 26、碱性紫 14 专用于不与黏膜接触的化妆品，且碱性蓝 26、碱性紫 14 禁用于染发类产品；碱性橙 31、碱性红 51、碱性黄 87 用于氧化型染发产品时的最大允许浓度均为 0.1%，用于非氧化型染发产品时的最大允许浓度均为 0.2%。

目前，化妆品中着色剂的检测方法主要有高效液相色谱-紫外检测器法、高效液相色谱-质谱法、气相色谱-质谱法、分光光度法、胶束荧光法等。分光光度法灵敏度较低，且容易受到干扰；胶束荧光法灵敏度较高，但只适用于能产生荧光的着色剂；高效液相色谱-质谱法灵敏度高，可适用于大部分着色剂检测，但价格昂贵。本实验采用灵敏度高、分析速度快的高效液相色谱-二极管阵列检测器技术，样品经四氢呋喃和甲醇超声提取，采用梯度洗脱，经高效液相色谱仪分离，二极管阵列检测器检测，根据保留时间定性，峰面积定量，以标准曲线法测定化妆品中碱性橙 31、碱性红 51、碱性蓝 26、碱性紫 14、酸性紫 43、碱性黄 87、酸性橙 3 的含量，从而建立染发类和烫发类化妆品中同时检测碱性橙 31 等 7 种着色剂组分的方法。

三、仪器与试剂

1. 仪器 高效液相色谱仪；二极管阵列检测器；电子天平；超声波清洗器；涡旋振荡器。

2. 试剂 着色剂标准物质：酸性紫 43（CI 60730）、碱性紫 14（CI 42510）、酸性橙 3（CI 10385）、碱性黄 87、碱性蓝 26（CI 44045）、碱性红 51、碱性橙 31，纯度均≥90%；甲醇（色谱纯）；四氢呋喃（色谱纯）；乙酸铵；样品为市售染发类化妆品；除另有规定外，本实验所用试剂均为分析纯或以上规格，水为 GB/T 6682-2008 规定的一级水。

四、操作步骤

1. 混合标准系列溶液的配制 混合标准储备溶液：称取 7 种着色剂标准物质 0.1g（精确到 0.0001g）于 100ml 容量瓶中，加甲醇溶解并定容至刻度，制得混合标准储备溶液，应于 4℃储存，有效期为 2 个月。

取2种发用品着色剂（酸性紫43、碱性紫14）标准储备溶液，用甲醇配制成各浓度为5.0μg/ml、10.0μg/ml、20.0μg/ml、30.0μg/ml、40.0μg/ml、50.0μg/ml 的混合标准系列溶液Ⅰ；取5种发用品着色剂（酸性橙3、碱性黄87、碱性蓝26、碱性红51、碱性橙31）标准储备溶液，用甲醇配制成浓度为1.0μg/ml、2.0μg/ml、4.0μg/ml、6.0μg/ml、8.0μg/ml、10.0μg/ml 的混合标准系列溶液Ⅱ，溶液应于4℃储存，有效期为2个月。

2. 样品处理 称取样品5g（精确到0.001g）于25ml具塞比色管中，加入1.0ml四氢呋喃，再加入20ml甲醇，涡旋振荡2min，再超声提取30min后，冷却至室温，用甲醇定容至刻度，摇匀，经0.45μm滤膜过滤，作为待测溶液。

3. 色谱条件 色谱柱为 C_{18} 柱（250mm×4.6mm×5μm）或等效色谱柱；流动相为梯度洗脱程序（表4-8）。流动相A为甲醇；流动相B为0.02mol/L乙酸铵（pH=4.0）：称取1.54g乙酸铵，加水至1000ml，溶解，用乙酸调节pH，经0.45μm滤膜过滤。流速为1.0ml/min；检测波长：碱性蓝26为616nm；碱性红51、碱性紫14、酸性紫43为520nm；碱性橙31、碱性黄87、酸性橙3为480nm。柱温30℃；进样量10μl。

表4-8 梯度洗脱程序表

时间（min）	*V*（流动相A）（%）	*V*（流动相B）（%）
0.0	5	95
10.0	30	70
25.0	80	20
35.0	80	20
35.1	5	95
41.0	5	95

4. 含量测定

（1）标准曲线的绘制：取浓度分别为5.0μg/ml、10.0μg/ml、20.0μg/ml、30.0μg/ml、40.0μg/ml、50.0μg/ml 的2种发用品着色剂（酸性紫43、碱性紫14）混合标准系列溶液Ⅰ。

取浓度分别为1.0μg/ml、2.0μg/ml、4.0μg/ml、6.0μg/ml、8.0μg/ml、10.0μg/ml 的5种发用品着色剂（酸性橙3、碱性黄87、碱性蓝26、碱性红51、碱性橙31）的混合标准系列溶液Ⅱ。在设定色谱条件下，取混合标准系列溶液分别进样，进行色谱分析，以标准系列溶液浓度为横坐标，峰面积为纵坐标，绘制各测定组分的标准曲线，计算回归方程。

（2）样品测定：在设定色谱条件下，取待测样品溶液进样，根据保留时间定性，测得峰面积，根据标准曲线得到待测溶液中各测定组分的浓度，按式（4-11）计算样品中各测定组分的含量。

5. 分析结果的表述

（1）计算公式：

$$\omega = \frac{\rho \times V}{m} \tag{4-11}$$

式中，ω——化妆品中碱性橙31等7种组分的含量，μg/g；m——样品取样量，g；ρ——从标准曲线得到待测组分的浓度，μg/ml；V——样品定容体积，ml。

（2）检测限和定量限：本方法的检测限、定量下限和取样量为5.0g时检出浓度、最低定量浓度见表4-9。

表 4-9　7 种组分的检测限、定量下限、检出浓度和最低定量浓度

中文名称	检测限（μg）	定量下限（μg）	检出浓度（μg/g）	最低定量浓度（μg/g）
酸性紫 43（CI 60730）	3.0	10.0	0.6	2.0
碱性紫 14（CI 42510）	0.3	1.0	0.06	0.2
酸性橙 3（CI 10385）	6.0	17.5	1.2	3.5
碱性黄 87	15.0	50.0	3.0	10
碱性蓝 26（CI 44045）	3.0	10.0	0.6	2.0
碱性红 51	0.3	1.0	0.06	0.2
碱性橙 31	6.0	17.5	1.2	3.5

（3）回收率：方法的回收率为 85.2%～109.2%，相对标准偏差小于 6%（n=6）。

五、注意事项

1. 由于化妆品基质多为脂溶性，着色剂待测成分多为水溶性，混合溶剂对油状和膏状化妆品中化合物的提取效果较好。综合考虑提取溶剂对化妆品分散性和溶解性的影响，以及去除基质等杂质的干扰，选择四氢呋喃和甲醇溶解、分散样品，从而较好地分离待测组分，提高有效成分的萃取率，避免赋形剂等基质的干扰和色谱柱的损坏。

2. 有关超声提取时间的确定，分别考察了 10min、20min、30min 和 40min 对着色剂成分的提取效果，超声提取时间较短时提取不充分，时间过长则会造成待测物分解变质和共萃取现象的发生，因此选择超声时间为 30min，可以获得较好的色素提取效果。

3. 有关流动相的选择，分别以甲醇-乙酸铵溶液、乙腈-KH_2PO_4 缓冲液、乙腈-乙酸铵溶液作为流动相，考察了着色剂待测组分的色谱分离效果。本实验选择甲醇-乙酸铵溶液，各色素组分均能得到较好的分离，且灵敏度达到要求。

4. 有关 pH 的选择，采用甲醇-乙酸铵溶液作为流动相，分别考察了 pH 为 4.0、5.0、6.0、7.0 时对色谱分离效果的影响，本实验选择乙酸调节 pH 至 4.0，分析灵敏度与色谱分离度较好。

5. 使用输液泵时，防止任何固体微粒进入泵体，仪器运行过程中务必防止溶剂瓶内的流动相被用完，输液泵的工作压力切记低于所规定的最高使用压力。

6. 所有流动相不应含有任何腐蚀性物质，在使用前务必先脱气，而且尽可能临用临配。

7. 测定标准系列溶液时顺序为由低浓度至高浓度，以减少测量误差；在测定标准系列溶液和样品溶液时，应保持实验条件恒定，仪器参数设置需要一致。

六、思考题

1. 染发类和烫发类化妆品中准用着色剂有哪些？常用的检测方法是什么？

2. 为何要控制化妆品中碱性橙 31、碱性红 51、碱性蓝 26、碱性紫 14 等着色剂的用量？长期或过量使用时会对人体产生什么危害？

3. 我国《化妆品安全技术规范》（2015 年版）对染发类和烫发类化妆品中准用着色剂的种类、允许的使用范围及限制条件有何规定？

4. 试分析碱性红 51、碱性紫 14、酸性紫 43 在反相液相色谱中的洗脱顺序并说明原因。如何提高待测组分之间的分离度？

实验二十八 胭脂、口红、粉底等修饰类化妆品中溶剂绿7等10种着色剂组分的检测

一、实验目的

1. 熟悉胭脂、口红、粉底、指甲油、睫毛膏、眼影等修饰类化妆品中着色剂的应用及其常用的检测方法。

2. 掌握高效液相色谱法同时测定化妆品中溶剂绿7等10种着色剂组分的含量。

3. 学习化妆品中准用着色剂的种类、允许的使用范围及限制条件和使用要求。

二、实验原理

着色剂主要用于美容修饰类化妆品，尤其是彩妆产品如唇膏、胭脂、粉底、眼影、睫毛膏、指甲油等，其他化妆品中添加着色剂主要是使产品着色以提高吸引力，其主要作用是从美容色彩学和心理学角度来评价。化妆品中使用的着色剂多为合成染料，即合成色素，有机合成着色剂由于遮盖力、着色力强而广泛应用于唇膏、胭脂、指甲油等化妆品中，但大部分合成着色剂会对人体健康产生潜在的危害，如引起皮肤变态反应，引起眼睛、口腔等器官发炎，甚至能透过皮肤被人体吸收，有明显的致突变作用，长期使用甚至可能诱发癌症。因此，我国《化妆品安全技术规范》（2015年版）明确规定了化妆品成分中准用着色剂的种类、允许的使用范围及限制条件和使用要求。例如，食品红7、食品红17、食品红1、食品黄3可用于各种化妆品；食品红9、酸性红87可用于各种化妆品，但禁用于染发产品；酸性橙7、酸性黄1可用于除眼部化妆品之外的其他化妆品；溶剂绿7专用于不与黏膜接触的化妆品，但禁用于染发产品。

目前，化妆品中着色剂的检测方法主要有高效液相色谱-紫外可见光检测法、高效液相色谱-质谱法、高效液相色谱-二极管阵列检测器法。本实验根据化妆品的种类和基体的复杂程度，采用超声萃取法对样品进行前处理，利用高效液相色谱-二极管阵列检测技术，建立化妆品中溶剂绿7等10种着色剂组分同时分析检测的方法。样品经四氢呋喃和甲醇超声提取，以甲醇与0.02mol/L乙酸铵溶液作为流动相，采用梯度洗脱，经高效液相色谱分离，二极管阵列检测器检测，根据保留时间定性，峰面积定量，以标准曲线法测定化妆品中食品红9、食品红7、食品红17、食品红1、酸性红87、酸性橙7、溶剂绿7、橙黄Ⅰ、食品黄3、酸性黄1的含量，该方法适用于胭脂、口红、粉底、指甲油、睫毛膏、眼影等修饰类化妆品中同时检测溶剂绿7等10种着色剂组分的含量。

三、仪器与试剂

1. 仪器 高效液相色谱仪；二极管阵列检测器；液相色谱-三重四级杆串联质谱仪：电喷雾离子源；电子天平；超声波清洗器；涡旋混匀器。

2. 试剂 着色剂标准物质：食品红9、食品红7、食品红17、食品红1、酸性红87、酸性橙7、溶剂绿7、橙黄Ⅰ、食品黄3、酸性黄1，含量纯度均≥90%；甲醇（色谱纯）；四氢呋喃（色谱纯）；乙酸铵；样品为市售胭脂、口红、指甲油等修饰类化妆品；除另有规定外，本实验所用试剂均为分析纯或以上规格，水为GB/T 6682-2008规定的一级水。

四、操作步骤

1. 混合标准系列溶液的配制 混合标准储备溶液：称取着色剂标准物质0.1g（精确到0.0001g）于100ml容量瓶中，加甲醇稀释并定容至刻度。取混合标准储备溶液，分别用甲醇配制成浓度为5.0μg/ml、10.0μg/ml、20.0μg/ml、30.0μg/ml、40.0μg/ml、50.0μg/ml、100.0μg/ml的混合标准系列溶液。

2. 样品处理 称取样品5g（精确到0.001g）于25ml具塞比色管中，加入1.0ml四氢呋喃，加入20.0ml甲醇，在涡旋混匀器上高速振荡5min，再超声提取30min后，冷却至室温，加甲醇定容至刻度，摇匀，经0.45μm滤膜过滤，作为待测溶液。

3. 色谱条件 色谱柱：C_{18}柱（250mm×4.6mm×5μm）或等效色谱柱。流动相：梯度洗脱程序（表4-10）。流速1.0ml/min；流动相A为甲醇；流动相B为0.02mol/L乙酸铵溶液（pH=4.0）：称取乙酸铵1.54g，加水至1000ml，溶解，用乙酸调节pH，经0.45μm滤膜过滤。检测波长：溶剂绿7为245nm；食品红9、食品红7、食品红17、食品红1、酸性红87为520nm；食品黄3、酸性黄1、橙黄Ⅰ、酸性橙7为480nm。柱温30℃；进样量10μl；洗脱程度见表4-10。

表4-10 梯度洗脱程序表

时间（min）	*V*（流动相A）（%）	*V*（流动相B）（%）
0.0	5	95
7.5	30	70
15.0	30	70
25.0	80	20
30.0	80	20
30.1	5	95
36.0	5	95

4. 含量测定

（1）标准曲线的绘制：取浓度分别为5.0μg/ml、10.0μg/ml、20.0μg/ml、30.0μg/ml、40.0μg/ml、50.0μg/ml、100.0μg/ml的着色剂混合标准系列溶液，在设定色谱条件下，取该混合标准系列溶液分别进样，进行色谱分析，以标准系列溶液浓度为横坐标，峰面积为纵坐标，绘制标准曲线，计算回归方程。

（2）样品测定：在设定色谱条件下，取待测样品溶液进样，进行色谱分析，根据保留时间定性，测得峰面积，根据标准曲线得到待测溶液中各测定组分的浓度，按式（4-12）计算样品中各测定组分的含量。

5. 分析结果的表述

（1）计算公式：

$$\omega=\frac{\rho\times V}{m} \tag{4-12}$$

式中，ω——化妆品中着色剂溶剂绿7等10种组分的含量，μg/g；m——样品取样量，g；ρ——从标准曲线得到待测组分的浓度，μg/ml；V——样品定容体积，ml。

（2）检测限和定量限：本实验方法的检测限、定量下限和取样量为5.0g时的检出浓度、最低定量浓度见表4-11。

表 4-11 10 种组分的检测限、定量下限、检出浓度和最低定量浓度

着色剂索引号	着色剂索引通用中文名	检测限（μg）	定量下限（μg）	检出浓度（μg/g）	最低定量浓度（μg/g）
CI 16185	食品红 9	0.3	1.0	0.06	0.20
CI 16255	食品红 7	0.3	1.0	0.06	0.20
CI 16035	食品红 17	0.3	1.0	0.06	0.20
CI 14700	食品红 1	0.3	1.0	0.06	0.20
CI 45380	酸性红 87	0.3	1.0	0.06	0.20
CI 15510	酸性橙 7	0.3	1.0	0.06	0.20
CI 59040	溶剂绿 7	5.0	16.5	1.0	3.3
—	橙黄 I	5.0	16.5	1.0	3.3
CI 15985	食品黄 3	15.0	50.0	3.0	10.0
CI 10316	酸性黄 1	15.0	50.0	3.0	10.0

注：橙黄 I 的阳性确证方法见附录 4-2

（3）回收率：方法的回收率为 84.7%～104.6%，相对标准偏差小于 6%（n=6）。

五、注意事项

1. 有关提取方法的选择，由于唇膏、指甲油基体多为脂溶性的，易溶于有机溶剂，而着色剂组分大多为水溶性的，采用混合有机溶剂超声溶解或分散样品，可获得较高的提取效率，有效避免唇膏基体等杂质的干扰。

2. 分别考察水、甲醇-水、四氢呋喃-水、四氢呋喃-甲醇体系对油状、粉状和膏状化妆品中着色剂待测物的提取效果，本实验选择四氢呋喃-甲醇作为提取溶剂体系。

3. 有关超声提取时间的选择，提取时间较短时待测物未完全溶解，提取不充分，时间过长时提取效率因着色剂的分解变质和共萃取现象而下降，本实验选择超声提取 30min，样品提取效率高。

4. 有关流动相的选择，溶剂绿 7 等 10 种着色剂组分化学性质相似，在短时间内达到良好的色谱峰峰形和理想的分离效果，以 C_{18} 柱为色谱柱，分别考察了甲醇-磷酸二氢钾缓冲液、甲醇-乙酸铵溶液体系作为流动相时对色谱分离的影响，选择甲醇-乙酸铵溶液作为流动相，色谱分离效果好，分析灵敏度高。

5. 有关流动相 pH 的影响，本实验考察了流动相 pH 分别为 4.0、5.0、6.0 时的色谱分离效果，本实验选择乙酸调节 pH 至 4.0，分析灵敏度与色谱分离效果较好。

6. 液相色谱-质谱分析对流动相的要求高于普通液相色谱，流动相的基本要求是不能含有非挥发性盐类（如硫酸盐缓冲液和离子对试剂等），且所有流动相不应含有任何腐蚀性物质，在使用前务必先脱气，而且尽可能临用临配。

7. 使用输液泵时，防止任何固体微粒进入泵体，仪器运行过程中务必防止溶剂瓶内的流动相被用完，输液泵的工作压力切记低于所规定的最高使用压力。

8. 测定标准系列溶液时顺序为由低浓度至高浓度，以减少测量误差；在测定标准系列溶液和样品溶液时，应保持实验条件恒定，仪器参数设置需要一致。

六、思考题

1. 胭脂、口红、粉底、指甲油、睫毛膏、眼影等修饰类化妆品中准用着色剂有哪些？常用的检测方法是什么？

2. 为何要控制化妆品中着色剂的用量？长期或过量使用时会对人体产生什么危害？

3. 我国《化妆品安全技术规范》（2015 年版）对胭脂、口红、粉底等修饰类化妆品中准用着色剂的种类、允许的使用范围及限制条件有何规定？

4. 液相色谱-三重四级杆串联质谱仪的定性原理是什么？如何判断胭脂、口红等修饰类化妆品样品中存在着色剂橙黄 I？判断依据是什么？

第四节 化妆品准用染发剂的检测

实验二十九 染发类化妆品中对苯二胺等 8 种染发剂组分的检测

一、实验目的

1. 熟悉染发类化妆品中染发剂的应用及其常用的检测方法。
2. 掌握高效液相色谱法同时测定化妆品中对苯二胺等 8 种染发剂组分的含量。
3. 学习化妆品中准用染发剂的种类、最大允许浓度及使用条件和注意事项。

二、实验原理

对苯二胺，又名乌尔丝 D，结构式为 $C_6H_4(NH_2)_2$，白色至淡紫红色晶体，暴露在空气中变紫红色或深褐色，微溶于冷水，溶于热水、乙醇、乙醚、氯仿和苯，是重要的染料中间体，主要用于偶氮系分散染料、硫化染料、直接染料、酸性染料等合成染料。对苯二胺对毛发中的角蛋白有极强的亲和力，其氧化过程就是染发时颜色的固着过程，既是染发剂中最有效的成分，也是对人体健康最具有潜在危害物质。对苯二胺，是国际公认的一种致癌物质，使部分血液系统恶性肿瘤的发病率增加，有研究表明经常染发的人群患乳腺癌、皮肤癌、白血病、膀胱癌的概率增加；由于染发剂接触皮肤，而且在染发过程中需要加热，苯类有机物质通过接触和加热，进入人体毛细血管，随血液循环到达骨髓，如果长期反复作用于造血干细胞，就会引起造血干细胞恶变，可导致白血病的发生。

根据染发过程发生的化学变化，有机合成染料可分为氧化染料、还原染料和仿天然黑素染料，其中氧化型染料是目前应用最广泛的染发剂原料。苯二胺类化合物是有机染发剂中常用的氧化型染料，其染发原理是在氧化剂作用下，苯胺类物质在染发过程中被氧化为染料中间体，该中间体又在苯二酚类耦合剂作用下发生偶合反应后产生颜色而染发，常用的染发剂有邻苯二胺、间苯二胺、对苯二胺。据报道苯胺类染发剂均为有毒化学物质，具有毒性和强致敏性，可经皮肤吸收，引起接触性皮炎、过敏、皮疹、湿疹等不良反应，表现为局部奇痒、刺痛，并伴有局部红斑、水肿、水疱，严重者可出现渗出；用于眉毛和眼睫毛时可导致失明或永久性视力损害；吸入粉尘可引起过敏、鼻炎、支气管炎、支气管哮喘等不同症状，长期接触可使呼吸系统、胃肠道和肝脏受损，还可发生贫血。因此，我国《化妆品安全技术规范》（2015 年版）规定了化妆品成分中准用染发剂的种类、使用时的最大允许浓度、使用限制和要求，以及标签上必须标印的使用条件和注意事项，对苯二胺、甲苯 2,5-二胺在化妆品准用染发剂使用时的最大允许浓度分别为 2.0%、4.0%，且在标签上必须标印含苯二胺类；间苯二酚用于化妆品染发剂时的最大允许浓度为 1.25%，且在标签上必须标印含间苯二酚；间氨基苯酚、对氨基苯酚、对甲氨基苯酚在化妆品准用染发剂使用时的最大允许浓度分别为 1.0%、0.5%、0.68%（以硫酸盐计）。

染发剂中染料的检测方法主要有高效液相色谱法、气相色谱法、薄层色谱法、毛细管电泳法、气相色谱-质谱法及高效液相色谱-质谱法等。本实验采用反相高效液相色谱-二极管阵列检测技术，建立化妆品中对苯二胺等 8 种染发剂组分同时分析检测的方法。样品经提取后，以乙腈-1%三乙醇胺磷酸缓冲溶液（pH=7.7，体积比为 5∶95）为流动相，经高效液相色谱分离，二极管阵列检测器检测，检测波长为 280nm，根据保留时间定性，峰面积定量，以标准曲线法测定化妆品中对苯二胺、对氨基苯酚、氢醌、甲苯 2,5-二胺、间氨基苯酚、邻苯二胺、间苯二酚和对甲氨基苯酚的含量，该方法适用于染发类化妆品中同时检测对苯二胺等 8 种染发剂组分的含量。

三、仪器与试剂

1. 仪器 高效液相色谱仪；二极管阵列检测器；电子天平；超声波清洗器；pH 计。

2. 试剂 染发剂组分标准物质：对苯二胺、对氨基苯酚、氢醌、甲苯 2,5-二胺、间氨基苯酚、邻苯二胺、间苯二酚和对甲氨基苯酚；乙醇（CH_3CH_2OH=95%，优级纯）；三乙醇胺；磷酸[ρ_{20}（H_4PO_3）=1.83g/ml，优级纯]；乙腈（色谱纯）；亚硫酸钠；样品为市售染发类化妆品；除另有规定外，本实验所用试剂均为分析纯或以上规格，水为 GB/T 6682-2008 规定的一级水。

四、操作步骤

1. 混合标准系列溶液的配制 混合标准储备溶液：称取对苯二胺等 8 种组分各 0.5g（精确到 0.0001g）分别置于 100ml 容量瓶中，加入 0.1g 亚硫酸钠（或相当于 0.1g 亚硫酸钠的亚硫酸钠溶液），加 95%乙醇使溶解，并稀释定容至刻度（如使用甲苯 2,5-二胺硫酸盐和对甲氨基苯酚硫酸盐为标准品，应用水溶解），配制成混合标准储备溶液。

2. 样品处理 取样品 0.5g（精确到 0.001g）于已加入 1%亚硫酸钠溶液 1.0ml 的 25ml 具塞比色管中，加乙腈-1%三乙醇胺磷酸缓冲溶液（pH=7.7，体积比为 5∶95）至 25ml 刻度，混匀，超声提取 15min，离心，经 0.45μm 滤膜过滤，滤液作为待测样品溶液。

3. 色谱条件 色谱柱为 C_{18} 柱（250mm×4.6mm×10μm）或等效色谱柱。流动相为乙腈-1%三乙醇胺磷酸缓冲溶液（pH=7.7，体积比为 5∶95）：将三乙醇胺 10ml 加至 980ml 水中，加入磷酸调节 pH 至 7.7，加水至 1L，取此溶液 950ml 与乙腈 50ml 混合组成含 5%乙腈的磷酸缓冲溶液。流速 2.0ml/min；检测波长 280nm；柱温 20℃；进样量 5μl。

4. 含量测定

（1）标准曲线的绘制：分别取混合标准储备溶液 1.00ml、2.50ml、5.00ml 分别于 100ml 容量瓶中，用 95%乙醇稀释至刻度，配制成浓度为 50mg/L、125mg/L、250mg/L 的混合标准系列溶液，临用现配。分别取混合标准系列溶液，在设定色谱条件下，取染料成分混合标准系列溶液进样，记录色谱图，以标准系列溶液浓度为横坐标，峰面积为纵坐标，绘制标准曲线，计算回归方程。

（2）样品测定：在设定色谱条件下，取待测样品溶液进样，根据保留时间定性，测得峰面积，根据标准曲线得到待测溶液中相应染料组分的质量浓度，按式（4-13）计算样品中染料组分的含量。

5. 分析结果的表述

（1）计算公式：

$$\omega=\frac{\rho\times V}{m} \tag{4-13}$$

式中，ω——样品中对苯二胺等 8 种组分的质量分数，μg/g；m——样品取样量，g；ρ——从标准曲线得到待测组分的质量浓度，mg/L；V——样品定容体积，ml。

（2）检测限和定量限：本实验中对苯二胺等 8 种染料组分的检测限、定量下限，以及取样量为 0.5g 时的检出浓度及最低定量浓度见表 4-12。

表 4-12 对苯二胺等 8 种染料组分的检测限、定量下限、检出浓度、最低定量浓度

染料组分	对苯二胺	氢醌	间氨基苯酚	邻苯二胺	对氨基苯酚	甲苯 2，5-二胺	间苯二酚	对甲氨基苯酚
检测限（μg）	0.08	0.015	0.02	0.03	0.025	0.05	0.025	0.05
定量下限（μg）	0.27	0.05	0.067	0.10	0.083	0.17	0.083	0.17
检出浓度（μg/g）	800	150	200	300	250	500	250	500
最低定量浓度（μg/g）	2700	500	670	1000	830	1700	830	1700

五、注意事项

1. 关于样品预处理，由于染发剂品种较多，成分复杂，前处理较为麻烦。黏稠样品需要先进行涡旋振荡，使其在溶剂中分散均匀，再进行超声处理；样品离心时如果离心转速不够，试样不能很好地分离，过滤后滤液仍浑浊。因此，需要提高离心转速，延长离心时间，才可使样品中的基质得到较好的分离，获得澄清滤液，减少基质对色谱柱的损害，确保结果的准确性。

2. 有关抗氧化剂的加入，苯二胺类化合物属于芳香胺类，该类物质放置在空气或溶剂中极易被氧化而变色，为防止在萃取过程中苯二胺待测物被氧化，需要加入亚硫酸钠，提高样品的萃取回收率。

3. 使用输液泵时，防止任何固体微粒进入泵体，仪器运行过程中务必防止溶剂瓶内的流动相被用完，输液泵的工作压力切记低于所规定的最高使用压力。

4. 所有流动相不应含有任何腐蚀性物质，在使用前务必先脱气，而且尽可能临用临配。

5. 测定标准系列溶液时顺序为由低浓度至高浓度，以减少测量误差；在测定标准系列溶液和样品溶液时，应保持实验条件恒定，仪器参数设置需要一致。

六、思考题

1. 染发剂的分类有哪些？氧化型染料的染发原理是什么？

2. 我国《化妆品安全技术规范》（2015 年版）对染发类化妆品中准用染发剂的种类、使用时的最大允许浓度有何规定？

3. 样品处理过程中，为何需要加入抗氧化剂？

4. 如何判断染发类化妆品中存在对苯二胺、对氨基苯酚、氢醌等 8 种染料组分？试分析该 8 种组分在反相高效液相色谱中的洗脱顺序。若组分间的分离度未达到要求，应如何提高染料组分之间的分离度？

第五章

化妆品中微生物安全性评价实验

化妆品的质量与消费者的健康息息相关，化妆品安全和卫生问题尤其是化妆品中微生物的污染已引起人们的高度关注。虽然各个国家都制定了化妆品微生物指标，但微生物超标的现象依然是一个普遍存在的问题。化妆品的 pH 多为 4～7，含有多种营养成分，为微生物的生长提供了适宜的环境，在生产、储藏和使用过程中极易受到微生物的污染。受到微生物污染的化妆品不但会使产品腐败变质给企业带来经济损失，还可能会产生毒素或代谢产物。这些异物作为变应原或刺激原可能会对施用部位产生致敏或刺激作用，引起皮肤感染、眼部疾患，严重的还会引起败血症，因此微生物是化妆品卫生质量的一个重要指标。

化妆品微生物污染菌群主要有耐热大肠菌群、金黄色葡萄球菌、铜绿假单胞菌、霉菌和酵母菌等。微生物对化妆品的污染包括微生物对化妆品制备过程中的一次污染和使用不当造成的二次污染。

目前化妆品中微生物的检测方法主要有传统方法和快速检测技术。传统方法所需实验材料简单、价格便宜，但操作烦琐、耗时长、防腐剂的存在影响检测结果的准确性。快速检测技术包括显色培养基技术、分子生物学技术、细菌直接计数技术、基于光谱技术的微生物检测技术、免疫分析检测技术、电阻抗法、ATP 生物荧光技术、微生物挥发性有机化合物检测技术等。其中分子生物学技术中 PCR 技术因其灵敏度高、特异性强、速度快等特点得到较广泛应用。今后，随着科学技术的不断发展，以及不同学科之间的交叉融合不断加强，微生物快速检测杂交技术的特异度和灵敏度、准确性和及时性、智能化和便捷化等方面都将不断得到改善。

本章着重对化妆品中微生物安全性评价的常用检测进行阐述，共分 9 个实验，分别对化妆品微生物检测的基本技能、主要污染菌群检测方法、PCR 快速微生物检测法等进行介绍。

第一节　基本技能实验

实验三十　培养基制备与灭菌

一、实验目的

1. 了解常见的灭菌方法分类及应用范围。
2. 了解高压蒸汽灭菌和紫外线灭菌的基本原理。
3. 掌握斜面培养基和平板培养基的配制方法。

二、实验原理

微生物培养基是供微生物生长、繁殖、代谢的混合养料。培养基是人工地将多种物质按各种微生物生长的需要配制而成的一种混合营养基质，用以培养或分离各种微生物。根据微生物的种类和实验目的不同，培养基也有不同的种类和配制方法。由于微生物具有不同的营养类型，对营养物质的要求也各不相同，加之研究的目的不同，所以培养基的种类很多，使用的原料也各有差异，但从营养角度分析，微生物培养基中一般含有微生物所必需的碳源、氮源、无机盐、生长因素及水分等。另外，培养基还应具有适宜的pH、一定的缓冲能力、一定的氧化还原电位及合适的渗透压。为了达到特定要求的研究，需要进行培养基配制和灭菌。

培养基灭菌是指杀灭培养基内一切微生物的营养体、芽孢和孢子。常见的灭菌方法包括加热法、过滤除菌、紫外线灭菌、化学药品灭菌等。其中加热法又分干热灭菌和湿热灭菌两类，而高压蒸汽灭菌是湿热灭菌的一种，常用于培养基、工作服、橡皮物品等的灭菌。

1. 紫外线灭菌 是用紫外线灯进行的，波长为200～300nm的紫外线都有杀菌能力，其中以260nm的紫外线杀菌力最强。在波长一定的条件下，紫外线的杀菌效率与强度和时间的乘积成正比。紫外线杀菌机制主要是因为它诱导了胸腺嘧啶二聚体的形成，从而抑制了DNA的复制。另外，由于辐射能使空气中的氧电离成[O]，再使O_2氧化生成臭氧（O_3）或使水（H_2O）氧化生成过氧化氢（H_2O_2），臭氧和过氧化氢均有杀菌作用。紫外线穿透力不大，所以，只适用于无菌室、接种箱、手术室内的空气及物体表面的灭菌。紫外线灯距照射物以不超过1.2m为宜。

此外，为了加强紫外线灭菌效果，在打开紫外线灯以前，可在无菌室内（或接种箱内）喷洒 3%～5%的苯酚溶液，一方面使空气中附着微生物的尘埃降落；另一方面也可以杀死一部分细菌。无菌室内的桌面、凳子可用 2%～3%的甲酚皂溶液擦洗，然后再开紫外线灯照射，即可增强杀菌效果，达到灭菌目的。

2. 干热灭菌 是利用高温使微生物细胞内的蛋白质凝固变性而达到灭菌的目的。细胞内的蛋白质凝固性与其本身的含水量有关，在菌体受热时，当环境和细胞内含水量越大，则蛋白质凝固就越快，反之含水量越小，凝固缓慢。因此，与湿热灭菌相比，干热灭菌所需温度高（160～170℃），时间长（1～2h）。但干热灭菌温度不能超过180℃，否则，包器皿的纸或棉塞就会烤焦，甚至引起燃烧。

3. 高压蒸汽灭菌 是将待灭菌的物品放在一个密闭的加压灭菌锅内，通过加热，使灭菌锅隔套间的水沸腾而产生蒸汽。待水蒸气急剧地将锅内的冷空气从排气阀中驱尽，关闭排气阀，继续加热，此时由于蒸汽不能溢出，而增加了灭菌器内的压力，从而使沸点增高，得到高于100℃的温度，导致菌体蛋白质凝固变性而达到灭菌的目的。

在同一温度下，湿热的杀菌效力比干热大，其原因有三：一是湿热情况下细菌菌体吸收水分，蛋白质较易凝固，因蛋白质含水量增加，所需凝固温度降低；二是湿热的穿透力比干热大；三是湿热的蒸汽有潜热存在，每1g水在100℃时，由气态变为液态时可放出2.26kJ的热量。这种潜热，能迅速提高被灭菌物体的温度，从而增加灭菌效力。

三、仪器与试剂

1. 器材 台秤、培养皿（10套一包）、量筒、三角瓶、烧杯、玻璃棒、手提式高压蒸汽菌锅等。

2. 试剂 牛肉膏蛋白胨培养基

成分：		
成分：	蛋白胨	10g
	牛肉膏	3g
	氯化钠	5g
	琼脂	15g
	蒸馏水	1000ml

制法：除琼脂外，将其余成分溶解于蒸馏水中，调 pH 为 7.2～7.4，加入琼脂，加热溶解，分装试管，121℃高压灭菌 20min 后，制成斜面或者平板备用。

四、操作步骤

1. 器皿的准备 在配制培养基的过程中，要使用一些玻璃器皿，如华氏管、三角瓶、培养皿、烧杯、吸管等，这些器皿在使用前都要根据不同的情况，经过处理后洗涤，包装、灭菌后，才能使用。

（1）玻璃器皿的清洗

1）新玻璃器皿：新购置的玻璃器皿含游离碱较多，应用 2%的盐酸溶液先浸泡数小时，浸泡后用自来水冲洗干净；对于容量较大的器皿，可洗净后注入浓盐酸少许，转动容器使其内部表面均沾有盐酸。数分钟后，再以流水冲净，晾干后备用；也可用热水浸泡后，用瓶刷或海绵蘸上肥皂或洗衣粉或去污粉等洗涤剂刷洗，自来水多次冲洗晾干后灭菌备用。

2）用过的玻璃器皿

A. 试管或三角瓶的洗刷：装有固体培养基无病原菌的器皿应先将培养基刮去，然后洗涤。带病原菌的培养物最好先进行高压蒸汽灭菌或者用沸水煮沸 30min 后，然后将培养物倒去，再进行洗涤，培养皿、三角瓶等可倒扣在洗涤架上晾干备用。对于只带有细菌或者培养物的器皿，用过后应立即将其浸在 2%甲酚皂溶液或 0.25%新洁尔灭消毒液内 24h 或煮沸 0.5h，再用上法洗涤。玻璃器皿经洗涤后，若内壁的水是均匀分布成一薄层，表示油垢完全洗净，若挂有水珠，则还需用洗涤液浸泡数小时，然后再用自来水充分冲洗。

B. 吸管的清洗：吸过含有微生物培养物的吸管亦应立即投入盛有 0.25%新洁尔灭消毒液的量筒或标本瓶内，24h 后方可取出冲洗；未吸过菌液的吸管，使用后应立即投入盛有自来水的标本瓶内（底部应垫以脱脂棉花，否则吸管投入时容易破损），免得干燥后难以冲洗干净；吸过带油液体的吸管，应在 10%的氢氧化钠溶液中浸泡 0.5h，去掉油污方可清洗；若吸管顶部塞有棉花，可用钢针制成的小钩勾出，冲洗前先将吸管尖端与装在水龙头上的橡皮管连接，流水冲洗即可。洗净后，倾斜放入搪瓷盘中晾干，若要加速干燥，可放烘箱内烘干。

C. 载玻片与盖玻片的清洗：用过的载玻片与盖玻片如滴有香柏油，要先用皱纹纸擦去或浸在二甲苯内摇晃几次，使油垢溶解，再在肥皂水中煮沸 5～10min，用软布或脱脂棉花擦拭，立即用自来水冲洗，然后在稀洗涤液中浸泡 0.5～2h，用自来水冲去洗涤液，最后用蒸馏水换洗数次。使用时在火焰上烧去乙醇。用此法洗涤和保存的载玻片和盖玻片清洁透亮，没有水珠。

检查过活菌的载玻片或盖玻片应先在 0.25%新洁尔灭溶液中浸泡 24h，然后按上法洗涤与保存。

（2）器皿的包扎

1）试管和三角瓶：试管管口和三角烧瓶瓶口塞以耐高温的硅胶塞（或棉花塞），然后在胶塞与管口和瓶口的外面用两层报纸（不可用油纸）与细线包扎好，进行干热灭菌。试管塞好胶塞后也可一起装在铝饭盒或者铜丝篓箩中，若用铜丝篓箩则用大张报纸将篓试管口做一次包扎，包纸的目的在于避免灰尘侵入。空的玻璃器皿一般用干热灭菌，若需湿热灭菌，则要多用几层报纸包扎，外面最好再加一层牛皮纸。

2）培养皿：常用旧报纸密密包紧，一般以10～12套培养皿作一包，包好后干热灭菌；也可将培养皿放入不锈钢筒内进行干热灭菌，里面放一装培养皿的带底框架，此框架可自圆筒内提出，以便装取培养皿。

3）吸管：准备好干燥的吸管，在距其粗头顶端约0.5cm处，塞一小段约1.5cm长的棉花，以免使用时将杂菌吹入其中，或不慎将微生物吸出管外。棉花要塞得松紧恰当，过紧，吹吸液体太费力；过松，吹气时棉花会下滑。然后分别将每支吸管尖端斜放在旧报纸条的近左端，与报纸约成45°，并将左端多余的一段纸覆折在吸管上，再将整根吸管卷入报纸，右端多余的报纸打一小结。如此包好的很多吸管可再用一张大报纸包好，进行干热灭菌。

如果有装吸管的不锈钢筒，亦可将分别包好的吸管一起装入不锈钢筒，进行干热灭菌；若预计一筒灭菌的吸管可一次用完，亦可不用报纸包而直接装入不锈钢筒灭菌，但要求将吸管的尖端插入筒底，粗端在筒口，使用时，不锈钢筒卧放在桌上，用手持粗端拔出。

2. 培养基的制备

（1）配制溶液：向容器内加入所需水量的一部分，按照培养基的配方，称取各种原料，依次加入使其溶解，最后补足所需水分，对蛋白胨、肉膏等物质，需加热溶解，加热过程所蒸发的水分，应在全部原料溶解后加水补足。配制固体培养基时，先将上述已配好的液体培养基煮沸，再将称好的琼脂加入，继续加热至完全融化，不断搅拌，以免琼脂糊底烧焦。

（2）调节pH：用pH试纸（或pH电位计、氢离子浓度比色计）测试培养基的pH，如不符合需要，可用10% HCl或10% NaOH进行调节，直到调节到配方要求的pH为止。

（3）过滤：用滤纸、纱布或棉花趁热将已配好的培养基过滤。用纱布过滤时，最好折叠成6层，用滤纸过滤时，可将滤纸折叠成瓦棱形，铺在漏斗上过滤。

（4）分装：已过滤的培养基应进行分装。如果要制作斜面培养基，须将培养基分装于试管中。如果要制作平板培养基或液体、半固体培养基，则须将培养基分装于锥形瓶内。分装时，一只手捏弹簧夹，使培养基流出，另一只手握住几支试管或锥形瓶，依次接取培养基。分装时，注意不要使培养基黏附管口或瓶口，以免浸湿棉塞引起杂菌污染。装入试管的培养基量，视试管和锥形瓶的大小及需要而定。一般制作斜面培养基时，每支15mm×150mm的试管，装3～4ml（1/4～1/3试管高度），如制作深层培养基，每支20mm×220mm的试管装12～15ml。每支锥形瓶装入的培养基，一般以其容积的一半为宜。

（5）包装：分装完毕后，需要用棉塞堵住管口或瓶口。堵棉塞的主要目的是过滤空气，避免污染。棉塞应采用普通新鲜、干燥的棉花制作，不要用脱脂棉，以免因脱脂棉吸水使棉塞无法使用。制作棉塞时，要根据棉塞大小将棉花铺展成适当厚度，揪取手掌心大小一块，铺在左手拇指与食指圈成的圆孔中，用右手食指插入棉花中部，同时左手食指与拇指稍稍紧握，就会形成一个长棒形的棉塞。棉塞做成后迅速塞入管口或瓶口中，棉塞应紧贴内壁不留缝隙，以防空气中微生物沿皱折侵入。棉塞不要过紧过松，塞好后，以手提棉塞管、瓶不下落为宜。棉塞的 2/3 应在管内或瓶内，上端露出少许棉花便于拔取。塞好棉塞的试管和锥形瓶应盖上厚纸用绳捆扎，准备灭菌。

（6）灭菌：将培养基放入高压蒸汽灭菌器中，升压至 103.4kPa，温度为 121.3℃，保持 20min。灭菌所需时间到后，切断电源让灭菌锅内温度自然下降，当压力表的压力降至 0 时，打开排气阀，旋松螺栓，打开盖子，取出灭菌物品。如果压力未降到零时，打开排气阀，就会因锅内压力突然下降，使容器内的培养基由于内外压力不平衡而冲出烧瓶口或试管口，造成棉塞沾染培养基而发生污染。

（7）无菌检查：将灭菌的培养基冷却后，抽样放入 37℃恒温箱培养 24h 中做无菌检查。经检查若无杂菌生长，证实培养基灭菌彻底。

培养基灭菌后，如制作斜面培养基和平板培养基，须趁培养基未凝固时进行。

1）制作斜面培养基：在实验台上放一支长 0.5～1m 的木条，厚度为 1cm 左右，将试管头部枕在木条上，使管内培养基自然倾斜，凝固后即成斜面培养基。

2）制作平板培养基：将刚刚灭过菌的盛有培养基的锥形瓶和培养皿放在实验台上，点燃酒精灯，右手托起锥形瓶瓶底，左手拔下棉塞，将瓶口在酒精灯上稍加灼烧，左手打开培养皿盖，右手迅速将培养基倒入培养皿中，每皿约倒入 10ml，以铺满皿底为度。铺放培养基后放置 15min 左右，待培养基凝固后，再 5 个培养皿一叠，倒置过来，平放在恒温箱里，24h 后检查，如培养基未长杂菌，即可用来培养微生物。

五、思考题

1. 分别从杀菌效果、温度、时间、使用对象等方面对比干热灭菌和湿热灭菌有何不同?

2. 高压蒸汽灭菌开始之前，为什么要将锅内冷空气排尽? 灭菌完毕后，为什么要待压力降到 0 时才能打开排气阀，开盖取物?

3. 在使用高压蒸汽灭菌锅灭菌时，怎样杜绝一切不安全的因素?

实验三十一　普通光学生物显微镜的结构和使用

一、实验目的

1. 了解光学显微镜的构造、原理、维护及保养方法。

2. 掌握使用普通光学生物显微镜观察微生物标本片。

二、实验原理

显微镜由机械装置和光学系统两大部分组成。显微镜的机械装置是显微镜的重要组成部分。其作用是固定与调节光学镜头，固定与移动标本等。光学系统主要包括物镜（objective）、目镜（ocular lens）、反光镜和聚光器（condenser）4 个部件。广义地说也包括照明光源、滤光器、盖玻片和载玻片等。

1. 机械装置　镜座（base）和镜臂（arm）：镜座位于显微镜底部，作用是支撑整个显微镜，装有反光镜，有的还装有照明光源。镜臂的作用是支撑镜筒和载物台，分固定、可倾斜两种。

镜筒（body tube）是由金属制成的圆筒，镜筒上端放置目镜，下端连接物镜转换器。分为固定式和可调节式两种。安装目镜的镜筒，有单筒和双筒两种。其中双筒显微镜，两眼可同时观察以减轻眼睛的疲劳。双筒之间的距离可以调节，而且其中有一个目镜有屈光度调节（即视力调节）装置，便于两眼视力不同的观察者使用。

转换器（converter）为两个金属碟所合成的一个转盘，固定在镜筒下端，有3～4个物镜螺旋口，物镜应按放大倍数高低顺序排列。旋转物镜转换器时，应用手指捏住旋转碟旋转，不要用手指推动物镜，因时间长容易使光轴歪斜，影响成像质量。

载物台（stage）作用是安放载玻片，形状有圆形和方形两种。中心有一个通光孔，通光孔后方左右两侧各有一个安装压片夹用的小孔。分为固定式与移动式两种。有的载物台的纵横坐标上都装有游标尺，一般读数为0.1mm，游标尺可用来测定标本的大小，也可用来对被检部分做标记。

调焦装置是调节物镜和标本间距离的机件，有粗准焦螺旋（coarse adjustment）即粗调节器和细准焦螺旋（fine adjustment）即细调节器，利用它们使镜筒或镜台上下移动，当物体在物镜和目镜焦点上时，则得到清晰的图像。

2. 光学系统 物镜是决定显微镜性能的最重要部件，因安装在物镜转换器上，接近被观察的物体，故称为物镜或接物镜。其作用是将物体作第一次放大，是决定成像质量和分辨能力的重要部件，而其分辨力又是由它的数值孔径和照明光线的波长决定的。物镜上通常标有数值孔径、放大倍数、镜筒长度、焦距等主要参数，如NA0.30；10×；160/0.17；16mm。其中“NA0.30”表示数值孔径（numerical aperture，NA），“10×”表示放大倍数，“160/0.17”分别表示镜筒长度和所需盖玻片厚度，16mm表示焦距。

目镜：因为靠近观察者的眼睛，因此也叫接目镜，安装在镜筒的上端，由两块透镜组成。目镜把物镜造成的像再次放大，不增加分辨力，上面一般标有7×、10×、15×等放大倍数，可根据需要选用。一般目镜与物镜放大倍数的乘积为物镜数值孔径的500～700倍，最大也不能超过1000倍。目镜的放大倍数过大，反而影响观察效果。

聚光器（condenser）：光源射出的光线通过聚光器汇聚成光锥照射标本，增强照明度和造成适宜的光锥角度，提高物镜的分辨力。聚光器由聚光镜和可变光阑组成，聚光镜由透镜组成，可分为明视场聚光镜（普通显微镜配置）和暗视场聚光镜，其数值孔径可大于1，当使用大于1的聚光镜时，需在聚光镜和载玻片之间加香柏油，否则只能达到1.0。虹彩光圈由薄金属片组成，中心形成圆孔，推动把手可随意调整透进光的强弱。调节聚光镜的高度和可变光阑的大小，可得到适当的光照和清晰的图像。

反光镜是一个可以随意转动的双面镜，直径为50mm，一面为平面，另一面为凹面，其作用是将从任何方向射来的光线经通光孔反射上来。平面镜反射光线的能力较弱，是在光线较强时使用，凹面镜反射光线的能力较强，是在光线较弱时使用。

光源（light source）：较新式的显微镜其光源通常是安装在显微镜的镜座内，通过按钮开关来控制；老式的显微镜大多是采用附着在镜臂上的反光镜。在使用低倍和高倍镜观察时，用平面反光镜；使用油镜或光线弱时可用凹面反光镜。

滤光器（filter）安装在光源和聚光器之间。其作用是让所选择的某一波段的光线通过，而吸收掉其他的光线，即为了改变光线的光谱成分或削弱光的强度。其分为两大类：滤光片和液体滤光器。

3. 油镜的工作原理 微生物学研究用的显微镜的物镜通常有低倍物镜（16mm，10×）、高倍物镜（4mm，40×～45×）和油镜（1.8mm，95×～100×）三种。油镜通常标有黑圈或红圈，也有的以“OI”（oil immer-sion）字样表示，它是三者中放大倍数最大的。根据使用不同放大倍数的目镜，可使被检物体放大1000～2000倍。油镜的焦距和工作距离（标本在焦点上看得最清晰时，物镜与样品之间的距离）最短，光圈则开得最大，因此，在使用油镜观察时，镜头离标本十分近，需特别小心。

使用时，油镜与其他物镜的不同是载玻片与物镜之间不是隔一层空气，而是隔一层油质，称为油浸系。这种油常选用香柏油，因香柏油的折射率（n=1.52），与玻璃相同。当光线通过载玻片后，可直接通过香柏油进入物镜而不发生折射。如果玻片与物镜之间的介质为空气，则称为干燥系，当光线通过玻片后，受到折射发生散射现象，进入物镜的光线显然减少，这样就减低了视野的照明度。

利用油镜不但能增加照明度，更主要的是能增加数值孔径，因为显微镜的放大效能是由其数值孔径决定的。所谓数值孔径，即光线投射到物镜上的最大角度（称为镜口角）的一半正弦，乘上玻片与物镜间介质的折射率所得的乘积，可用式（5-1）表示：

$$\mathrm{NA}=n\cdot\sin\alpha \tag{5-1}$$

式中，NA——数值孔径；n——介质折射率；α——最大入射角的半数，即镜口角的半数。

因此，光线投射到物镜的角度越大，显微镜的效能就越大，该角度的大小取决于物镜的直径和焦距。同时，α 的理论限度为 90°，sin90°=1，故以空气为介质时（n=1），数值孔径不能超过 1，如以香柏油为介质时，则 n 增大，其数值孔径也随之增大。例如，光线入射角为 120°，其半数的正弦为 sin60°=0.87，则

以空气为介质时：NA=1×0.87=0.87

以水为介质时：NA=1.33×0.87=1.16

以香柏油为介质时：NA=1.52×0.87=1.32

显微镜的分辨力是指显微镜能够辨别两点之间最小距离的能力。它与物镜的数值孔径成正比，与光波长度成反比。因此，物镜的数值孔径越大，光波波长越短，则显微镜的分辨力越大，被检物体的细微结构也越能明晰地区别出来。因此，一个高的分辨力意味着一个小的可分辨距离，这两个因素是呈反比关系的，通常有人把分辨力说成是多少微米或纳米，这实际上是把分辨力和最小分辨距离混淆起来了。显微镜的分辨力是用可分辨的最小距离来表示的，见式（5-2）。

$$\text{能辨别两点之间最小距离}=\frac{\lambda}{2\mathrm{NA}} \tag{5-2}$$

式中，λ——光波波长。

我们肉眼所能感受的光波平均长度为 0.55μm，假如数值孔径为 0.65 的高倍物镜，它能辨别两点之间的距离为 0.42μm。而在 0.42μm 以下的两点之间的距离就分辨不出，即使用倍数更大的目镜，使显微镜的总放大率增加，也仍然分辨不出。只有改用数值孔径更大的物镜，增加其分辨力才行。例如，用数值孔径为 1.25 的油镜时，能辨别两点之间的最小距离如式（5-3）所示。

$$\text{最小距离}=\frac{0.55\mu\mathrm{m}}{2\times1.25}=0.22\mu\mathrm{m} \tag{5-3}$$

因此，我们可以看出，假如采用放大率为 40 倍的高倍物镜（NA=0.65）和放大率为 24 倍的目镜，虽然总放大率为 960 倍，但其分辨的最小距离只有 0.42μm。假如采用放大率为 90 倍的油镜（NA=1.25）和放大率为 9 倍的目镜，虽然总的放大率为 810 倍，但却能分辨出 0.22μm 间的距离。

三、仪器与试剂

普通光学显微镜、擦镜纸、香柏油、标本片。

四、操作步骤

1. 放置显微镜 实验时要把显微镜放在桌面上稍偏左的位置，镜座应距桌沿6～7cm。

2. 调节关源 打开光源开关，调节光强到合适大小。

3. 选择物镜 转动物镜转换器，使低倍镜头正对载物台上的通光孔。先把镜头调节至距载物台1～2cm处，然后用左眼注视目镜内，接着调节聚光器的高度，把孔径光阑调至最大，使光线通过聚光器射入到镜筒内，这时视野内呈明亮的状态。

4. 放置标本 将所要观察的玻片放在载物台上，使玻片中被观察的部分位于通光孔的正中央，然后用标本夹夹好载玻片。

5. 调焦 先用低倍镜观察（物镜10×、目镜10×）。观察之前，先转动粗动调焦手轮，使载物台上升，物镜逐渐接近玻片。需要注意，不能使物镜触及玻片，以防镜头将玻片压碎。然后，左眼注视目镜内，同时右眼不要闭合（要养成睁开双眼用显微镜进行观察的习惯，以便在观察的同时能用右眼看着绘图），并转动粗动调焦手轮，使载物台慢慢下降，不久即可看到玻片中材料的放大物像。

6. 观察

（1）如果在视野内看到的物像不符合实验要求（物像偏离视野），可慢慢调节载物台移动手柄。调节时应注意，玻片移动的方向与视野中看到的物像移动的方向正好相反。如果物像不甚清晰，可以调节微动调焦手轮，直至物像清晰为止。

（2）如果进一步使用高倍物镜观察，应在转换高倍物镜之前，把物像中需要放大观察的部分移至视野中央(将低倍物镜转换成高倍物镜观察时,视野中的物像范围缩小了很多)。一般具有正常功能的显微镜，低倍物镜和高倍物镜基本齐焦，在用低倍物镜观察清晰时，换高倍物镜应可以见到物像，但物像不一定很清晰，可以转动微动调焦手轮进行调节。

（3）在转换高倍物镜并且看清物像之后，可以根据需要调节孔径光阑的大小或聚光器的高低，使光线符合要求（一般将低倍物镜换成高倍物镜观察时，视野要稍变暗一些，所以需要调节光线强弱）。

（4）油浸物镜的使用：使用油浸物镜时，一般不要使用同高调焦。同高调焦只适用于每台显微镜的原配物镜，在使用低倍物镜和高倍物镜时，是一个极有利的方便条件，但在使用油浸物镜时，则受到一定限制，一般地说，用油镜观察未加盖玻片的标本片（载玻片）时，利用同高调焦的安全度较大，而对于有盖玻片的标本片，要小心使用，因为油浸物镜的工作距离很短，在设计和装配时所考虑的同高是对标准厚度盖玻片的。

用油浸物镜时，只在标本片上滴香柏油。观察完毕后，要及时进行清洁工作，如不及时进行，香柏油粘上灰尘，擦拭时灰尘粒子可能磨损透镜，香柏油在空气中暴露时间长，还会变稠、变干，擦拭很困难，对仪器很不利。擦拭要细心，动作要轻。油浸物镜前端先用干的擦镜纸擦一两次，把大部分油去掉，再用二甲苯滴湿的擦镜纸擦两次，最后再用干的擦镜纸擦一次。标本片上的香柏油可用“拉纸法”（即把一小张擦镜纸盖在香柏油上，然后在纸上滴一些二甲苯，趁湿把纸往外拉，这样连续三四次，即可干净，一般不会损坏未加盖玻片的涂片标本）擦净。将所观察的玻片中的结构在实验报告中画出。

（5）用后处理：观察完毕，应先将物镜镜头从通光孔处移开，然后将孔径光阑调至最大，再将载物台缓缓落下，并检查零件有无损伤（特别要注意检查物镜是否沾水沾油，如沾了水或油要用镜头纸擦净），检查处理完毕后按对应号码还回显微镜室。

五、注意事项

1. 显微镜要存放在显微镜室的固定柜子中，注意通风干燥，避免阳光直射或者暴晒。保持显微镜的干燥、清洁，避免灰尘、水及化学试剂的沾污。

2. 取送显微镜时一定要一手握住弯臂，另一手托住底座。显微镜不能倾斜，以免目镜从镜筒上端滑出。取送显微镜时要轻拿轻放。

3. 凡是显微镜的光学部分，只能用特殊的擦镜纸擦拭，不能乱用他物擦拭，更不能用手指触摸透镜，以免汗液沾污透镜。

4. 用油镜观察后，先用擦镜纸将镜头上的油沾去，再用蘸有少许二甲苯（擦镜液）的擦镜纸顺时针擦 2～3 次，最后用干净的擦镜纸将二甲苯（擦镜液）擦去，二甲苯不能太多，避免将物镜中黏合透镜的树胶溶解，透镜脱落。

5. 转换物镜镜头时，不要推动物镜镜头，只能转动转换器。

6. 切勿随意转动调焦手轮。使用微动调焦旋钮时，用力要轻，转动要慢，转不动时不要硬转。

7. 不得任意拆卸显微镜上的零件，严禁随意拆卸物镜镜头，以免损伤转换器螺口，或螺口松动后使低高倍物镜转换时不齐焦。

8. 使用高倍物镜时，勿用粗动调焦手轮调节焦距，以免移动距离过大，损伤物镜和玻片。

9. 用毕送还前，必须检查物镜镜头上是否沾有水或试剂，如有则要擦拭干净，并且要把载物台擦拭干净，然后将显微镜放入箱内，并注意锁箱。

六、思考题

1. 油镜和一般高倍物镜成像有什么不同？
2. 油镜使用的范围和原理是什么？

实验三十二　微生物的染色与形态结构观察法

一、实验目的

1. 学习微生物的染色原理、染色的基本操作技术。
2. 巩固显微镜油镜的使用方法及无菌操作技术。
3. 掌握微生物的一般染色法和革兰氏染色法。

二、实验原理

微生物（尤其是细菌）的机体是无色透明的，在显微镜下，由于光源是自然光，使微生物体与背景反差小，不易看清微生物的形态和结构，若增加其反差，微生物的形态就可看得清楚。通常用染料将菌体染上颜色以增加反差，便于观察，因此，微生物染色技术是观察微生物形态结构的重要手段。

微生物细胞是由蛋白质、核酸等两性电解质及其他化合物组成的，所以，微生物细胞表现出两性电解质的性质。两性电解质兼有碱性基和酸性基，在酸性溶液中离解出碱性基呈碱性带正电。在碱性溶液中离解出酸性基呈酸性带负电。经测定，细菌等电点为pI=2～5，故细菌在中性（pH=7）、碱性（pH＞7）或偏酸性（pH=6～7）的溶液中，细菌的等电点均低于上述溶液的pH，所以细菌带负电荷，容易与带正电荷的碱性染料结合，故用碱性染料染色的为多。碱性染料有亚甲蓝、甲基紫、结晶紫、碱性品红、中性红、孔雀绿和番红等。微生物体内各结构与染料结合力不同，故可用不同染料分别染微生物的各结构以便观察。

1. 染色的方法　有单染色法和复染色法之分。前者用一种染料使微生物着色，但是不能鉴别微生物。后者是使用两种或两种以上染料，有助于鉴别微生物，故亦称鉴别染色法。

（1）单染色法：是利用单一染料对细菌进行染色的一种方法。此法操作简便，仅能显示细胞的外部形态，不能辨别其内部结构，适用于菌体一般形态的观察。

（2）复染色法：主要的复染色法有抗酸性染色法、革兰氏染色法和特殊染色法。微生物除了细胞壁、胞膜、原生质和核等基本构造外，某些细菌还具有荚膜、鞭毛、芽孢和异染颗粒等特殊结构。这些结构必须要用特殊的方法才能着色。

2. 革兰氏染色　革兰氏染色反应是细菌分类和鉴定的重要性状。它是1884年由丹麦医师Gram创立的。革兰氏染色法（Gram stain）不仅能观察到细菌的形态而且还可将所有细菌区分为两大类：染色反应呈蓝紫色的称为革兰氏阳性细菌，用G^+表示；染色反应呈红色（复染颜色）的称为革兰氏阴性细菌，用G^-表示。细菌对于革兰氏染色的不同反应，是由于它们细胞壁的成分和结构不同而造成的。革兰氏阳性细菌的细胞壁主要是由肽聚糖形成的网状结构组成的，在染色过程中，当用乙醇处理时，由于脱水而引起网状结构中的孔径变小，通透性降低，使结晶紫-碘复合物被保留在细胞内而不易脱色，因此，呈现蓝紫色；革兰氏阴性细菌的细胞壁中肽聚糖含量低，而脂类物质含量高，当用乙醇处理时，脂类物质溶解，细胞壁的通透性增加，使结晶紫-碘复合物易被乙醇抽出而脱色，然后又被染上了复染液（番红）的颜色，因此呈现红色。

革兰氏染色需用4种不同的溶液：碱性染料初染液、媒染剂、脱色剂和复染液。碱性染料初染液的作用像在细菌的单染色法基本原理中所述的那样，而用于革兰氏染色的初染液一般是结晶紫。媒染剂的作用是增加染料和细胞之间的亲和性或附着力，即以某种方式帮助染料固定在细胞上，使其不易脱落，碘是常用的媒染剂。脱色剂是将被染色的细胞进行脱色，不同类型的细胞脱色反应不同，有的能被脱色，有的则不能，脱色剂常用95%的乙醇。复染液也是一种碱性染料，其颜色不同于初染液，复染的目的是使被脱色的细胞染上不同于初染液的颜色，而未被脱色的细胞仍然保持初染液的颜色，从而将细胞区分成革兰氏阳性细菌和革兰氏阴性细菌两大类群，常用的复染液是番红。

三、仪器与试剂

1. 试剂

（1）结晶紫染色液：结晶紫 1g，95%乙醇 20ml，1%草酸铵水溶液 80ml，将结晶紫溶于乙醇中，然后与草酸铵溶液混合。

（2）革兰氏碘液：碘 1g，碘化钾 2g，将碘与碘化钾先进行混合，加入蒸馏水少许，充分振摇，待完全溶解后，再加蒸馏水至 300ml。

（3）脱色液：95%乙醇。

（4）复染液

沙黄复染液：沙黄 0.25g，95%乙醇 10ml，蒸馏水 90ml，将沙黄溶解于乙醇中，然后用蒸馏水稀释。

稀苯酚复红液：称取碱性复红 10g，研细，加 95%乙醇 100ml，放置过夜，过滤。取该液 10ml，加 5%苯酚水溶液 90ml 混合，即为苯酚复红液。再取此液 10ml 加水 90ml，即为稀苯酚复红液。

（5）香柏油、二甲苯、生理盐水。

2. 器材　吸水纸、显微镜、酒精灯、载玻片、接种环、擦镜纸。

3. 菌种　枯草芽孢杆菌、大肠杆菌。

四、操作步骤

1. 涂片　将培养 14～16h 的枯草芽孢杆菌和培养 24h 的大肠杆菌分别作涂片（注意涂片切不可过于浓厚），干燥、固定。固定时通过火焰 1～2 次即可，不可过热，以载玻片不烫手为宜。

2. 染色

（1）初染：加草酸铵结晶紫一滴，约 1min，水洗。

（2）媒染：滴加碘液冲去残水，并覆盖约 1min，水洗。

（3）脱色：将载玻片上面的水甩净，并衬以白背景，用 95%乙醇滴洗至流出乙醇刚刚不出现紫色时为止，为 20～30s，立即用水冲净乙醇。

（4）复染：用番红液染 1～2min，水洗。

（5）镜检：干燥后，置油镜观察。革兰氏阴性细菌呈红色，革兰氏阳性细菌呈蓝紫色。以分散开的细菌的革兰氏染色反应为准，过于密集的细菌，常呈假阳性。

（6）采用同样的方法，在一载玻片上以大肠杆菌与枯草芽孢杆菌混合制片，作革兰氏染色对比。

（7）实验完毕后的处理。①将浸过油的镜头按下述方法擦拭干净。先用擦镜纸将油镜头上的油擦去，用擦镜纸蘸少许二甲苯将镜头擦 2～3 次，最后再用干净的擦镜纸将镜头擦 2～3 次。注意擦镜头时向一个方向擦拭。②看后的染色玻片用废纸将香柏油擦干净。

五、注意事项

1. 革兰氏染色成败的关键是乙醇脱色。如脱色过度，革兰氏阳性细菌也可被脱色而染成阴性细菌；如脱色时间过短，革兰氏阴性细菌也会被染成革兰氏阳性细菌。脱色时间的长短还受涂片厚薄及乙醇用量多少等因素的影响，难以严格规定。

2. 染色过程中勿使染色液干涸。用水冲洗后，应吸去玻片上的残水，以免染色液被稀释而影响染色效果。

3. 选用幼龄的细菌。革兰氏阳性细菌培养 12～16h，大肠杆菌培养 24h。若菌龄太老，由于菌体死亡或自溶常使革兰氏阳性细菌转呈阴性反应。

六、思考题

1. 在你所做的革兰氏染色制片中，大肠杆菌和枯草芽孢杆菌各染成何色？它们是革兰氏阴性细菌还是革兰氏阳性细菌？

2. 作革兰氏染色涂片为什么不能过于浓厚？其染色成败的关键一步是什么？

3. 当你对一株未知菌进行革兰氏染色时，怎样能确证你的染色技术操作正确，结果可靠？

第二节 化妆品中微生物检测

实验三十三 化妆品中菌落总数检测

一、实验目的

1. 学习使用血球计数板进行微生物计数的方法。
2. 掌握平板菌落计数的基本原理和方法。

二、实验原理

菌落总数（aerobic bacterial count）是指化妆品检样经过处理，在一定条件下培养后（如培养基成分、培养温度、培养时间、pH、需氧性质等），1g（1ml）检样中所含菌落的总数。所得结果只包括一群本方法规定的条件下生长的嗜中温的需氧性和兼性厌氧菌落总数。测定菌落总数便于判明样品被细菌污染的程度，是对样品进行卫生学总评价的综合依据。

常见测定菌落总数的方法有血球计数法和平板菌落计数法。

1. 血球计数法 利用血球计数板在显微镜下直接计数，是一种常用的微生物计数方法。此法的优点是直观、快速。将经过适当稀释的菌悬液（或孢子悬液）放在血球计数板载玻片与盖玻片之间的计数室中，在显微镜下进行计数。由于计数室的容积是一定的（$0.1mm^3$），所以可以根据在显微镜下观察到的微生物数目来换算成单位体积内的微生物总数目。由于此法计得的是活菌体和死菌体的总和，故又称为总菌计数法。

血球计数板，通常是一块特制的载玻片，其上由 4 条槽构成 3 个平台。中间的平台又被一短横槽隔成两半，每一边的平台上各刻有一个方格网，每个方格网共分 9 个大方格，中间的大方格即为计数室，微生物的计数就在计数室中进行。血球计数板构造如图 5-1 所示。

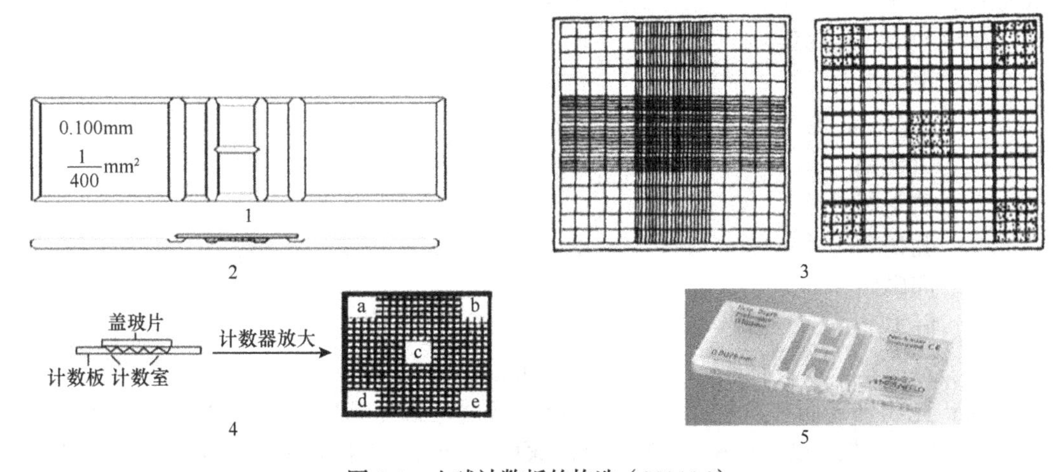

图 5-1 血球计数板的构造（25×16）

1. 顶面观；2. 侧面观；3. 放大后的网格；4. 放大后的计数室；5. 血球计数板商品

计数室的刻度一般有两种规格，一种是一个大方格分成 16 个中方格，而每个中方格又分成 25 个小方格；另一种是一个大方格分成 25 个中方格，而每个中方格又分成 16 个小方格。

但无论是哪种规格的计数板，每一个大方格中的小方格数都是相同的，即 16×25=400 小方格。

每一个大方格边长为 1mm，则每一大方格的面积为 $1mm^2$，盖上盖玻片后，载玻片与盖玻片之间的高度为 0.1mm，所以计数室的容积为 $0.1mm^3$。

在计数时，通常数 5 个中方格的总菌数，然后求得每个中方格的平均值，再乘上 16 或 25，就得出一个大方格中的总菌数，然后再换算成 1ml 菌液中的总菌数。

下面以一个大方格有 25 个中方格的计数板为例进行计算：设 5 个中方格中总菌数为 A，菌液稀释倍数为 B，那么，一个大方格中的总菌数计算如下所示。

因 $1ml=1cm^3=1000mm^3$，

故 1ml 菌液中的总菌数为

$$\frac{A}{5}\times 25\times 10\times 1000\times B=50000A\cdot B\text{（个）} \qquad (5\text{-}4)$$

同理，如果是 16 个中方格的计数板，设 5 个中方格的总菌数为 A'，菌液稀释倍数为 B'，则：

$$1ml\text{ 菌液中的总菌数}=\frac{A'}{5}\times 16\times 10\times 1000\times B'=32\,000A'\cdot B'\text{（个）} \qquad (5\text{-}5)$$

2. 平板菌落计数法 是根据微生物在固体培养基上所形成的一个菌落是由一个单细胞繁殖而成的现象进行的，也就是说，一个菌落即代表一个单细胞。计数时，先将待测样品做一系列稀释，再取一定量的稀释菌液接种到培养皿中，使其均匀分布于平皿中的培养基内，经培养后，由单个细胞生长繁殖形成菌落，统计菌落数目，即可换算出样品中的含菌数。这种计数法的优点是能测出样品中的活菌数，缺点是手续较烦琐，而且测定值常受各种因素的影响。

三、仪器与试剂

1. 试剂

（1）生理盐水：氯化钠 9.0g，蒸馏水加至 1000ml。制法：溶解后，分装到加玻璃珠的三角瓶内，每瓶 90ml，121℃高压灭菌 20min。

（2）SCDLP 液体培养基

成分：	
酪蛋白胨	17g
大豆蛋白胨	3g
氯化钠	5g
磷酸氢二钾	2.5g
葡萄糖	2.5g
卵磷脂	1g
吐温 80	7g
蒸馏水	1000ml

制法：先将卵磷脂在少量蒸馏水中加温溶解后，再与其他成分混合，加热溶解，调 pH=7.2～7.3，分装，每瓶 90ml，121℃高压灭菌 20min。注意振荡，使沉淀与底层的吐温 80 充分混合，冷却至 25℃左右使用。

注：如无酪蛋白胨和大豆蛋白胨，也可用多胨代替。

（3）灭菌液状石蜡：取液状石蜡 50ml，121℃高压灭菌 20min。

（4）灭菌吐温 80：取吐温 80 50ml，121℃高压灭菌 20min。

2. 器材 血球计数板、显微镜、盖玻片、均质器、无菌毛细管、1ml 无菌吸管、无菌平皿、盛有4.5ml无菌水的试管、试管架和记号笔等。

3. 被检样品 市售膏霜乳液样品。

四、操作步骤

1. 供检样品的制备

（1）液体样品

1）水溶性的液体样品：用灭菌吸管吸取10ml样品加到90ml灭菌生理盐水中，混匀后，制成1∶10检液。

2）油性液体样品：取样品10g，先加5ml灭菌液状石蜡混匀，再加10ml灭菌的吐温80，在40～44℃水浴中振荡混合10min，加入灭菌的生理盐水75ml（在40～44℃水浴中预温），在40～44℃水浴中乳化，制成1∶10的悬液。

（2）膏、霜、乳剂半固体状样品

1）亲水性的样品：称取10g，加到装有玻璃珠及90ml灭菌生理盐水的三角瓶中，充分振荡混匀，静置15min。用其上清液作为1∶10的检液。

2）疏水性样品：称取10g，置于灭菌的研钵中，加10ml灭菌液状石蜡，研磨成黏稠状，再加入10ml灭菌吐温80，研磨待溶解后，加70ml灭菌生理盐水，在40～44℃水浴中充分混合，制成1∶10检液。

（3）固体样品：称取10g，加到90ml灭菌生理盐水中，充分振荡混匀，使其分散混悬，静置后，取上清液作为1∶10的检液。使用均质器时，则采用灭菌均质袋，将上述水溶性膏、霜、粉剂等，称10g样品加入90ml灭菌生理盐水，均质1～2min；疏水性膏、霜及眉笔、口红等，称10g样品，加10ml灭菌液状石蜡、10ml吐温80，70ml灭菌生理盐水，均质3～5min。

2. 显微镜下直接计数法

（1）稀释：将供检样品稀释成1∶10检液，如不浓，可不稀释。

（2）镜检计数室：在加样前，先对计数板的计数室进行镜检。若有污物，则需清洗后才能进行计数。

（3）加样品：将清洁干燥的血球计数板盖上盖玻片，再用无菌的细口滴管将稀释的酿酒酵母菌液由盖玻片边缘滴一小滴（不宜过多），让菌液沿缝隙靠毛细渗透作用自行进入计数室，一般计数室均能充满菌液。注意不可有气泡产生。

（4）显微镜计数：静置5min后，将血球计数板置于显微镜载物台上，先用低倍镜找到计数室所在位置，然后换成高倍镜进行计数。在计数前若发现菌液太浓或太稀，需重新调节稀释度后再计数。一般样品稀释度要求每小格内有5～10个菌体为宜。每个计数室选5个中格（可选4个角和中央的中格）中的菌体进行计数。位于格线上的菌体一般只数上方和右边线上的。如遇酵母菌出芽，芽体大小达到母细胞的一半时，即作两个菌体计数。计数一个样品要从两个计数室中计得的值来计算样品的含菌量。

（5）清洗血球计数板：使用完毕后，将血球计数板在水龙头上用水柱冲洗，切勿用硬物洗刷，洗完后自行晾干或用吹风机吹干。镜检，观察每小格内是否有残留菌体或其他沉淀物。若不干净，则必须重复洗涤至干净为止。

3. 平板菌落计数法

（1）编号：取无菌平皿9套，分别用记号笔标明10^{-4}、10^{-5}、10^{-6}各3套。另取6支盛有4.5ml无菌水的试管，排列于试管架上，依次标明10^{-1}、10^{-2}、10^{-3}、10^{-4}、10^{-5}、10^{-6}。

（2）稀释：用1ml无菌吸管精确地吸取0.5ml供检样品放入10^{-1}的试管中，注意吸管尖端不要碰到液面，以免吹出时，管内液体外溢。然后仍用此吸管将管内悬液来回吸吹3次，吸时伸入管底，吹时离开水面，使其混合均匀。另取一支吸管自10^{-1}试管吸0.5ml放入10^{-2}试管中，吸吹3次，其余依次类推。

（3）取样：用3支1ml无菌吸管分别精确地吸取10^{-4}、10^{-5}、10^{-6}的样品稀释液0.2ml，对号放入编好号的无菌培养皿中。

（4）倒平板：于上述盛有不同稀释度的供检样品的培养皿中，将融化并冷至45～50℃的卵磷脂吐温80营养琼脂培养基倾注到平皿内，每皿10～15ml，随即转动平皿，使样品与培养基充分混合均匀，待琼脂凝固后，翻转平皿，置36℃±1℃培养箱内培养48h±2h。另取一个不加样品的灭菌空平皿倒板，待琼脂凝固后，翻转平皿，置36℃±1℃培养箱内培养48h±2h，为空白对照。

（5）计数：培养后取出培养皿，算出同一稀释度3个平皿上的菌落平均数，并按式（5-6）进行计算：

每毫升中总活菌数=同一稀释度3次重复的菌落平均数×稀释倍数×5　（5-6）

一般选择每个平板上长有30～300个菌落的稀释度计算每毫升的菌数最为合适（表5-1）。同一稀释度的3个重复的菌数不能相差很悬殊。由10^{-4}、10^{-5}、10^{-6}三个稀释度计算出的每毫升菌液中总活菌数也不能相差悬殊，如相差较大，表示实验不精确。

平板菌落计数法，所选择倒平板的稀释度是很重要的，一般以3个稀释度中的第二稀释度倒平板所出现的平均菌落数在50个左右为最好。

平板菌落计数法的操作除上述的以外，还可用涂布平板的方法进行。两者操作基本相同，所不同的是涂布平板法是先将牛肉膏蛋白胨琼脂培养基融化后倒平板，待凝固后编号，并于37℃温室中烘烤30min左右，使其干燥，然后用无菌吸管吸取0.2ml菌液对号接种于不同稀释度编号的培养皿中的培养基上，再用无菌玻璃刮棒将菌液在平板上涂布均匀，平放于实验台上20～30min，使菌液渗透入培养基内，然后再倒置于37℃的温室中培养。

表5-1　细菌总数计算方法和报告方式举例

例次	不同稀释度的平均菌落数			两稀释度菌数之比	菌落总数（CFU/ml或CFU/g）	报告方式（CFU/ml或CFU/g）	备注
	10^{-1}	10^{-2}	10^{-3}				
1	1468	174	20	—	17 400	1.7×10^4	两位以后的数字采用四舍五入的方法去掉并用10的指数进行报告
2	不可计	295	46	460/295=1.6	37 750	3.7×10^4	
3	不可计	271	60	600/271=2.2	27 100	2.7×10^4	
4	不可计	1550	511	—	511 000	5.1×10^5	
5	28	10	7	—	280	2.8×10^2	
6	0	0	0	—	$<1\times10$	<10	
7	不可计	304	18	—	30 400	3.0×10^4	

五、思考题

1. 根据你实验的体会，说明用血球计数板计数的误差主要来自哪些方面？应如何尽量减少误差，力求准确？

2. 要使平板菌落计数准确，需要掌握哪几个关键？为什么？

3. 同一种菌液用血球计数板和平板菌落计数法同时计数，所得结果是否一样？为什么？试比较平板菌落计数法和显微镜下直接计数法的优缺点。

实验三十四　化妆品中耐热大肠菌群鉴定

一、实验目的

1. 学习和掌握耐热大肠菌群的测定方法。
2. 了解测定过程中每一步反应的原理。

二、实验原理

耐热大肠菌群系一群能在普通培养基上生长繁殖的需氧及兼性厌氧革兰氏阴性无芽孢杆菌。其生化活动能力较强，能发酵多种糖类，产酸产气，其特点是能较快发酵乳糖。若在化妆品中检测出耐热大肠菌群，经过消费者使用进入人体后，可能引起肠道疾病，对人体健康具有潜在的危险。

可根据耐热大肠菌群所具有的生物特性进行检测，如革兰氏阴性无芽孢杆菌在 44.5℃培养 24～48h 能发酵乳糖产酸产气，能在选择性培养基上产生典型菌落，有能分解色氨酸产生靛基质的可能。

根据发酵乳糖产酸产气，平板上有典型菌落，并经证实为革兰氏阴性短杆菌，靛基质试验为阳性，则可报告被检样品中检出耐热大肠菌群。

三、仪器与试剂

1. 被检样品　市售膏霜乳液等样品。

2. 器材　温度计、显微镜、接种环、载玻片、电磁炉、250ml 三角瓶、试管、小倒管、pH 计（pH 试纸）、高压灭菌器、恒温水浴箱、灭菌刻度吸管（10ml、1ml）、灭菌平皿。

3. 培养基配方

（1）双倍乳糖胆盐培养基

成分：	
蛋白胨	40g
猪胆盐	10g
0.4%溴甲酚紫水溶液	5ml
卵磷脂	2g
吐温 80	14g
乳糖	10g
蒸馏水	1000ml

制法：将卵磷脂、吐温 80 溶解到少量蒸馏水中。将蛋白胨、猪胆盐及乳糖溶解到其余的蒸馏水中，混匀后调 pH 到 7.4，加入 0.4%溴甲酚紫水溶液，混匀并分装，每管 10ml（每支试管中加一个小倒管）。115℃高压灭菌 20min。

（2）伊红美兰（EMB）琼脂

成分：	
蛋白胨	10g
磷酸氢二钾	2g
琼脂	20g

乳糖	10g
0.5%亚甲蓝水溶液	13ml
2%伊红水溶液	20ml
蒸馏水	1000ml

制法：先将琼脂加到 900ml 蒸馏水中，加热溶解，然后加入磷酸氢二钾和蛋白胨，混匀溶解。再用蒸馏水补足至 1000ml。校正 pH 为 7.2～7.4，分装于三角瓶内，121℃高压灭菌 15min 备用。临用时加入乳糖并加热融化琼脂。冷至 60℃左右进行无菌操作，加入灭菌的伊红美蓝溶液，摇匀，倾注平皿备用。

（3）蛋白胨水

成分：	
蛋白胨（或胰蛋白胨）	20g
氯化钠	5g
蒸馏水	1000ml

制法：将上述成分加热融化，调 pH 为 7.0～7.2，分装后 121℃高压灭菌 15min。

（4）靛基质试剂。柯凡克试剂：将 5g 对二甲氨基苯甲醛溶解于 75ml 戊醇中，然后缓慢加入浓盐酸 25ml。接种细菌于蛋白胨水中，于 44.5℃±0.5℃培养 24h±2h。沿管壁加柯凡克试剂 0.3～0.5ml，轻摇试管。阳性者于试剂层显深玫瑰红色。

注：蛋白胨应含有丰富的色氨酸，每批蛋白胨买来后，应先用已知菌种鉴定后方可使用。

（5）革兰氏碘染色液：见本章第一节实验三十二。

四、操作步骤

本实验方法参考了我国《化妆品安全技术规范》（2015 年版）耐热大肠菌群检验方法。一些学者对大肠菌群检出的判定依据提出异议，其中葛媛媛等对常见耐热大肠菌群的埃希菌属、柠檬酸杆菌属、肠杆菌属和克雷伯菌属等 4 个属的全部 54 株模式菌株严格按照规范进行检验，结果只有大肠杆菌为阳性检出。《化妆品安全技术规范》（2015 年版）中耐热大肠菌群检验方法目标菌实际是大肠杆菌。

1. 取 10ml 1∶10 稀释的检液（方法见本章第二节实验三十三中供检样品的制备），加到 10ml 双倍浓度的乳糖胆盐培养基中，置 44℃培养箱中培养 24h，如既不产酸也不产气，继续培养至 48h，如仍既不产酸也不产气，则报告为耐热大肠菌群呈阴性。

2. 如产酸产气，划线接种到伊红亚甲蓝琼脂平板上，置 37℃培养 18～24h。同时取该培养液 1～2 滴接种到蛋白胨水中，置 44℃培养 24h±2h。经培养后，在上述平板上观察有无典型菌落生长。耐热大肠菌群在伊红亚甲蓝琼脂培养基上的典型菌落呈深紫黑色，圆形，边缘整齐，表面光滑湿润，常具有金属光泽。也有的呈紫黑色，不带或略带金属光泽，或粉紫色，中心较深的菌落，亦常为耐热大肠菌群，应注意挑选。

3. 挑取上述可疑菌落，涂片作革兰氏染色镜检。

4. 在蛋白胨水培养液中，加入靛基质试剂约 0.5ml，观察靛基质反应。阳性者液面呈玫瑰红色；阴性反应液面呈试剂本色。

五、思考题

1. 耐热大肠菌群等于粪大肠菌群吗？检测方法是否一样？查找资料说出你的理由。

2. 耐热大肠菌群的检测方法还有哪些？

实验三十五　化妆品中铜绿假单胞菌鉴定

一、实验目的

1. 学习和掌握铜绿假单胞菌的菌落特征和生化反应鉴定方法。
2. 掌握检测铜绿假单胞菌的步骤和方法原理。

二、实验原理

铜绿假单胞菌也称绿脓杆菌，属于假单胞菌属，在自然界中分布广泛。铜绿假单胞菌为革兰氏阴性杆菌，菌体大小为长（1.5～5.0μm）×宽（0.5～1μm），细长且长短不一，有时呈球杆状或线状，成对或短链状排列。菌体的一端有单鞭毛，无芽孢。氧化酶阳性，能产生绿脓菌素。此外还能液化明胶，还原硝酸盐为亚硝酸盐，在42℃±1℃条件下能生长。该菌对人有致病力，可使伤处化脓，引起败血症等。

被检样品经增菌分离培养后，经证实为革兰氏阴性杆菌，氧化酶及绿脓菌素试验皆为阳性者，即可报告被检样品中检出铜绿假单胞菌；如绿脓菌素试验为阴性而液化明胶、硝酸盐还原产气和42℃生长试验三者皆为阳性时，仍可报告被检样品中检出铜绿假单胞菌。

三、仪器与试剂

1. 器材　三角瓶、试管、灭菌平皿、灭菌刻度吸管（10ml、1ml）、显微镜、载玻片、接种针、接种环、电磁炉、高压灭菌锅、恒温培养箱、恒温水浴箱。

2. 被检样品　市售膏霜乳液样品。

3. 培养基配方

（1）SCDLP液体培养基：见本章第二节实验三十三。

（2）十六烷基三甲基溴化铵培养基

成分：	
牛肉膏	3g
蛋白胨	10g
氯化钠	5g
十六烷基三甲基溴化铵	0.3g
琼脂	20g
蒸馏水	1000ml

制法：除琼脂外，将上述成分混合加热溶解，调pH为7.4～7.6，加入琼脂，115℃高压灭菌20min后，制成平板备用。

（3）乙酰胺培养基

成分：	
乙酰胺	10.0g
氯化钠	5.0g
无水磷酸氢二钾	1.39g
无水磷酸二氢钾	0.73g
硫酸镁（$MgSO_4 \cdot 7H_2O$）	0.5g
酚红	0.012g

琼脂　　20g

蒸馏水　　1000ml

制法：除琼脂和酚红外，将其他成分加到蒸馏水中，加热溶解，调 pH 为 7.2，加入琼脂、酚红，121℃高压灭菌 20min 后，制成平板备用。

（4）绿脓菌素测定用培养基

成分：蛋白胨　　20g

硫酸钾　　10g

氯化镁　　1.4g

琼脂　　18g

甘油（化学纯）　　10g

蒸馏水　　1000ml

制法：将蛋白胨、氯化镁和硫酸钾加到蒸馏水中，加温使其溶解，调 pH 至 7.4，加入琼脂和甘油，加热溶解，分装于试管内，115℃高压灭菌 20min 后，制成斜面备用。

（5）明胶培养基

成分：牛肉膏　　3g

蛋白胨　　5g

明胶　　120g

蒸馏水　　1000ml

制法：取各成分加到蒸馏水中浸泡 20min，随时搅拌加温使之溶解，调 pH 至 7.4，分装于试管内，经 115℃高灭菌 20min 后，直立制成高层备用。

（6）硝酸盐蛋白胨水培养基

成分：蛋白胨　　10g

酵母浸膏　　3g

硝酸钾　　2g

亚硝酸钠　　0.5g

蒸馏水　　1000ml

制法：将蛋白胨和酵母浸膏加到蒸馏水中，加热使之溶解，调 pH 为 7.2，煮沸过滤后补足液量，加入硝酸钾和亚硝酸钠，溶解混匀，分装到加有小倒管的试管中，115℃高压灭菌 20min 后备用。

（7）普通琼脂斜面培养基，具体配制方法见本章第一节实验三十。

四、操作步骤

1. 增菌培养　取 1∶10 样品稀释液（配制方法见本章第二节实验三十三中供检样品的制备）10ml 加到 90ml SCDLP 液体培养基中，置 36℃±1℃培养 18～24h。如有铜绿假单胞菌生长，培养液表面多有一层薄菌膜，培养液常呈黄绿色或蓝绿色。

2. 分离培养　从培养液的薄膜处挑取培养物，划线接种在十六烷三甲基溴化铵琼脂平板上，置 36℃±1℃培养 18～24h。铜绿假单胞菌在此培养基上，其菌落扁平无定型，向周边扩散或略有蔓延，表面湿润，菌落呈灰白色，菌落周围培养基常扩散有水溶性色素。在无十六烷三甲基溴化铵琼脂时也可用乙酰胺培养基进行分离，将菌液划线接种于平板上，置 36℃±1℃培养 24h±2h，铜绿假单胞菌在此培养基上生长良好，菌落扁平，菌落周围培养基呈红色，边缘不整，其他菌不生长。

3. 染色镜检　挑取可疑的菌落，涂片，革兰氏染色（操作步骤参考本章第一节实验三十二），镜检为革兰氏阴性者应进行氧化酶试验。

4. 绿脓菌素试验　取可疑菌落 2～3 个，分别接种在绿脓菌素测定培养基上，置 36℃±1℃培养 24h±2h，加入氯仿 3～5ml，充分振荡使培养物中的绿脓菌素溶解于氯仿液内，待氯仿提取液呈蓝色时，用吸管将氯仿移到另一试管中并加入 1mol/L 的盐酸 1ml 左右，振荡后，静置片刻。如上层盐酸液内出现粉红色到紫红色时为阳性，表示被检物中有绿脓菌素存在。

5. 氧化酶试验　取一小块洁净的白色滤纸片置于灭菌平皿内，用无菌接种环挑取铜绿假单胞菌可疑菌落涂在滤纸片上，然后在其上滴加一滴新配制的 1%二甲基对苯二胺试液，在 15～30s 之内，出现粉红色或紫红色时，为氧化酶试验阳性；若不变色，为氧化酶试验阴性。

6. 硝酸盐还原产气试验　挑取可疑的铜绿假单胞菌纯培养物，接种在硝酸盐蛋白胨水培养基中，置 36℃±1℃培养 24h±2h，观察结果。凡在硝酸盐蛋白胨水培养基内的小倒管中有气体者，即为阳性，表明该菌能还原硝酸盐，并将亚硝酸盐分解产生氮气。

7. 明胶液化试验　取铜绿假单胞菌可疑菌落的纯培养物，穿刺接种在明胶培养基内，置 36℃±1℃培养 24h±2h，取出放置于 4℃±2℃冰箱 10～30min，如仍呈溶解状或表面溶解时即为明胶液化试验阳性；如凝固不溶者为阴性。

8. 42℃生长试验　挑取可疑的铜绿假单胞菌纯培养物，接种在普通琼脂斜面培养基上，置于 42℃±1℃培养箱中，培养 24～48h，铜绿假单胞菌能生长，为阳性，而近似的荧光假单胞菌则不能生长。

五、注意事项

1. 铜绿假单胞菌污染化妆品后，在十六烷基三甲基溴化铵培养基平板上的菌落形态可产生非典型形态。为防止漏检，在挑取疑似菌落时，宜取 2～3 个以上菌落，分别进行检验，以提高铜绿假单胞菌的检出率。

2. 绿脓菌素是铜绿假单胞菌鉴定的重要特征，但色素的产生受许多因素的影响，除菌株差异及变异外，培养条件是重要因素，温度、培养基成分等皆可影响色素产生。培养基中琼脂蛋白胨等应事先测试，选用适宜品牌，试验时并用阳性菌株作对照试验。

3. 明胶液化试验：在实验接种前，培养基应为固态，否则需将培养基置冰箱内使之凝固后，再穿刺接种。此外，实验应同时设未接种细菌的阴性对照管，与实验管同时培养并观察结果。

六、思考题

1. 铜绿假单胞菌形态特征和生化反应特点有哪些？
2. 如何证实化妆品被铜绿假单胞菌污染？

实验三十六　化妆品中金黄色葡萄球菌鉴定

一、实验目的

1. 学习和掌握金黄色葡萄球菌的鉴定程序。

2. 掌握细菌分离培养的基本技术。

二、实验原理

金黄色葡萄球菌在外界分布较广，为革兰氏阳性球菌，直径 0.8μm 左右，显微镜下排列成葡萄串状，无芽孢，无荚膜，能分解甘露醇，血浆凝固酶阳性。金黄色葡萄球菌营养要求不高，在普通培养基上生长良好，需氧或兼性厌氧，最适生长温度 37℃，最适生长 pH 为 7.4。平板上菌落厚、有光泽、圆形凸起，直径 1～2mm。血平板菌落周围形成透明的溶血环。金黄色葡萄球菌有高度的耐盐性，可在 10%～15% NaCl 肉汤中生长。可分解葡萄糖、麦芽糖、乳糖、蔗糖，产酸不产气。甲基红反应为阳性，伏-波反应弱阳性。许多菌株可分解精氨酸，水解尿素，还原硝酸盐，液化明胶。金黄色葡萄球菌抵抗力也较强，能引起人体局部化脓性病灶，严重时可导致败血症，因此化妆品中检验金黄色葡萄球菌有重要意义。

凡在上述选择平板上有可疑菌落生长，经染色镜检，证明为革兰氏阳性葡萄球菌，并能发酵甘露醇产酸，血浆凝固酶试验为阳性者，可报告被检样品检出金黄色葡萄球菌；如果分离的疑似菌落不发酵甘露醇，但血浆凝固酶试验为阳性也可断定为检出金黄色葡萄球菌。分离出的葡萄球菌疑似菌落，不发酵甘露醇、血浆凝固醇试验为阴性，判断未检出金黄色葡萄球菌。

三、仪器与试剂

1. 被检样品 市售膏霜乳液样品。

2. 器材 灭菌刻度吸管、小导管、试管、载玻片、酒精灯、三角瓶、高压灭菌锅、显微镜、离心机、恒温培养箱、恒温水浴箱。

3. 培养基配方

（1）SCDLP 液体培养基：配制方法见本章第二节实验三十三。

（2）营养肉汤

成分：	
蛋白胨	10g
氯化钠	5g
牛肉膏	3g
蒸馏水加至	1000ml

制法：将上述成分加热溶解，调 pH 为 7.4，分装，121℃高压灭菌 15min。

（3）7.5%的氯化钠肉汤

成分：	
蛋白胨	10g
氯化钠	75g
牛肉膏	3g
蒸馏水加至	1000ml

制法：将上述成分加热溶解，调 pH 为 7.4，分装，121℃高压灭菌 15min。

（4）Baird Parker 平板

成分：	
胰蛋白胨	10g
酵母浸膏	1g
牛肉膏	5g
丙酮酸钠	10g
甘氨酸	12g

氯化锂（$LiCl_6 \cdot H_2O$）	5g
琼脂	20g
蒸馏水	950ml

增菌剂的配制：30%卵黄盐水 50ml 与除菌过滤的 1%亚碲酸钾溶液 10ml 混合，保存于冰箱内。

制法：将各成分加到蒸馏水中，加热煮沸完全溶解，冷至 25℃±1℃，校正 pH=7.0±0.2。分装每瓶 95ml，121℃高压灭菌 15min。临用时加热溶化琼脂，每 95ml 加入预热至 50℃左右的卵黄亚碲酸钾增菌剂 5ml，摇匀后倾注平板。培养基应是致密不透明的。使用前在冰箱储存不得超过 48h±2h。

（5）血琼脂培养基

成分：营养琼脂	100ml
脱纤维羊血（或兔血）	10ml

制法：将营养琼脂加热融化，待冷至 50℃左右无菌操作加入脱纤维羊血，摇匀，制成平板，置冰箱内备用。

（6）甘露醇发酵培养基

成分：蛋白胨	10g
氯化钠	5g
甘露醇	10g
牛肉膏	5g
0.2%麝香草酚蓝溶液	12ml
蒸馏水	1000ml

制法：将蛋白胨、氯化钠、牛肉膏加到蒸馏水中，加热溶解，调 pH 为 7.4，加入甘露醇和指示剂，混匀后分装试管中，121℃灭菌 20min 备用。

（7）兔（人）血浆制备：取 3.8%柠檬酸钠溶液，121℃高压灭菌 30min，1 份加兔（人）全血 4 份，混匀静置；2000～3000 r/min 离心 3～5min。血球下沉，取上面血浆。

（8）液状石蜡：见本章第二节实验三十三。

四、操作步骤

1. 增菌　取1：10稀释的样品（方法见本章第二节实验三十三中供检样品的制备）10ml 接种到 90ml SCDLP 液体培养基中，置 36℃±1℃培养箱，培养 24h±2h。注：如无此培养基也可用 7.5%氯化钠肉汤。

2. 分离　自上述增菌培养液中，取 1～2 接种环，划线接种在 Baird Parker 平板培养基，如无此培养基也可划线接种到血琼脂平板，置 36℃±1℃培养 48h。在血琼脂平板上菌落呈金黄色，圆形，不透明，表面光滑，周围有溶血圈。在 Baird Parker 平板培养基上菌落为圆形，光滑，凸起，湿润，颜色呈灰色到黑色，边缘为淡色，周围为一浑浊带，在其外层有一透明带。用接种针接触菌落似有奶油树胶的软度。偶然会遇到非脂肪溶解的类似菌落，但无浑浊带及透明带。挑取单个菌落分纯在血琼脂平板上，置 36℃±1℃培养 24h±2h。

3. 染色镜检　挑取分纯菌落，涂片，进行革兰氏染色，镜检。金黄色葡萄球菌为革兰氏阳性细菌，排列成葡萄状，无芽孢，无荚膜，为致病性葡萄球菌，菌体较小，直径为 0.5～1mm。

4. 甘露醇发酵试验 取上述分纯菌落接种到甘露醇发酵培养基中，在培养基液面上加入高度为2～3mm的灭菌液状石蜡，置36℃±1℃培养24h±2h，金黄色葡萄球菌应能发酵甘露醇产酸。

5. 血浆凝固酶试验 吸取 1∶4 新鲜血浆 0.5ml，置于灭菌小试管中，加入待检菌24h±2h肉汤培养物0.5ml。混匀，置36℃±1℃恒温箱或恒温水浴中，每0.5h观察一次，6h之内如呈现凝块即为阳性。同时以已知血浆凝固酶阳性和阴性菌株肉汤培养物及肉汤培养基各0.5ml，分别加入无菌1∶4血浆0.5ml，混匀，作为对照。

五、注意事项

1. 生化鉴定如上述，注意与其他凝固酶阳性的葡萄球菌的鉴别要点：吡咯烷酮-*β*-萘基酰胺（PYR）试验为阴性；伏-波试验为阳性；鸟氨酸脱羧酶试验为阴性。

2. 免疫学方法用酶联免疫吸附试验和对流免疫电泳方法可检测金黄色葡萄球菌的磷壁酸抗体。

3. 分子生物学方法包括脉冲场凝胶电泳（PFGE）及酶切图谱分析等。

六、思考题

1. 金黄色葡萄球菌鉴定要点和检验方法是什么？

2. 怎样在金黄色葡萄球菌检测中减少假阳性的产生？

实验三十七 化妆品中霉菌和酵母菌鉴定

一、实验目的

1. 学习了解霉菌和酵母菌的检验原理。

2. 掌握霉菌和酵母菌的鉴定要点和检验方法。

二、实验原理

化妆品检样在一定条件下培养后，计算1g或1ml化妆品中所污染的活的霉菌和酵母菌数量，借以判明化妆品被霉菌和酵母菌污染程度及其一般卫生状况。本方法根据霉菌和酵母菌特有的形态和培养特性，在虎红培养基上，置28℃±2℃培养5日，计算所生长的霉菌和酵母菌数。

三、仪器与试剂

1. 器材 恒温培养箱（28℃±2℃），振荡器，三角瓶（250ml），试管（18mm×150mm），灭菌平皿（直径90mm），灭菌刻度吸管，10ml、100ml、200ml量筒，酒精灯，高压灭菌器，恒温水浴锅。

2. 被检样品 市售膏霜乳液样品。

3. 培养基配方

（1）生理盐水：配制方法见本章第二节实验三十三。

（2）虎红（孟加拉红）培养基

成分：蛋白胨 5g

葡萄糖	10g	
磷酸二氢钾	1g	
$MgSO_4 \cdot 7H_2O$	0.5g	
琼脂	20g	
1/3000 虎红溶液	100ml	（四氯四碘荧光素）
蒸馏水加至	1000ml	
氯霉素	100mg	

制法：将上述各成分（除虎红外）加入蒸馏水中溶解后，再加入虎红溶液。分装后，121℃高压灭菌 20min，另用少量乙醇溶解氯霉素，溶解过滤后加入培养基中，若无氯霉素，使用时每 1000ml 加链霉素 30mg。

四、操作步骤

1. 样品稀释　配制方法见本章第二节实验三十三中供检样品的制备。

2. 细菌培养　取 1∶10、1∶100、1∶1000 的检液各 1ml 分别注入灭菌平皿内，每个稀释度各用 2 个平皿，注入融化并冷至 45℃±1℃的虎红培养基，充分摇匀。凝固后，翻转平板，置 28℃±2℃培养 5 日，观察并记录。另取一个不加样品的灭菌空平皿，加入约 15ml 虎红培养基，待琼脂凝固后，翻转平皿，置 28℃±2℃培养箱内培养 5 日，为空白对照。

3. 计算方法　先点数每个平板上生长的霉菌和酵母菌菌落数，求出每个稀释度的平均菌落数。判定结果时，应选取菌落数在 5～50 个范围之内的平皿计数，乘以稀释倍数后，即为每克（或每毫升）检样中所含的霉菌和酵母菌数。其他范围内的菌落数报告应参照菌落总数的报告方法报告。每克（或每毫升）化妆品含霉菌和酵母菌数以 CFU/g（ml）表示。

五、思考题

1. 酵母菌的细胞结构有什么特点？
2. 霉菌孢子的颜色和着生状态有什么特点？

实验三十八　化妆品中微生物快速检测：聚合酶链式反应技术

一、实验目的

1. 了解传统微生物检测方法和快速检测方法的优缺点。
2. 掌握 PCR 检测化妆品中微生物的基本原理。

二、实验原理

PCR 技术的基本原理类似于 DNA 的天然复制过程，其特异性依赖于与靶序列两端互补的寡核苷酸引物。

PCR 由变性——退火—延伸 3 个基本反应步骤构成。①模板 DNA 的变性：模板 DNA 经加热至 94℃左右一定时间后，使模板 DNA 双链或经 PCR 扩增形成的双链 DNA 解离，使之成为单链，以便它与引物结合，为下轮反应做准备。②模板 DNA 与引物的退火（复性）：模板 DNA 经加热变性成单链后，温度降至 55℃左右，引物与模板 DNA 单链的互补序列配对结合。③引物的延伸：DNA 模板—引物结合物在 Taq 酶的作用下，以 dNTP 为反应原料，靶序列为模板，按碱基配对与半保留复制原理，合成一条新的与模板 DNA 链互补的半保留复制链。重复循环变性—退火—延伸 3 个过程，就可获得更多的“半保留复制链”，而且这种新链又可成为下次循环的模板。每完成一个循环需 2～4min，2～3h 就能将待扩目的基因扩增放大几百万倍。

三、仪器与试剂

1. 样品 市售膏霜乳液样品。

2. 器材 移液枪、离心管、离心管盒、细菌培养箱、立式全自动高压蒸汽灭菌器、PCR 扩增仪、标准比浊管、高速离心机、水平电泳槽、紫外凝胶成像系统。

3. 试剂 dNTP、Taq DNA 聚合酶、蒸馏水、双蒸水、10×PCR Buffer 缓冲液（含 Mg^{2+}）、引物、模板 DNA、琼脂糖、DL2000 DNA marker、胆硫乳培养基、普通琼脂培养基、麦康凯培养基、血琼脂培养基、氧化酶、革兰氏染色液、细菌基因组 DNA 纯化试剂盒。

四、操作步骤

1. 引物设计 从 GenBank 下载所有靶基因的序列，引物设计软件 Primer Premier5.0（自动搜索）、Oligo7（引物评价）、Vector NTI Suit、DNAsis、Omiga、DNAstar、Primer3（在线服务）。应用 Oligo7 软件进行序列比对，并截取最一致的序列设计、合成，引物序列如表 5-2 所示。

表 5-2 PCR 引物序列和扩增长度

菌种	引物序列（5′—3′）	扩增长度（bp）
真菌 18S	TCCGTAGGTGAACCTGCGG（F）	600
	TCCTCCGCTTATTGATATGC（R）	
肺炎克雷伯菌	TGGCCCGCGCCCAGGGTTCGAAA（F）	368
	GAGTTTGTTATCGCTTTTCAGCTGGTT（R）	
铜绿假单胞杆菌	GGCGTGGGTGTGGAAGTC（F）	65
	TGGTGAAGCAGAGCAGGTTCT（R）	
地衣芽孢杆菌	AGGTCAACTAGTTCAGTATGGACG（F）	580
	AAGAACCGTAACCGGCAACTT（R）	

2. 细菌的培养和基因组 DNA 的提取 将上述细菌接种于增菌液中进行增菌，再接种于选择性培养基上进行纯培养。挑单一菌落于 1ml 营养肉汤培养基中培养，5000r/min 离心 1min，收集菌体，用细菌 DNA 提取试剂盒分别提取 4 种菌的 DNA，–20℃保存备用，电泳观察。

3. 单重 PCR 扩增 PCR 反应体系（25μl） 10×PCR 缓冲液 2.5μl、引物对（10μmol/L）各 1μl、dNTPs（10mmol/L）2μl、Taq DNA 聚合酶（5U/μl）0.5μl、模板 DNA 2μl、双蒸水 16μl。PCR 反应条件：94℃ 3min；94℃ 60s，60℃ 45s，72℃ 30s，35 个循环；72℃ 7min，4℃保存反应产物。

4. 4 种菌人工感染灵敏度检测 利用活菌计数法，经营养琼脂固体培养基培养 24h，用生理盐水洗下，用标准比浊管制成 10×10^8/ml，然后做 10 倍连续稀释，1ml 含菌量约为 1×10^9、1×10^8、1×10^7、1×10^6、1×10^5、1×10^4、1×10^3、1×10^2、1×10^1，共做 10 个稀释度，每个稀释度取 0.3ml，接种 2 块平板，每个平板 0.1ml，涂匀。然后将平板置于 37℃

温箱中培养，24h观察菌落数，菌落数在30～300的为有效值，计算每个稀释度2个平板的平均菌落数，进而得出菌落形成单位。

5. 多重PCR反应体系的建立及优化 将以上4对引物进行两两组合及三者组合，以相应的纯菌基因组DNA混合作为模板进行PCR反应，验证多重PCR反应的特异性及引物之间的相互作用，并调整反应体系中各菌的引物浓度和模板浓度，优化多重PCR的反应体系，反应程序同上。对于三重PCR反应条件的优化，为了确定三重PCR反应的最适退火温度，4对引物同时加入，以铜绿假单胞杆菌、肺炎克雷伯菌、地衣芽孢杆菌的混合DNA作为模板，在55.7℃、56.4℃、57.2℃、58.1℃、58.9℃、59.8℃、60.6℃和61.3℃的退火温度下进行三重PCR扩增，确定其最佳退火温度；为了反应体系的优化，需作4对引物、Buffer（Mg^{2+}）4个因素进行L9（34）正交优化。根据电泳检测结果，确定以上因素的最佳添加量。

五、注意事项

1. 由于PCR反应灵敏度很高，因此要特别注意防止DNA污染的发生。特别是将PCR技术应用到临床病原菌感染确定时，样品间的相互污染可能产生假阳性结果。

2. 试剂购回后应分装成小份使用，这样一旦有污染发生，可以立即丢弃污染的试剂，不会造成大的损失；试剂分装也有助于减少反复冻融次数（如dNTPs对反复冻融敏感）。

3. 加完所有试剂后用枪头吹打几次或稍微涡旋或轻弹管壁以保证充分混匀。

4. 使用阴性对照检查污染的发生和阳性对照（能良好扩增的样本）。

5. 电泳时使用DNA分子量标准品（指示是否PCR失败或条带跑出凝胶或拍照系统失败）。

6. 当扩增很长的、GC含量高的模板时或容易产生二级结构的模板时适量使用添加剂（甲酰胺，NMP使变性和退火温度降低几度；甘油也可起到稳定聚合酶活性的作用；DMSO减少二级结构的发生，并通过减弱非特异性引物结合的稳定性，提高反应的特异性）。

7. 不使用带有自动除霜功能的冰箱存储酶（避免反复冻融），每次取酶时都使用新的枪头酶，酶使用后应立即放回冰箱。酶要在加完缓冲液后再加，直接将酶加入水中可能导致酶变性失活。

8. PCR产物的电泳检测时间，一般为48h以内，有些最好于当日电泳检测，大于48h后带型不规则甚至消失。

六、思考题

1. 化妆品中微生物快速检测技术有哪些？简述其优缺点。

2. PCR检测化妆品中微生物的原理是什么？

第六章

化妆品毒理性实验

“化妆品”这一常用术语包含了种类繁多的物质和制品，在大多数情况下，化妆品配方比较复杂，含有许多种成分，其中包含有天然来源的或化学合成或半合成的物质。不论何种类型的化妆品，我们必须保证化妆品不能使使用者发生不良反应，我们在全面评价化妆品功效性的同时，应该首先将其安全性放在首位。因此，生产者必须对正常和可预见使用条件下可能发生的风险进行毒理性的评价，假如产品会引起不良反应，我们应该对其有效控制和改进。

我们使用化妆品时，可能引起的不良反应主要多见于：皮肤刺激、眼部刺激、皮肤致敏、光毒性及全身毒性。一般来说，针对化妆品的原料和成品均应进行毒理性实验。化妆品的原料的毒理学安全性评价流程：危害识别，剂量反应关系，暴露评价及风险表征。本章内容重点讨论对化妆品成品的毒理性评价。化妆品根据其使用目的，可以分为普通用途类和特殊用途类化妆品。不管是化妆品的原料和成品，一般均有一套完整毒理性实验安全检验项目。

本章着重对化妆品进行毒理性实验进行说明，共分 18 个实验，分别对化妆品的急性毒性试验等进行介绍。

第一节　化妆品急性毒性试验

实验三十九　化妆品急性经口毒性试验

一、实验目的

1. 了解受试物急性毒性的剂量-反应关系与中毒特征。
2. 熟悉化妆品急性经口毒性的测试方法。
3. 熟练使用半数致死量（LD_{50}）法对化妆品的急性经口毒性进行评价。

二、实验原理

急性经口毒性是指一次或在 24h 内多次经口给予实验动物受试物后，动物在短期内出现的健康损害效应。有的化合物在实验动物接触受试物致死剂量的几分钟之内，就可发生中毒症状，甚至死亡。而有的化合物则在几日后才显现中毒症状和死亡，即迟发死亡。“一次”是指瞬间经口给予受试物进入实验动物体内，在一个规定的时间段内使实验动物持续接触受试物的过程。“多次”是指受试物的毒性比较低时，即使一次给予实验动物最大的剂量，仍未观察到毒性反应，从而需要 24h 多次给予受试物，以达到规定的限制剂量。

经口摄入时，整个消化道均吸收。尽管胃仅有少量的交换表面，但胃丰富的血管网则加大了吸收量，使其仍然与肠道一同成为主要的吸收区域。吸收的水平与物质的亲脂性和极性有关，有时还需要活性载体帮助吸收。胞饮过程亦可以使偶氮染料或聚乙烯等特殊的分子穿过细胞内。

目前，急性毒性试验一般分两类，一类是以死亡为毒性终点的经典试验，主要求 LD_{50}，另一类是不以死亡为观察终点的试验，主要可以用来评价受试物对靶器官的毒性和得到非致死性不良反应的数据。

三、仪器与试剂

1. **仪器**　灌胃器，电子天平，吸管，容量瓶，烧杯，棉棒，1ml 注射器，组织剪，眼科镊，鼠笼。

2. **试剂**　苦味酸，蒸馏水，化妆品受试物。

3. **受试物**　液体受试物直接应用，固体受试物应溶解于介质中，建议首选水，或者玉米油及羧甲基纤维素等。

4. **实验动物**　首选昆明小鼠。实验前动物要在实验动物房环境中至少适应 3～5 日。实验动物及实验动物房应符合国家相应规定。选用标准配合饲料，饮水不限制。

5. **剂量水平**　根据受试物的化学结构和理化性质，包括与受试物结构及理化性质相近似的其他化学物毒性资料（LD_{50}），以及预实验的结果，设定受试物的预期毒性中间剂量组的参考值，再上下各推 1～2 个剂量组，共设立 5 个受试物剂量组别进行实验。

四、操作步骤

1. 实验前，小鼠禁食过夜，不限制饮水。灌胃给药后 2～3h 恢复正常饮食。

2. 小鼠 50 只（18～22g），雌雄各半，称重，编号，随机分为 5 个剂量组，每组动物为 10 只。然后对各组小鼠采用灌胃法给药。一般小鼠的灌胃量为 0.2～1ml。各剂量组小鼠给予受试物为 10ml/kg。每次经口给药的最大容量取决于给药容量，一般为 1ml/100g，水溶液可至 2ml/100g。如果受试物毒性很低，可直接采用一次限量法，即用 10 只小鼠，灌胃给药 5000mg/kg 体重剂量，若未引起动物死亡，可考虑不再进行多个剂量的急性经口毒性实验。如若考虑一次给予容量太大，也可在 24h 内分 2～3 次给药，但要合并为一次剂量计算。若采用分批多次给药，根据给药间隔长短，必要时可给小鼠一定量的食物和水。

3. 给药后，对每只小鼠都应有单独全面的记录。给药第 1 日要定时观察小鼠的中毒表现和死亡情况，其后至少每日进行一次仔细地检查。详细记录被毛、皮肤、眼睛和黏膜、呼吸、循环、自主神经和中枢神经系统、肢体活动和行为等改变。特别注意是否出现震颤、抽搐、流涎、腹泻、嗜睡和昏迷等症状。如出现中毒作用体征，要详细记录其出现和消失的时间和死亡时间。

4. 观察时间一般为 14 日，但要根据小鼠中毒反应的严重程度、症状出现快慢和恢复期长短而适当增减。若有死亡延迟现象，可延长观察时间。观察期内存活动物每周称重，观察期结束存活的实验小鼠称重后处死以进行尸检。

5. 对小鼠进行大体解剖学检查，并记录全部大体病理改变。对死亡和存活 24h 及 24h 以上小鼠存在大体病理改变的器官应进行病理组织学检查。

6. 测定 LD_{50}，建议采用一次最大限度法、霍恩法、上-下法、概率单位-对数图解法和寇氏法等。

7. 实验结果评价：主要综合 LD_{50} 计算结果、观察到的毒性反应和尸检结果考虑。LD_{50} 是化妆品受试物毒性分级的重要依据。LD_{50} 的最后计算结果，应注明所用实验动物的种属、性别、给药途径、观察期等。评价毒性反应包括灌胃给药后实验动物出现的异常表现，包

表 6-1 经口毒性分级

LD_{50}（mg/kg）	毒性分级
≤50	高毒
51～500	中等毒
501～5000	低毒
＞5000	实际无毒

括行为和临床改变、大体损伤、体重变化、致死效应及其他毒性作用的发生率和严重程度之间的关系。毒性分级见表 6-1。

8. 实验结果的解释：通过急性经口毒性试验和 LD_{50} 的测定可评价受试物的毒性，并对其进行急性毒性分级。

五、注意事项

1. 溶液抽取剂量要准确，灌胃器要确保插入胃内，确保灌胃剂量的准确性。
2. 各剂量组间距大小应兼顾产生毒性大小和死亡为宜。
3. 灌胃时，推进的速度不能过快，以免动物将药液呕出。

六、思考题

1. 除 LD_{50} 外，化妆品急性毒性的评价方法还有哪些？这些方法各自的优、缺点何在？
2. 如何评价 LD_{50} 在毒性试验中的意义？

实验四十　化妆品急性经皮毒性试验

一、实验目的

1. 掌握小鼠动物实验的基础操作。
2. 熟悉化妆品急性经皮毒性的测试方法。
3. 熟练使用 LD_{50} 法对化妆品的急性经皮毒性进行评价。

二、实验原理

皮肤是机体和外界接触的天然屏障，可以防止有害物质的入侵，也是化妆品经皮吸收和发挥功效作用的主要途径。同时，经皮吸收也是化妆品暴露的评估基础，特别是化妆品的原料和其活性物质，如着色剂、防腐剂及紫外线过滤剂等。皮肤接触化妆品中受试物后，化妆品中含有的原发性刺激物刺激皮肤神经末梢血管扩张、渗出进而产生相应的可逆性的炎症反应。根据反应的强弱记录反应积分，评价受试物的反应强度。

急性皮肤毒性是指经皮一次涂敷受试物后，动物在短时间内出现的损害效应。经皮 LD_{50} 指的是经皮一次涂敷受试物后，引起实验动物总体中半数死亡的毒物的统计学剂量。以单位体重涂敷受试物的重量（mg/kg 或 g/kg）来表示。确定受试物是否经皮肤吸收，以及吸收后短时间内是否产生的毒性反应，可以为化妆品原料毒性分级及确定亚慢性毒性试验和其他毒理学试验剂量提供依据。

三、仪器与试剂

1. **仪器**　体重秤，组织剪，烧杯，棉签，纱布，无刺激性胶布，手电筒等。

2. **试剂**　蒸馏水，脱毛剂（10%硫化钠），化妆品受试物等。

3. **受试物**　液体受试物一般不需稀释。若受试物为固体，应研磨成细粉状，并用适量水或者其他介质混匀，以保证受试物与皮肤有良好的接触。

4. **实验动物**　首选家兔（2～3kg），雌雄不限，注意皮肤应健康完整无破损。实验前动物要在实验动物房的环境中至少适应3～5日时间。实验动物及实验动物房应符合国家相应规定。选用标准配合饲料，饮水不限制。

四、操作步骤

1. 实验开始前24h，剪去家兔躯干背部被毛，再用10%硫化钠去掉微绒毛。去毛时注意不要损伤皮肤，以免影响皮肤的通透性。一般根据家兔体重确定涂皮面积，涂皮面积约占家兔体表面积的10%。一般体重为2～3kg的家兔涂药面积为160～210cm^2。

2. 取家兔50只，雌雄不限。称重随机分成5个受试物剂量组，每组10只。各受试物剂量组间距应以兼顾产生毒性大小和死亡为宜进行预试。将受试物均匀涂敷于家兔背部皮肤，涂敷尽可能薄而均匀，然后用一层薄纱布覆盖，无刺激性胶布固定6h，防止家兔舔食。若受试物毒性较高，可减少涂敷面积。如果受试物毒性很低，可采用一次限量法，即用10只家兔，皮肤涂抹2000mg/kg体重剂量，如果没有引起家兔死亡，可考虑不再进行多个剂量的急性经皮毒性试验。

3. 给药结束后，用水清除残留受试物。

4. 观察期一般为14日，但要根据动物中毒反应的严重程度、症状出现快慢和恢复期长短而作适当增减。若有延迟死亡迹象，可考虑延长观察时间。

5. 每只家兔都应有单独记录，每日定时进行一次仔细地检查，观察家兔的中毒表现和死亡情况，还包括被毛和皮肤、眼睛和黏膜，以及呼吸、循环、自主神经和中枢神经系统、肢体运动和行为活动等的改变，或者家兔是否出现震颤、抽搐、流涎、腹泻、嗜睡和昏迷等症状。死亡时间需要记录，同时要进行解剖，尽可能确定其死亡原因。观察期内存活家兔每周称重，观察期结束存活家兔称重后，处死进行解剖。

6. 对家兔进行大体解剖学检查，并记录全部大体病理改变。对死亡和存活24h及24h以上家兔，如果解剖后存在大体病理改变的器官，应对器官进行病理组织学检查。

7. 测定LD_{50}，建议采用一次最大限度试验法、霍恩法、上-下法、概率单位-对数图解法和寇氏法等。

8. 实验结果评价：评价实验结果时，综合考虑LD_{50}、毒性效应和解剖大体病理改变器官所见，但LD_{50}是受试物毒性分级的重要依据。标注LD_{50}时一定要注明所用家兔的种属、性别、染毒途径、观察期等。评价的内容包括家兔接触受试物与后出现的家兔异常表现，包括行为和临床改变、大体解剖损伤、体重变化、致死效应及其他毒性作用的发生率和严重程度之间的关系。毒性分级见表6-2。

表6-2　皮肤毒性分级

LD_{50}（mg/kg）	毒性分级
<5	剧毒
5～44	高毒
44～350	中等毒
350～2180	低毒
≥2180	微毒

五、注意事项

1. 脱毛时注意不要损伤皮肤，以免影响皮肤的通透性。

2. 选用介质溶解固体的要求必须为无毒、无刺激性、不影响受试物穿透皮肤、不与受试物反应的。

六、思考题

1. 若受试物为固体，选用介质溶解固体的要求是什么？常用的介质有哪些？
2. 急性皮肤毒性试验原理是什么？
3. 家兔的皮肤中毒表现有哪些？

第二节 化妆品刺激试验及腐蚀性试验

实验四十一 化妆品急性皮肤刺激试验及腐蚀性试验

一、实验目的

1. 掌握评价化妆品急性皮肤刺激、腐蚀性的实验设计原则和实验步骤。
2. 熟练使用评分法确定化妆品受试物对动物的急性皮肤刺激和腐蚀性。
3. 评价实验动物的皮肤受损的程度，为制订化妆品受试物对皮肤的保护措施提供依据。

二、实验原理

皮肤是物理性屏障，但外部和内部的各种因素导致毒物侵入亦可能引起全身性的中毒。急性皮肤刺激性是指涂敷受试物后局部产生的可逆性的急性炎性变化。皮肤腐蚀性是指皮肤涂敷受试物后局部引起的不可逆性组织损伤。化学毒物可经过毛囊、汗腺、皮脂腺迅速吸收，但是吸收量有限，毒物遇到的第一屏障是表皮和角质层，只有小的极性分子可以通过，而非极性分子脂溶性弥散扩散。黏膜没有角质层，故毒物的穿透性要快得多。皮肤刺激初期仅仅出现主观反应，并无明显可见的改变。随后，可能出现临床症状，如出现红斑、水肿、成片水疱、大水疱及渗出；慢性长期的刺激主要表现为红肿、苔藓化、表皮脱落、脱屑和角化过度。

影响经皮吸收的因素取决外源性化合物理化性质与皮肤接触的密切条件。首先是接触部位，从前额、腋窝、头皮、背部、腹部、手掌到足掌经皮吸收依次减少。其次是年龄和性别，一般来说，新生儿的皮肤渗透性比成人大，女性比男性皮肤渗透性大。最后是皮肤的完整性，损伤部位的皮肤渗透性明显高于完整性的皮肤，当最外层的皮肤受到损伤时，经皮吸收量增加数百倍。此外皮肤的温度、湿度、遗传背景、pH 等亦会影响刺激发生的进程。冬季的低湿度和低温度会减少角质层水的含量进而增加了刺激的反应。白色的皮肤对所有类型的刺激物反应最敏感，而黑色皮肤是最具抵抗性的。

三、仪器与试剂

1. **仪器** 体重秤，组织剪，烧杯，棉签，无菌纱布，无刺激性胶布等。
2. **试剂** 化妆品受试物；10%硫化钠，蒸馏水等。
3. **受试物** 液体受试物可直接使用原液。若受试物为固体，应将其研磨成细粉状，并用水或其他无刺激性溶剂溶解。
4. **实验动物** 首选家兔。注意保持皮肤无损伤性。实验动物单笼饲养，避免抓伤。实验前动物要在实验动物房的环境中至少适应 3 日。

四、操作步骤

1. 家兔单次皮肤刺激试验

（1）实验前将家兔 4 只，雌雄不限，随机分为受试物剂量组和阴性对照组，每组 2 只。将家兔背部两侧毛剪掉，10%硫化钠脱毛后，左、右背部的去毛面积各约 3cm×3cm，涂抹面积约 2.5cm×2.5cm。

（2）取受试物和阴性对照物约 0.5ml（g）直接涂在皮肤上，用轻薄纱布覆盖 4h，再用无刺激性胶布固定，另一侧皮肤作为对照。若化妆品为冲洗类用品，可仅覆盖 2h。受试物为强酸或强碱（pH≤2 或≥11.5），可以不再进行皮肤刺激试验。此外，若已知受试物有很强的经皮吸收毒性，经皮 LD_{50} 小于 200mg/kg 体重或在急性经皮毒性试验中受试物剂量为 2000mg/kg 体重仍未出现皮肤刺激性作用，也无需进行急性皮肤刺激试验。实验结束后用温水清除残留受试物。

（3）如怀疑受试物可能引起严重刺激或腐蚀作用，可采取分段试验，取涂有受试物的 3 块纱布块同时敷贴在另一只家兔背部脱毛区的皮肤上，分别在涂敷后的 3min、60min 和 4h 3 个时间点取下一块纱布，皮肤涂敷部位在任一时间点出现腐蚀作用，即可停止试验。

（4）于 1h、24h、48h 和 72h 4 个时间点观察涂抹部位皮肤反应，按照表 6-3 对其进行皮肤反应评分，根据受试动物积分的平均值进行综合评价，根据 24h、48h 和 72h 3 个时间点的最高积分均值，再按表 6-3 判定皮肤刺激强度。

（5）观察时间一般为 14 日。

表 6-3 家兔皮肤刺激反应评分

皮肤反应	积分
红斑和焦痂形成	
无红斑	0
轻微红斑（勉强可见）	1
明显红斑	2
中度～重度红斑	3
严重红斑（紫红色）至轻微焦痂形成	4
水肿形成	
无水肿	0
轻微水肿（勉强可见）	1
轻度水肿（皮肤隆起轮廓清楚）	2
中度水肿（皮肤隆起约 1mm）	3
重度水肿（皮肤隆起超过 1mm，范围扩大）	4
最高积分	8

2. 家兔多次皮肤刺激试验步骤

（1）实验前将家兔 4 只，雌雄不限，随机分为受试物剂量组和阴性对照组，每组 2 只。将其背部两侧被毛剪掉，10%硫化钠脱毛后，去毛面积约为 3cm×3cm，涂抹面积约 2.5cm×2.5cm。

（2）取受试物约 0.5ml（g）涂抹在一侧皮肤上，每日涂抹 1 次，连续涂抹 14 日，另一侧作为阴性对照物。下一次涂药前，必要时可剪毛，1h 后观察结果，然后用水清除残留受试物，按表 6-3 评分，阴性对照区和受试物区同样处理。

（3）结果评价：按式（6-1）计算每日每只家兔平均积分后，以表 6-4 判定皮肤刺激强度。

$$每日每只家兔平均积分=\frac{红斑积分+水肿积分}{受试动物数}\bigg/14 \qquad (6-1)$$

表 6-4 家兔皮肤刺激强度分级

积分均值	强度
0～0.5	无刺激性
0.5～2.0	轻刺激性
2.0～6.0	中刺激性
6.0～8.0	强刺激

五、注意事项

1. 注意保持家兔皮肤完整性，无损伤性。

2. 急性皮肤刺激试验结果从动物外推到人的可靠性有限。白色家兔在大多数情况下对有刺激性或腐蚀性的物质较人类敏感。

六、思考题

1. 引起皮肤刺激的因素主要有哪些？
2. 急性皮肤刺激试验发生机制可能是什么？
3. 急性皮肤刺激的表现主要有哪些？

实验四十二　化妆品急性眼刺激试验及腐蚀性试验

一、实验目的

1. 熟悉化妆品原料急性眼刺激、腐蚀性的评价方法。
2. 熟练评价化妆品原料对实验动物眼睛和黏膜受损的程度。

二、实验原理

眼睛是最容易接触化妆品的器官和部位之一，所以眼刺激性评价是化妆品原料及产品安全性评价指标的主要内容。其常见的毒性反应表现为眼部疼痛、刺痛、灼热、眼睑眨动、泪液增多，严重的话引起不同程度的功能损失，如角膜混浊水肿，甚至视力下降。

眼睛刺激性是指眼球表面接触受试物后所产生的可逆性炎性变化。眼睛腐蚀性是指眼球表面接触受试物后所产生的不可逆性炎性变化。眼部损伤的程度主要取决于化学物质本身的性质或特性，以及化学物质的浓度。酸碱常常引起眼睛的速发反应，而一些化学物质的作用最初看起来是轻微的，但在一段时间后变得很严重，如一些表面活性剂中的杂质二甲（基）胺。

眼部的损伤是可逆还是不可逆的变化，主要取决于损伤的程度和再生或修复的程度。只发生在角膜上皮的损伤可以很快修复，常常不伴有永久性损伤，但是如果损伤扩展到上皮细胞基膜及基质的部分，会出现角膜溃疡。

三、仪器与试剂

1. 仪器　体重秤，组织剪，烧杯，注射器等。

2. 试剂　化妆品受试物，荧光素钠，手电筒等。

3. 受试物　液体受试物一般不需稀释，可直接使用原液。若受试物为固体或颗粒状，应将其研磨成细粉状，用无刺激的介质溶解。

4. 实验动物　首选家兔（体重 2～3kg）。实验前动物要在实验动物房的环境中至少适应 3 日。在实验开始前的 24h 内要对实验动物的两只眼睛进行检查（使用荧光素钠检查）。有眼睛刺激症状、角膜缺陷和结膜损伤的动物不能用于实验。实验动物及实验动物房应符合国家相应规定。选用常规饲料，饮水不限制。

四、操作步骤

1. 家兔 4 只，雌雄不限，实验前，用组织剪将家兔睫毛剪短，轻轻拉开一侧眼睛的下眼睑，成杯状。将受试物 0.1ml（100mg）滴入（或涂入）结膜囊中，使上、下眼睑闭合 1s，按压鼻泪管以防止受试物丢失。另一侧眼睛不处理作自身对照。滴入受试物后 24h 内不冲洗眼睛。受试物为强酸或强碱（pH≤2 或≥11.5），或已证实对皮肤有腐蚀性或强刺激性时，可以不再进行眼刺激性试验。

2. 若上述实验结果显示受试物有刺激性，需另选用 3 只家兔进行冲洗试验，即给家兔眼滴入受试物 30s 后，用足量、流速较快的水流冲洗至少 30s，再做观察判断。

3. 临床检查和评分：在滴入受试物后 1h、24h、48h、72h 及第 4 日和第 7 日对动物眼睛进行检查，主要记录包括角膜、虹膜、结膜部位。如果 72h 未出现刺激反应，即可终止实验。如果发现累及角膜或有其他眼刺激作用，7 日内不恢复者，为确定该损害的可逆性或不可逆性，需延长观察时间，一般不超过 21 日，并提供 7 日、14 日和 21 日的观察报告。除了对角膜、虹膜、结膜进行观察外，身体其他部位的损害效应也应记录。每次记录要按表 6-5 眼睛损害的评分标准，记录眼刺激反应的积分。在 24h 观察和记录结束后，用荧光素钠对所有动物眼睛作进一步检查。

4. 对用后冲洗的产品（如洗面奶、洗发用品、育发冲洗类）只需要做 30s 冲洗试验，即滴入受试物后，眼闭合 1s，待到第 30s 时，用足量、流速较快但又不会引起动物眼损伤的水流冲洗 30s，然后按表 6-5 进行检查和评分。

5. 对染发剂类产品，只做 4s 冲洗试验，即滴入受试物后，眼闭合 1s，待到第 4s 时用足量、流速较快的水流冲洗 30s，然后按表 6-5 进行检查和评分。

表 6-5　眼损害的评分标准

眼损害	积分
角膜：混浊（以最致密部位为准）	
无溃疡形成或混浊	0
散在或弥漫性混浊，虹膜清晰可见	1
半透明区易分辨，虹膜模糊不清	2
出现灰白色半透明区，虹膜细节不清，瞳孔大小勉强可见	3
角膜混浊，虹膜无法辨认	4
虹膜：正常	0
皱褶明显加深，充血、肿胀、角膜周围有中度充血，瞳孔对光反应仍存在	1
出血、肉眼可见破坏，对光无反应（或出现其中之一反应）	2
结膜：充血（指睑结膜、球结膜部位）	
血管正常	0
血管充血呈鲜红色	1
血管充血呈深红色，血管不易分辨	2
弥漫性充血呈紫红色	3
水肿：无	0
轻微水肿（包括瞬膜）	1
明显水肿，伴有部分眼睑外翻	2
水肿至眼睑近半闭合	3
水肿至眼睑大半闭合	4

6. 结果评价：动物角膜、虹膜或结膜在 24h、48h 和 72h 3 个时间观察点的刺激反应积分的均值和恢复时间评价，主要按表 6-6 进行眼刺激反应分级，评价受试物对眼的刺激强度。

表 6-6　化妆品受试物的眼刺激反应分级

可逆眼损伤	2A 级（轻刺激性）：2/3 动物的刺激反应积分均值：角膜混浊≥1；虹膜≥1；结膜充血≥2；结膜水肿≥2 和上述刺激反应积分在≤7 日完全恢复
	2B 级（刺激性）：2/3 动物的刺激反应积分均值：角膜混浊≥1；虹膜≥1；结膜充血≥2；结膜水肿≥2 和上述刺激反应积分在<21 日完全恢复
不可逆眼损伤	存在任何 1 只实验动物在试验期间没有完全恢复物的角膜、虹膜和（或）结膜刺激反应；2/3 动物的刺激反应积分均值：角膜混浊≥3 和（或）虹膜>1.5

注：当角膜、虹膜、结膜积分为 0 时，可判为无刺激性，无刺激性和轻刺激性之间的为微刺激性

实验动物角膜、虹膜或结膜在 24h、48h 或 72h 时间观察点的刺激反应的最高积分均值和恢复时间评价，主要按照表 6-7 眼刺激反应分级，评价受试物对眼的刺激强度。

表 6-7　化妆品受试物的眼刺激反应分级

可逆眼损伤	微刺激性	动物的角膜、虹膜积分=0；结膜充血和（或）结膜水肿积分≤2，且积分在<7 日内降至 0
	轻刺激性	动物的角膜、虹膜、结膜积分在≤7 日降至 0
	刺激性	动物的角膜、虹膜、结膜积分在 8～21 日内降至 0
不可逆眼损伤	腐蚀性	动物的角膜、虹膜和（或）结膜积分在第 21 日时>0 2/3 动物的眼刺激反应积分：角膜混浊≥3 和（或）虹膜=2

注：当角膜、虹膜、结膜积分为 0 时，可判为无刺激性

五、注意事项

有眼睛刺激症状、角膜缺陷和结膜损伤的动物不能用于实验。

六、思考题

1. 眼损害的评分标准是什么？
2. 眼刺激反应的标准是什么？
3. 眼睛的常见毒性反应有哪些？

实验四十三　化妆品鸡胚绒毛尿囊膜试验

一、实验目的

1. 熟悉化妆品引起人类皮肤刺激性的评价方法。
2. 熟练采用鸡胚绒毛尿囊膜试验评价化妆品的皮肤刺激性。

二、实验原理

绒毛尿囊膜（chorioallantoic membrane，CAM）试验是眼刺激性试验替代方法中广泛使用的模型之一。鸡胚绒毛尿囊膜是鸡胚的一种体外循环系统，具有丰富血管的完整组织，利用绒毛尿囊膜与结膜结构相似的特性，通过观察绒毛尿囊膜暴露于化学物质后血管的变

化（充血、出血、凝血），检测化妆品受试物对绒毛尿囊膜的损失，从而评价化妆品受试物的可能存在的刺激性。

评价化妆品皮肤刺激性，传统多采用家兔眼睛刺激实验，将化合物涂抹在动物的皮肤上，观察其变化情况。此方法费时、费力，且给动物带来一定的痛苦。在日常检测工作中面膜类和眼部护肤类产品可用绒毛尿囊膜法完全替代动物试验。对于洗面奶类、染发类、烫发类和洗发类的产品，只适宜作为筛选试验。

三、仪器与试剂

1. 仪器　检卵灯，记号笔，磨卵器，滴管，眼科剪，眼科镊，橡皮乳头管，分光光度计，滤纸。

2. 试剂　碘酒，乙醇，甲酰胺，无菌生理盐水，台盼蓝磷酸盐染色液（pH=7.4），蒸馏水。

3. 受试物　液体受试物可直接使用原液。若受试物为固体，应将其研磨成细粉状，并用水或其他无刺激性溶剂溶解。

4. 实验动物　鸡胚（50～60g）4 个。

四、操作步骤

1. 取 10～13 日龄的鸡胚 4 个，将其随机分为实验组和空白对照组，各 2 个。在鸡胚检卵灯下，标记气室及胎位，并在胎位附近无大血管处画一处记号。

2. 用碘酒、乙醇消毒气室顶部和记号处，然后在气室顶部钻一个小孔，同时用磨卵器在记号处将卵壳磨一个和纵轴平行的裂痕，勿伤及壳膜。

3. 将鸡胚平放，用眼科剪将裂痕处卵壳去掉，不伤及壳膜，同时亦不能伤及下面的绒毛尿囊膜，滴加一滴无菌的生理盐水在鸡胚壳膜上。

4. 用橡皮乳头管从气室端小孔处缓缓将气室内空气吸去，造成气室负压，此时可见生理盐水下沉，绒毛尿囊膜下陷，在鸡胚壳膜与尿囊膜之间形成人工气室。

5. 用眼科镊轻轻地揭开人工气室上的壳膜，暴露该处的绒毛尿囊膜血管。将 100μl 或 0.1g 的受试物均匀涂布在直径为 1.5cm 的实验组滤纸上，空白对照组滤纸上则加入相对应的无菌生理盐水，分别接触 20s，立即用 5ml 温热蒸馏水冲洗并计算时间，观察 5min 内绒毛尿囊膜血管变化反应并评分。

6. 观察 5min 结束后，进行 0.1%台盼蓝磷酸盐 0.5ml 染色 1min，再用蒸馏水冲洗 20s，剪去绒毛尿囊膜血管（d=1.5cm），染色的膜用甲酰胺 5ml 萃取过夜，萃取液在分光光度计 595mm 处测定吸光值（A）。

7. 反应的描述与计算。充血：指血管变粗，动脉肿胀，不易见到小动脉呈现出来。出血：指绒毛尿囊膜血管壁不再光滑，出现絮状的弥散性或点状出血。凝血：血管内血流缓慢，血管呈现棕黑色，血管壁变硬。

观察每个反应出现的时间，并按式（6-2）计算刺激评分值（IS），最后进行统计分析：

$$IS=[(301-t_1)\times 5+(301-t_2)\times 7+(301-t_3)\times 9]/300 \qquad (6-2)$$

式中，t_1——充血发生的时间；t_2——出血发生的时间；t_3——凝血发生的时间。

计算 3 次重复试验的均值，将刺激评分分为 4 个等级：当累计分的分值分别为 0.9～1、1～4.9、5～8.9、9～21 时，刺激分别为实际无刺激、轻刺激、中刺激、强刺激。

五、注意事项

用眼科剪去掉卵壳时，勿伤及壳膜及下面的绒毛尿囊膜。

六、思考题

1. 简述鸡胚绒毛尿囊膜试验的实验过程。
2. 简述鸡胚绒毛尿囊膜试验的实验原理。
3. 在评价皮肤刺激试验时，鸡胚绒毛尿囊膜试验与眼刺激试验有什么不同之处？

第三节　化妆品皮肤变态反应体外试验

实验四十四　化妆品皮肤变态反应试验

一、实验目的

1. 熟悉化妆品皮肤变态反应的试验设计原则和实验步骤。
2. 能准确判断化妆品及其原料哺乳动物的皮肤变态反应程度。

二、实验原理

当化妆品受试物穿入皮肤后，首先激活皮肤的非特异免疫系统，主要是由多形核细胞和巨噬细胞所传入的颗粒。随之是特异性免疫反应，即由 T 淋巴细胞介导的细胞免疫和由 B 细胞介导的体液免疫。B 细胞转化为浆细胞后合成抗体。这两种免疫反应均需要其他细胞的参与，如淋巴样细胞，尤其是抗原递呈细胞。最后由具有免疫记忆功能的淋巴细胞形成了免疫记忆。在皮肤中，还有郎格汉斯细胞、角质细胞、肥大细胞等细胞，也承担着重要的免疫学功能。

皮肤变态反应是皮肤对一种物质产生的免疫原性皮肤反应。在人类，这种反应可能以瘙痒、红斑、丘疹、水疱、融合水疱为特征。动物的反应不同，可能只见到皮肤红斑和水肿。其过程主要为诱导接触、诱导阶段及激发接触。诱导接触指机体通过接触受试物而诱导出过敏状态的试验性暴露。诱导阶段指机体通过接触受试物而诱导出过敏状态所需的时间，一般至少一周。激发接触是指机体接受诱导暴露后，再次接触受试物的试验性暴露，以确定皮肤是否会出现变态反应。皮肤变态反应试验是指实验动物通过多次皮肤涂抹（诱导接触）或皮内注射受试物 10～14 日（诱导阶段）后，给予激发剂量的受试物，观察实验动物并与对照动物比较对激发接触受试物的皮肤反应强度。

三、仪器与试剂

1. 仪器　体重秤，组织剪，烧杯，注射器，无刺激性胶布，无菌薄纱布，玻璃纸等。

2. 试剂　2，4-二硝基氯代或苯肉桂醛，10%硫化钠，完全福氏佐剂（FCA），无菌生理盐水，10%十二烷基硫酸钠（SLS）。

3. 受试物　化妆品受试物，水溶性的受试物可以用水稀释或者直接使用，受试物为固体时，可用适当的溶质溶解，如 80%乙醇（诱导接触）或丙酮（激发接触）等介质。

4. 实验动物　首选豚鼠，实验动物及实验动物房应符合国家相应规定。选用标准配合饲料或者蔬菜，豚鼠需注意补充适量的维生素 C。

四、操作步骤

1. 局部封闭涂皮试验

（1）实验前，可通过 2～3 只豚鼠的预试验获得受试物的浓度水平，诱导接触受试物浓度为能引起皮肤轻度刺激反应的最高浓度，激发接触受试物浓度为不能引起皮肤刺激反应的最低浓度。

（2）取豚鼠 20 只，雌雄不限，称重，将其为分受试物剂量组和阴性对照组，各 10 只。试验前 24h 用 10%硫化钠将其背部左侧去毛，去毛面积范围为 4～6cm^2。

（3）诱导接触阶段：受试物剂量组将受试物约 0.2ml（g）涂在实验动物去毛皮肤区域，阴性对照组则涂以溶剂作为对照。以一层薄纱布覆盖，用无刺激性胶布封闭固定 6h。观察记录用药后豚鼠的异常情况。第 7 日和第 14 日以同样方法重复一次（对照组按照同样方法进行）。

（4）激发接触阶段：末次诱导后 14～28 日，将受试物约 0.2ml 涂于受试物剂量组和阴性对照组的豚鼠背部右侧 2cm×2cm 去毛区（接触前 24h 脱毛），然后用一层薄纱布覆盖，再以无刺激胶布固定 6h。

（5）激发接触后 24h 和 48h 观察皮肤反应，按表 6-8 评分。

表 6-8　变态反应试验皮肤反应评分

皮肤反应	积分
红斑和焦痂形成	
无红斑	0
轻微红斑（勉强可见）	1
明显红斑（散在或小块红斑）	2
中度～重度红斑	3
严重红斑（紫红色）至轻微焦痂形成	4
水肿形成	
无水肿	0
轻微水肿（勉强可见）	1
中度水肿（皮肤隆起轮廓清楚）	2
重度水肿（皮肤隆起约 1mm 或超过 1mm）	3
最高积分	7

（6）结果评价：当受试物组中豚鼠皮肤出现皮肤反应积分≥2 时，则可判断豚鼠出现皮肤变态反应阳性，继续按表 6-9 判定受试物的致敏强度。

表 6-9　豚鼠变态反应试验皮肤致敏强度评分

致敏率（%）	致敏强度
0～8	弱
9～28	轻
29～64	中
65～80	强
81～100	极强

注：当致敏率为 0 时，可判为未见皮肤变态反应

（7）如激发接触所得结果仍不能确定，应于第一次激发后一周，给予第二次激发，对照组作同步处理和进行评价。

2. 豚鼠最大值试验 采用完全福氏佐剂（FCA）皮内注射方法检测致敏的可能性。

（1）实验前，可通过2～3只豚鼠的预试验获得受试物的浓度水平，诱导接触受试物浓度为能引起皮肤轻度刺激反应的最高浓度，激发接触受试物浓度为不能引起皮肤刺激反应的最高浓度。

（2）取豚鼠20只，雌雄不限，称重，将其为分受试物剂量组和阴性对照组，各10只。试验前24h，将其颈背部去毛，去毛大小为2cm×4cm。

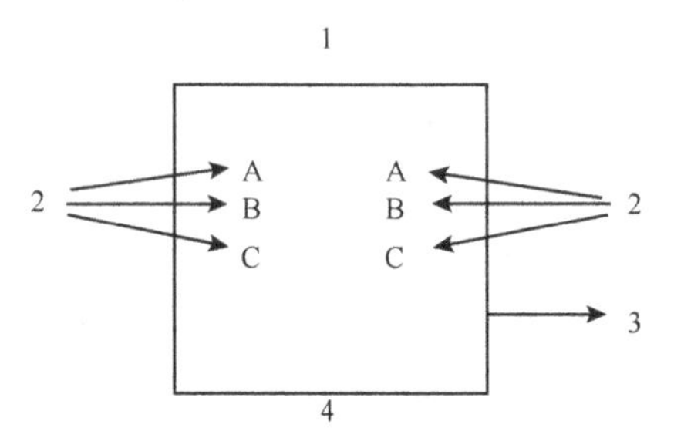

图6-1 皮内注射点位置

1. 头部；2. 0.1ml皮内注射点；3. 去毛肩胛骨内侧部位；4. 尾部

（3）诱导接触阶段（第0日）

1）受试物组：将豚鼠背部去毛区域中线两侧划定三个对称点，每点皮内注射0.1ml下述溶液。按图6-1所示（A、B、C），在每只动物去毛的肩胛骨内侧从头部向尾部成对皮内注射0.1ml，共注射6个点。

A点：1∶1（*V*/*V*）FCA/无菌生理盐水的混合物。

B点：耐受浓度的受试物。

C点：用1∶1（*V*/*V*）FCA/水或生理盐水配制的受试物，浓度与2相同。

2）对照组：注射部位同受试物剂量组。

A点：1∶1（*V*/*V*）FCA/水或生理盐水的混合物。

B点：未稀释的溶剂。

C点：用1∶1（*V*/*V*）FCA/水或生理盐水配制的浓度为50%（*W*/*V*）的溶剂。

（4）诱导接触（第7日）：将涂有0.5ml（g）受试物的2cm×4cm滤纸敷贴在上述再次去毛的注射部位，然后用两层纱布覆盖，一层玻璃纸覆盖，无刺激胶布封闭固定48h。对无皮肤刺激作用的受试物，可加强致敏，于第二次诱导接触前24h在注射部位涂抹10%十二烷基硫酸钠（SLS）0.5ml。阴性对照组仅用溶剂作诱导处理。

（5）激发接触（第21日）：将豚鼠躯干部去毛，用涂有0.5ml（g）受试物的2cm×2cm滤纸片敷贴在去毛区，然后两层纱布，一层玻璃纸覆盖，无刺激胶布封闭固定24h。对照组动物作同样处理。如激发接触所得结果不能确定，可在第一次激发接触一周后进行第二次激发接触。阴性对照组作同步处理。

（6）观察及结果评价：激发接触结束，除去涂有受试物的滤纸后24h、48h和72h，观察皮肤反应，按表6-10评分。当受试物剂量组动物皮肤反应积分≥1时，应判为变态反应阳性，按表6-9对受试物进行致敏强度分级。

表6-10 豚鼠变态反应试验皮肤反应评分

评分	皮肤反应
0	未见皮肤反应
1	散在或小块红斑
2	中度红斑和融合红斑
3	重度红斑和水肿

五、注意事项

1. 无论在诱导阶段或激发阶段均应对动物进行全面观察，包括全身反应和局部反应，并作完整记录。

2. 引起豚鼠强烈反应的物质在人群中也可能引起一定程度的变态反应，而引起豚鼠较弱反应的物质在人群中也许不能引起变态反应。

3. 已知的能引起轻度/中度致敏的阳性受试物应每隔半年检查一次。局部封闭涂皮法至少有 30%动物出现皮肤变态反应，皮内注射法至少有 60%动物出现皮肤变态反应。

六、思考题

1. 豚鼠的皮肤变态反应试验方法有哪些？写出它们的实验过程。
2. 豚鼠变态反应试验皮肤反应评分有哪些？
3. 豚鼠变态反应试验皮肤致敏强度评分有哪些？

第四节 化妆品皮肤光毒性体外试验

实验四十五 化妆品皮肤光毒性试验

一、实验目的

1. 熟悉化妆品原料皮肤光毒性评价方法的设计原则和实验步骤。
2. 能准确评价化妆品受试物的皮肤光毒性。

二、实验原理

具有光吸收和光反应特性或能被光激化的化学物质涂抹在皮肤之上，就可导致光毒性的产生。换句话说，光毒性是指皮肤一次接触化学物质后，继而暴露于紫外线照射下所引发的一种皮肤毒性反应，或者全身应用化学物质后，暴露于紫外线照射下发生的类似反应。

本实验将一定量受试物涂抹在动物背部去毛的皮肤上，经一定时间间隔后暴露于 UVA 光线下，观察受试动物皮肤反应并确定该受试物有否光毒性。光致敏物导致光毒性作用的先决条件是光到达皮肤表面（真皮层）并被该化学物质所吸收。光致敏物是指在吸收光后改变成其他分子的物质，经过生物系统的作用可产生直接的急性或者长期的光毒效应，即是光毒性。它包括有光敏性和光过敏现象。

光毒性反应中的细胞损伤的基本机制主要和稳定的及短寿命的光产物（自由基过氧化物）相关。自由基的损失机制主要属于Ⅰ型和Ⅱ型反应。前者指复合物的基团与氧反应生成氧化氢。后者指激发态光物质的能量被转移到三态分子，从而产生更为活跃的单态氧。这两种反应的途径均能引发脂质氧化反应，导致细胞膜损失和蛋白质改变（交联和光致半抗原化）及 DNA 改变（单双链断裂/剪辑变换交联）。另一种可能的机制是形成稳定态的光产物，它比原体分子的光毒性更强，聚集在皮肤内，可改变细胞膜的特性或损伤细胞代谢功能，而产生细胞毒性作用。

三、仪器与试剂

1. 仪器 UVA 光疗仪，辐射计量仪，无刺激性胶布等。

2. 试剂　8-甲氧基补骨脂，化妆品受试物，10%硫化钠，铝箔等。

3. 受试物　液体受试物直接使用原液。若受试物为固体，研磨成细粉状并用水充分湿润。

4. 实验动物　首选豚鼠。试验前动物要在实验动物房的环境中至少适应 3～5 日。实验动物及实验动物房应符合国家相应规定。选用标准配合饲料，注意补充适量维生素 C。

四、操作步骤

1. 豚鼠 6 只，雌雄各半，称重后分为受试物剂量组和阳性对照组，每组 3 只。实验前 18～24h，将动物背部两侧皮肤脱毛，备 4 块去毛区，每块去毛面积约为 2cm×2cm。实验部位皮肤需完好无损。

2. 确定照射时间，确定照射总剂量为 10J/cm^2，用辐射计量仪在豚鼠背部照射区设 6 个点测定光强度（mW/cm^2），取其平均值。按式 6-3 计算照射时间：

$$照射时间=\frac{照射剂量}{光强度}\times 100\% \tag{6-3}$$

注：1mW/cm^2 = 1mJ/（cm^2・s）

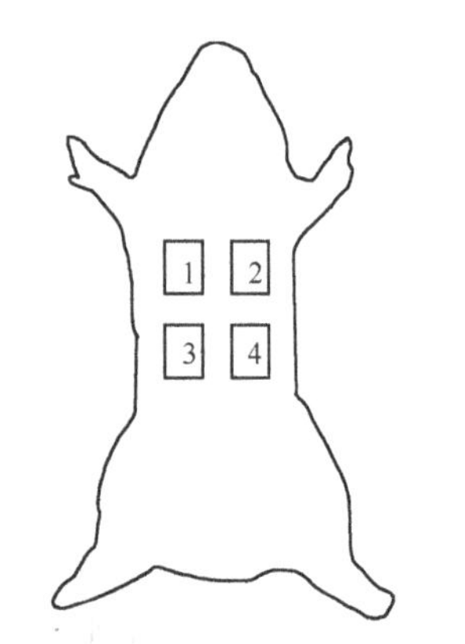

图 6-2　豚鼠皮肤去毛区位置示意图

3. 将豚鼠固定，在去毛区 1 和 2 涂敷 0.2ml（g）受试物（以不能引起皮肤刺激反应浓度，可通过预实验确定），左侧（去毛区 1 和 3）用铝箔覆盖，以无刺激性胶布固定，右侧用 UVA 进行照射（照射方法如表 6-11 所示）。阳性对照组在去毛区 1 和 2 涂敷 0.2g 8-甲氧基补骨脂，方法同前。

4. 结束后分别于 1h、24h、48h 和 72h 观察皮肤反应，根据表 6-12 判定每只豚鼠皮肤反应评分。

5. 半年后在去毛区 1 和 2 涂阳性对照物，方法同上，观察。

表 6-11　豚鼠去毛区的试验安排

去毛区编号	实验处理
1	涂受试物，不照射 UVA
2	涂受试物，照射 UVA
3	不涂受试物，不照射 UVA
4	不涂受试物，照射 UVA

表 6-12　豚鼠皮肤刺激反应评分

皮肤反应	积分
红斑和焦痂形成	
无红斑	0
轻微红斑（勉强可见）	1
明显红斑	2
中度～重度红斑	3
严重红斑（紫红色）至轻微焦痂形成	4

续表

皮肤反应	积分
水肿形成	
无水肿	0
轻微水肿（勉强可见）	1
轻度水肿（皮肤隆起轮廓清楚）	2
中度水肿（皮肤隆起约 1mm）	3
重度水肿（皮肤隆起超过 1mm，范围扩大）	4
最高积分	8

6. 结果评价：单纯涂受试物而未经照射区域未出现皮肤反应，而涂受试物后经照射的区域出反应分值（据表 6-12 评分）之和为 2 或 2 以上为受试物具有光毒性。

五、注意事项

每半年后在去毛区 1 和 2 涂阳性对照物。

六、思考题

1. 如何判断化妆品受试物具有光毒性作用?
2. 何种类型的化妆品需要做光毒性试验？并写出原因。
3. 皮肤刺激反应评分标准是什么?

第五节 化妆品致突变性试验

实验四十六 化妆品鼠伤寒沙门菌回复突变试验

一、实验目的

1. 熟悉化妆品鼠伤寒沙门菌回复突变毒性的试验设计原则和实验步骤。
2. 能准确判断化妆品及其原料致鼠伤寒沙门菌回复突变的可能性。

二、实验原理

鼠伤寒沙门菌回复突变试验即污染物致突变性检测，又称 Ames 试验。回复突变是指细菌在化学致突变物作用下由营养缺陷型回变到原养型。基因突变是指在化学致突变物作用下细胞 DNA 中碱基对的排列顺序发生变化。碱基置换突变指的是引起 DNA 链上一个或几个碱基对的置换。碱基置换有转换和颠换两种形式。转换是 DNA 链上的一个嘧啶被另一嘧啶所替代，或一个嘌呤被另一嘌呤所代替。颠换是 DNA 链上的一个嘧啶被另一嘌呤所替代，或一个嘌呤被另一嘧啶所代替。移码突变指引起 DNA 链上增加或缺失一个或多个碱基对。

本实验的原理是检测受试物诱发鼠伤寒沙门菌组氨酸缺陷型突变株（his^-）回复突变成野生型（his^+）的能力。组氨酸营养缺陷型鼠伤寒沙门菌在缺乏组氨酸的培养基上不能生长。回复突变成野生型（his^+）在缺乏组氨酸的培养基上能合成组氨酸并长出可见菌落。假如有致突变物存在，则营养缺陷型的细菌回复突变成野生型，因而能生长形成菌落，据此判断受试物是否为致突变物。这是目前应用最广泛的检测基因突变的体外试验。

试验菌株在肝 S_9 混合物代谢活化系统下加入受试物，如回复突变菌落数超过阴性（溶剂）对照的 2 倍，并有剂量-对应关系的阳性结果，就可确定受试物是直接致突变物。若在不加肝 S_9 混合物代谢活化系统的情况才得到的阳性结果，说明受试物是间接致突变物。

三、仪器与试剂

1. 仪器 CO_2 培养箱，恒温水浴，振荡水浴摇床，压力蒸汽消毒器，干热烤箱，超低温冰箱（–80℃）或液氮生物容器，冰箱，天平（精密度 0.1g 和 0.0001g）、混匀振荡器，匀浆器，菌落计数器，低温高速离心机，紫外灯，培养皿，组织剪，结晶紫，黑纸，EP 管等。

2. 试剂 灭菌蒸馏水，多氯联苯，L-组氨酸，D-生物素，琼脂粉，氯化钠，柠檬酸，磷酸氢二钾，磷酸氢铵钠，硫酸镁，葡萄糖，Vogel-Bonner（V-B）培养基，牛肉膏，胰胨，肝 S_9 混合物，盐溶液，磷酸盐缓冲液，辅酶Ⅱ（NADP），6-磷酸葡萄糖（G-6-P），灭菌盐酸组氨酸水溶液，四环素，营养肉汤培养基，氨苄西林，玉米油等。

（1）0.5mmol/L 组氨酸-0.5mmol/L 生物素溶液

成分：L-组氨酸（分子量 155）78mg

D-生物素（分子量 244）122mg

加蒸馏水至 1000ml

配制：将上述成分加热，以溶解生物素，然后在 0.068MPa 下高压灭菌 20min。储于 4℃冰箱。

（2）顶层琼脂培养基

成分：琼脂粉 1.2g

氯化钠 1.0g

加蒸馏水至 200ml

配制：上述成分混合后，于 0.103MPa 下高压灭菌 30min。实验时，加入 0.5mmol/L 组氨酸 0.5mmol/L 生物素溶液 20ml。

（3）V-B 培养基 E

成分：柠檬酸（$C_6H_8O_7H_2O$）100g

磷酸氢二钾（K_2HPO_4）500g

磷酸氢铵钠（$NaNH_4HPO_4 \cdot 4H_2O$）175g

硫酸镁（$MgSO_4 \cdot 7H_2O$）10g

加蒸馏水至 1000ml

配制：先将前 3 种成分加热溶解后，再将溶解的硫酸镁缓缓倒入容量瓶中，加蒸馏水至 1000ml。于 0.103MPa 下高压灭菌 30min。储于 4℃冰箱。

（4）20%葡萄糖溶液

成分：葡萄糖 200g

加蒸馏水至 1000ml

配制：加少量蒸馏水加温溶解葡萄糖，再加蒸馏水至 1000ml。于 0.068MPa 下高压灭菌 20min。储于 4℃冰箱。

（5）底层琼脂培养基

成分：琼脂粉 7.5g

蒸馏水 480ml

V-B 培养基 E10ml

20%葡萄糖溶液 10ml

配制：首先将前两种成分于 0.103MPa 下高压灭菌 30min 后，再加入后两种成分，充分混匀倒底层平板。按每皿 25ml 制备平板，冷凝固化后倒置于 37℃培养箱中 24h，备用。

（6）营养肉汤培养基

成分：牛肉膏 2.5g

胰胨 5.0g

磷酸氢二钾（K_2HPO_4）1.0g

加蒸馏水至 500ml

配制：将上述成分混合后，于 0.103MPa 下高压灭菌 30min。储于 4℃冰箱。

（7）盐溶液（1.65mol/L KCl+0.4 mol/L $MgCl_2$）

成分：氯化钾（KCl）61.5g

氯化镁（$MgCl_2 \cdot 6H_2O$）40.7g

加蒸馏水至 500ml

配制：在水中溶解上述成分后，于 0.103MPa 下高压灭菌 30min。储于 4℃冰箱。

（8）0.2mol/L 磷酸盐缓冲液（pH 7.4）

成分：磷酸二氢钠（$NaH_2PO_4 \cdot 2H_2O$）2.965g

磷酸氢二钠（$Na_2HPO_4 \cdot 12H_2O$）29.015g

加蒸馏水至 500ml

配制：溶解上述成分后，于 0.103MPa 下高压灭菌 30min。储于 4℃冰箱。

（9）肝 S_9 混合液

成分：	每毫升 S_9 混合液
肝 S_9	100μl
盐溶液	20μl
灭菌蒸馏水	380μl
0.2mol/L 磷酸盐缓冲液	500μl
辅酶Ⅱ	4μmol
6-磷酸葡萄糖	5μmol

配制：将辅酶Ⅱ和 6-磷酸葡萄糖置于灭菌三角瓶内称重，然后按上述相反的次序加入各种成分，将肝 S_9 混合液加到已有缓冲液的溶液中。该混合液必须现配现用，并保存于冰水浴中。实验结束，剩余肝 S_9 混合液丢弃。

（10）菌株鉴定用和特殊用途试剂

1）组氨酸-生物素平板

成分：琼脂粉 15g

蒸馏水 944ml

V-B 培养基 E 20ml

20%葡萄糖 20ml

灭菌盐酸组氨酸水溶液（0.5g/100 ml）10ml

灭菌 0.5mmol/L 生物素溶液 6ml

配制：高压灭菌琼脂和水后，将灭菌 20%葡萄糖、V-B 培养基和组氨酸溶液加进热琼脂溶液中。待溶液稍为冷却后，加入灭菌生物素，混匀，浇制平板。

2）氨苄西林平板和氨苄西林/四环素平板

成分：琼脂粉 15g

蒸馏水 940ml

V-B 培养基 20ml

20%葡萄糖 20ml

灭菌盐酸组氨酸溶液（0.5g/100ml）10ml

灭菌 0.5mmol/L 生物素溶液 6ml

氨苄西林溶液（8mg/ml 于 0.02mol/L NaOH 中）3.15ml

四环素溶液（8mg/ml 于 0.02mol/L HCl 中）0.25ml

配制：琼脂和水高压灭菌 20min，将无菌的葡萄糖、V-B 培养基和组氨酸、生物素溶液加进热的溶液中去，混匀。冷却至大约 50℃，无菌条件下加入四环素溶液和（或）氨苄西林溶液。应该在倾注琼脂平板后几日内，制备主平板。

3）营养琼脂平板

成分：琼脂粉 7.5g

营养肉汤培养基 500ml

配制：于 0.103MPa 下高压灭菌 30min 后倾注平板。

3. 菌株 采用 TA97 及 TA98（检测移码突变）、TA100（检测碱基置换突变）和 TA102（对醛、氧化物及 DNA 交联剂较敏感）一组标准测试菌株。

四、操作步骤

1. 生物特性鉴定 在试验前必须进行菌株的生物特性鉴定。其菌株鉴定的判断标准判断结果如表 6-13 所示。

表 6-13 试验菌株鉴定的判断标准

菌株	组氨酸缺陷	脂多糖屏障缺损	氨苄西林抗性	紫外线敏感性	四环素抗性	自发回变菌落数*
A97	+	+	+	+	—	90～180
TA98	+	+	+	+	—	30～50
TA100	+	+	+	+	—	100～200
TA102	+	+	+	—	+	240～320

注：“+” 表示需要组氨酸 “+” 表示具有 rfa 突变 “+” 表示具有 R 因子 “+” 表示具有ΔuvrB 突变 “+” 表示具有 pAQ1 质粒*在体外代谢活化条件下自发回变菌落数略增

（1）组氨酸缺陷

1）原理：组氨酸缺陷型试验菌株本身不能合成组氨酸，只能在补充组氨酸的培养基上生长，而在缺乏组氨酸的培养基上，则不能生长。

2）鉴定方法：将测试菌株增菌液分别于含组氨酸培养基平板和无组氨酸平板上划线，于 37℃下培养 24h 后观察结果。

3）结果判断：组氨酸缺陷型菌株在含组氨酸平板上生长，而在无组氨酸平板上则不能生长。

（2）脂多糖屏障缺损

1）原理：具有深粗糙的菌株，其表面一层脂多糖屏障缺损，因此一些大分子物质如结晶紫能穿透菌膜进入菌体，从而抑制其生长，而野生型菌株则不受其影响。

2）鉴定方法：吸取待测菌株增菌液 0.1ml 于营养琼脂平板上划线，然后将浸湿的 0.1% 结晶紫溶液滤纸条与划线处交叉放置。37℃下培养 24h 后观察结果。

3）结果判断：假若待测菌在滤纸条与划线交叉处出现一透明菌带，说明该待测菌株具有 rfa 突变。

（3）氨苄西林抗性

1）原理：含 R 因子的实验菌株对氨苄西林有抗性。因为 R 因子不太稳定，容易丢失，故用氨苄西林确定该质粒存在与否。

2）鉴定方法：吸取待测菌株增菌液 0.1ml，在氨苄西林平板上划线，37℃下培养 24h 后观察结果。

3）结果判断：假若测试菌在氨苄西林平板上生长，说明该测试菌具有抗氨苄西林作用，表示含 R 因子，否则，表示测试菌不含 R 因子或 R 因子丢失。

（4）紫外线敏感性

1）原理：具有ΔuvrB 突变的菌株对紫外线敏感，当受到紫外线照射后，不能生长，而具野生型切除修复酶的菌株，则能照常生长。

2）鉴定方法：吸取待测菌株增菌液 0.1ml 于营养琼脂平板上划线，用黑纸盖住平板的一半，置紫外灯下照射（15W，距离 33cm）8s。置 37℃下孵育 24h 后观察结果。

3）结果判断：具有ΔuvrB 突变的菌株对紫外线敏感，经辐射后细菌不生长，而具有完整的切除修复系统的菌株，则照常生长。

（5）四环素抗性

1）原理：具有 pAQ1 的菌株对四环素有抗性。

2）鉴定方法：吸取待测菌株增菌液 0.1ml，于氨苄西林/四环素平板上划线，置 37℃下孵育 24h 后观察结果。

3）结果判断：假若测试菌照常在氨苄西林/四环素平板上生长，表明该测试菌株对氨苄西林和四环素两者有抗性，具有 pAQ1 质粒，否则，说明测试菌株不含 pAQ1 质粒。

（6）自发回变菌落数

1）原理：每种试验菌株都以一定的频率自发地产生回变，称为自发回变。这种自发回变是每种试验菌株的一项特性。

2）鉴定方法：将待测菌株增菌液 0.1ml 加到 2ml 含组氨酸-生物素的顶层琼脂培养基的试管内，混匀后铺到于底层琼脂平板上，待琼脂固化后，置 37℃培养箱中孵育 48h 后记数每皿回变菌落数。

3）结果判断：每种标准测试菌株的自发回变菌落数应符合表 6-13 要求。经体外代谢活化后的自发回变菌落数，要比直接作用下的略高。

（7）回变特性——诊断性试验

1）原理：每种试验菌株对诊断性诱变剂回变作用的性质及肝 S_9 混合液的效应不一。

2）鉴定方法：按照平板掺入试验的操作步骤进行。将受试物换成诊断性诱变剂。

3）结果判断：标准菌株对某些诊断性诱变剂特有的回变结果详见表 6-14。

表 6-14 测试菌株的回变性

诱变剂	剂量（μg）	S_9	TA97	TA98	TA100	TA102
柔红霉素	6.0	—	124	3123	47	592
叠氮化钠	1.5	—	76	3	3000	188
ICR-191	1.0	—	1640	63	185	0
链霉黑素	0.25	—	inh	inh	inh	2230
丝裂霉素 C	0.5	—	inh	inh	inh	2772
2，4，7-三硝基-9-芴酮	0.20	—	8377	8244	400	16
4-硝基-*O*-次苯二胺	20	—	2160	1599	798	0
4-硝基喹啉-*N*-氧化物	0.5	—	528	292	4220	287
甲基磺酸甲酯	1.0	—	174	23	2730	6586
2-氨基芴	10	+	1742	6194	3026	261
苯并（a）芘	1.0	+	337	143	937	255

注：inh 表示抑菌。表中数值均已扣除溶剂对照回变菌落数

2. 大鼠肝微粒体酶的诱导和 S_9 的制备

（1）诱导阶段：取大鼠，体重 200g 左右，将多氯联苯（PCB 混合物）溶于玉米油中，浓度为 200mg/ml，500mg/kg 一次腹腔注射，5 日后处死动物，处死前禁食 12h。

（2）S_9 制备：首先，用 75%乙醇溶液消毒大鼠皮肤，剪开腹部。在无菌条件下，取出肝脏，去除肝脏的结缔组织，用冰浴的 0.15mol/L 氯化钾溶液淋洗肝脏，放入盛有 0.15mol/L 氯化钾溶液的烧杯里。按每克肝脏加入 0.15mol/L 氯化钾溶液 3ml。用电动匀浆器制成肝匀浆，再在低温高速离心机 4℃条件下，以 9000r/min 离心 10min，取其上清液（S_9 混合液）分装于 EP 管中。每管装 2～3ml。储存于液氮生物容器中或−80℃冰箱中备用。S_9 制备后，其活力需经诊断性诱变剂进行鉴定。

（3）增菌培养：取营养肉汤培养基 5ml，加入无菌试管中，将复苏后的菌株培养物接种于营养肉汤培养基内，37℃振荡（100r/min）培养 10h。该菌株培养物应每毫升不少于（1～2）$\times 10^9$ 活菌数。

（4）实验时，设立受试物 4 个剂量组，空白对照组、溶剂对照组、阳性诱变剂对照组和无菌对照组。最高剂量（5mg/皿或 5μl/皿）可为最低抑菌浓度，无杀菌作用的受试物一般可为原液。将含 0.5mmol/L 组氨酸-0.5mmol/L 生物素溶液的顶层琼脂培养基 2.0ml 分装于试管中，45℃水浴中保温，然后每管加入试验菌株增菌液 0.1ml。最后每管依次加入受试物 4 个剂量组浓度的受试物溶液 0.1ml，空白对照组、溶剂对照组加入相应溶剂 0.1ml，阳性诱变剂对照组加入阳性诱变剂 0.1ml，无菌对照组加入相应的无菌培养基后，每管加入肝 S_9 混合液 0.5ml（需代谢活化时），充分混匀，迅速倾入底层琼脂平板上，转动平板，使之分布均匀。水平放置待冷凝固化后，倒置于 37℃培养箱里孵育 48h。记数每皿回变菌落数。每组均做 3 个平行平板。

3. 据处理和结果判断 记录受试物各剂量组、空白对照组（自发回变）、溶剂对照组及阳性诱变剂对照的每平皿回变菌落数，并求平均值和标准差。如果受试物的回变菌落数

是溶剂对照回变菌落数的两倍或两倍以上，并呈剂量-反应关系者，则该受试物判定为致突变物；受试物在任何一个剂量条件下，出现阳性反应并有可重复性，则该受试物判定为致突变阳性。

受试物经上述 4 个试验菌株测定后，只要有一个试验菌株，无论在加 S_9 混合物或未加 S_9 混合物条件下为阳性，均可报告该受试物对鼠伤寒沙门菌为致突变阳性。

如果受试物只有经过 4 个试验菌株检测后，无论加 S_9 混合物和未加 S_9 混合物均为阴性，则可报告该受试物为致突变阴性。

五、注意事项

1. 受试物最高剂量的标准是对细菌的毒性及其溶解度。自发回变数的减少，背景菌变得清晰或被处理的培养物细菌存活数减少，都是毒性的标志。

2. 全部操作均在冰水浴中和无菌条件下进行。制备肝 S_9 所用一切手术器械、器皿等，均经灭菌消毒。

六、思考题

1. 如何判断化妆品受试物对鼠伤寒沙门菌为致突变阳性？
2. 写出鼠伤寒沙门菌回复突变试验的实验原理。
3. Ames 试验的常规方法有哪些？简述它们的实验过程。

实验四十七 化妆品体内哺乳动物细胞微核试验

一、实验目的

1. 学习和了解哺乳动物骨髓多染红细胞微核试验的基本方法。

2. 熟练评价化妆品受试物使哺乳动物细胞的染色体发生断裂或使染色体和纺锤体联结损伤的可能性。

二、实验原理

微核是指染色单体或染色体的无着丝点断片，或因纺锤体受损而丢失的整个染色体，在细胞分裂后期，仍然遗留在细胞质中。末期之后，单独形成一个或几个规则的次核，被包含在子细胞的胞质内，因此比主核小，故称为微核。

能使染色体发生断裂或使染色体和纺锤体联结损伤的化学物，都可用微核试验来检测。各种类型的骨髓细胞都可形成微核，但有核细胞的胞质少，微核与正常核叶及核的突起难以鉴别。嗜多染红细胞（PCE）是分裂后期的红细胞由幼年发展为成熟红细胞（NCE）的一个阶段，此时红细胞的主核已排出，因胞质内含有核糖体，吉姆萨（Giemsa）染色呈灰蓝色，成熟红细胞的核糖体已消失，被染成淡橘红色。骨髓中嗜多染红细胞数量充足，微核容易辨认，而且微核自发率低，因此，骨髓中嗜多染红细胞成为微核试验的首选细胞群。若哺乳动物给药的时间达 4 周以上，也可选同一终点的外周血正染红细胞进行微核试验。若有证据表明待测物或其代谢产物不能到达骨髓，则不适用于本方法。

三、仪器与试剂

1. 仪器 带油镜生物显微镜，手术剪，镊子，小鼠解剖台，止血钳，注射器，灌胃针头；载玻片，盖玻片（24mm×50mm），塑料吸瓶，染色缸，纱布，滤纸等。

2. 试剂 生理盐水，胎牛血清，Giemsa染液，甲醇，甘油，磷酸二氢钾，磷酸氢二钠，1%环磷酰胺，二甲苯，中性树脂等。

（1）小牛血清（灭活）：将滤菌的小牛血清置于 56℃恒温水浴保温 30min 灭活。灭活的小牛血清通常保存于冰箱冷冻室里。

（2）Giemsa 染液

成分：Giemsa 染料 3.8g

甲醇 375ml

甘油 125ml

配制：将染料和少量甲醇于乳钵里仔细研磨，再加入剩余甲醇和甘油，混合均匀，放置 37℃恒温箱中保温 48h。保温期间，振摇数次，促使染料的充分溶解，取出过滤，两周后用。

（3）磷酸盐缓冲液（pH 6.8）

成分：磷酸二氢钾（KH_2PO_4）4.50g

磷酸氢二钠（$Na_2HPO_4 \cdot 12H_2O$）11.81g

加蒸馏水至 1000ml

（4）Giemsa 应用液：取一份 Giemsa 染液与 6 份 1/15mol/L 磷酸盐缓冲液混合而成。现用现配。

3. 实验动物 首选小鼠 25～30g。动物在实验室中至少应适应 3～5 日。实验动物及实验动物房应符国家相应规定。

四、实验步骤

1. 染毒 实验前取 120 只小鼠，25～30g，雌雄不限，称重后随机分为 4 个受试物剂量组（受试物 LD_{50} 的 1/2、1/5、1/10、1/20）、40mg/kg 环磷酰胺阳性对照组及阴性对照组，每组 20 只。小鼠灌胃前禁食 12h，每日给药 1 次或者 1 日多次给药 1/2、1/5、1/10 或 1/20 LD_{50} 剂量，连续 5 日。当受试物的 LD_{50} 大于 5g/kg 体重时，可取 5g/kg 体重为最高剂量。一般至少设 3 个剂量，每个剂量组 10 只动物，雌、雄性各半。阳性对照组用环磷酰胺腹腔注射。阴性对照组灌胃给予相应的溶剂。试验结束前每组至少有 5 只存活动物。

2. 骨髓液的制备 第一次给予药物间隔后 24h，第二次给予药物 6h 后取材。小鼠颈椎脱臼处死后，仰卧固定于小鼠解剖台。打开胸腔，沿着胸骨柄与肋骨交界处剪断，剥掉附着其上的肌肉，擦净血污，横向剪开胸骨，暴露骨髓腔，擦净血污，剔除肌肉，剪去骨骺，然后用止血钳挤出骨髓液在有一滴小牛血清的载玻片上，混合均匀后推片。也可用双股腿股骨骨髓细胞进行涂片，方法是取下股骨，剔除肌肉，用生理盐水洗去血污和碎肉，剪去两端骨骺，用带针头的 2ml 注射器吸取胎牛血清，插入骨髓腔内，将骨髓置于离心管，然后用吸管吹打骨髓团块使其均匀，以 1000r/min 离心 10min，弃去多余的上清液，留下约 0.5ml 沉淀物混匀后，用吸管吸取并滴一滴在载玻片上，推片。长时间给予药物也可用外周血样本，从尾静脉采血，一般应在末次给药后的 18～24h、36～48h 分两次进行。两节胸骨髓液涂一张片子为宜。

3. 涂片　按血常规涂片法涂片，长度为 2～3cm。在空气中晾干。若立即染色，需在酒精灯火焰上方，稍烘烤一下。

4. 固定　将干燥的涂片放入染色缸内，用甲醇液中固定 10min。

5. 染色　将固定过的涂片晾干后，放入新鲜配制的 Giemsa 应用液中，染色 10～15min，然后立即用 1/15mol/L 磷酸盐缓冲液冲洗。

6. 封片　用滤纸擦干玻片的水滴，再用滤纸轻轻吸附玻片上残留的水分，再在空气中晃动数次，以促其尽快晾干，然后放入二甲苯中透明 5min，取出滴上 1～2 滴树脂胶，盖上盖玻片，写好标签。

7. 观察计数　先在低倍镜下观察，选择细胞分布均匀、细胞无损、着色适当的区域，再在油镜下观察计数含微核的嗜多染红细胞数目。嗜多染红细胞（PCE）呈灰蓝色，成熟红细胞（NCE）呈淡橘红色。微核大多数呈单个圆形，边缘光滑整齐，嗜色性与核质相一致，呈紫红色或蓝紫色。每只小鼠至少计数 1000 个嗜多染红细胞中含有微核细胞的数量，并计算 200 个细胞中嗜多染红细胞和成熟红细胞的比值。微核率指含有微核的嗜多染红细胞数，以千分率（‰）表示。若一个嗜多染红细胞中出现两个或两个以上微核，仍按一个有微核细胞计数。

8. 结果判定　综合考虑生物学意义和统计学意义。如果受试物实验组与溶剂对照组相比，单一剂量法微核率有明显增高；多剂量法的剂量组在统计学上有显著性差异，并有剂量-反应关系则可认为微核试验阳性。

五、注意事项

1. 观察含微核的有核细胞的完整性，可以作为判断有核细胞形态染色制片优劣的标准。
2. 若一个嗜多染红细胞中出现两个或两个以上微核，仍按一个有微核细胞计数。

六、思考题

1. 如何判断微核试验阳性？
2. 请绘出在镜下观察到微核的细胞形态。
3. 计算各组微核细胞率。

实验四十八　化妆品体外哺乳动物细胞染色体畸变试验

一、实验目的

1. 熟悉化妆品受试物对哺乳动物细胞染色体致畸毒性的实验设计原则和步骤。
2. 熟练评价化妆品受试物致染色体突变的可能性。

二、实验原理

结构畸变是指在细胞分裂的中期相阶段，用显微镜检出的染色体结构改变，表现为缺失、断片、互换等。结构畸变包括染色体型畸变、染色单体型畸变两类。染色体型畸变是指染色体结构损伤，表现为在两个染色单体相同位点均出现断裂或断裂重组的改变。染色单体型畸变是指染色体结构损伤，表现为染色单体断裂或染色单体断裂重组的损伤。

有丝分裂指数是指中期相细胞数与所观察的细胞总数的比值，是一项反映细胞增殖程度的指标。

在加入和不加入 S_9 混合物代谢活化系统的条件下，使培养的哺乳动物细胞暴露于受试物中。用中期分裂象阻断剂（如秋水仙素或秋水仙胺）处理，使细胞停止在中期分裂象，随后收获细胞、制片、染色及分析染色体畸变。大部分的致突变剂导致染色单体型畸变，偶有染色体型畸变发生。

三、仪器与试剂

1. 仪器 CO_2 培养箱，恒温水浴，振荡水浴摇床，压力蒸汽消毒器，干热烤箱，离心机，超低温冰箱（−80℃）或液氮生物容器，冰箱，离心管，天平（精密度 0.1g 和 0.0001g），混匀振荡器，匀浆器，吸管，菌落计数器，低温高速离心机，紫外灯，培养皿，玻片等。

2. 试剂 秋水仙素，S_9 混合物，Hanks 液，10%胎牛血清，0.25%胰蛋白酶，甲醇，冰醋酸，吉姆萨（Giemsa）染液，0.075mol/L KCl，RPMI-1640 培养基等。

3. 受试物 固体受试物需溶解于某些介质（水或二甲基亚砜）中并稀释至适合浓度，液体受试物可以直接稀释至适合浓度。

4. 实验细胞 中国地鼠卵巢（CHO）细胞株或中国地鼠肺（CHL）细胞株。

四、操作步骤

1. 实验前一日，将 1×10^9～2×10^9 数量的细胞接种于培养皿（瓶）中，放入 CO_2 培养箱内培养。

2. 试验时分别设立加入和不加入 S_9 混合物的两种情况下进行。吸去培养皿（瓶）中的培养液，分别加入一定浓度的阳性对照物组、阴性对照物和 3 个受试物剂量组的药物、S_9 混合物（不加 S_9 混合物时，需用等量的培养液补足）及一定量不含血清的培养液，放培养箱中处理 3～6h。结束后，吸去全部的培养液，用 Hanks 液洗细胞 3 次，加入含 10%胎牛血清的培养液，放回培养箱继续 24h。

3. 于收获前 2～4h，加入细胞分裂中期阻断剂（如用秋水仙素，作用时间为 4h，终浓度为 1μg/ml）。如果在上述加入和不加入 S_9 混合物的条件下均获得阴性结果，则还需补加实验，即在不加 S_9 混合物的条件下，使受试物与实验系统的接触时间延长至 24h。

4. 收获细胞时，用 0.25%胰蛋白酶溶液消化细胞，待细胞脱落后，加入含 10%小牛血清的培养液终止胰蛋白酶的作用，混匀，放入离心管以 1000～1200r/min 的速度离心 5～7min，弃去上清液，加入 0.075mol/L KC1 溶液低渗处理。

5. 用新配制的甲醇和冰醋酸液（容积比为 3∶1）进行固定。

6. 空气干燥或火焰干燥法制片常规制片。

7. 用 Giemsa 染液染色。

8. 染色体分析时，化妆品终产品，每个组别选择 100 个分散良好的染色体中期分裂象进行染色体畸变分析。化妆品原料，则每个组别选择 200 个（阳性对照可选 100 个），记录每个组别的染色体数目，对于畸变细胞还需记录显微镜视野的坐标位置及畸变类型。

9. 统计学分析：用 χ^2 检验染色体畸变细胞率，以评价受试物的致突变性。

10. 结果评价：在下列两种情况下可判定受试物在本试验系统中具有致突变性。

（1）受试物引起染色体结构畸变的数目与空白对照组及阴性对照组相比，具有统计学意义，并有剂量相关性。

（2）受试物在任何一个剂量条件下，都引起具有统计学意义的增加，在评价时要把生物学和统计学意义结合考虑。

11. 结果解释

（1）阳性结果表明受试物引起培养的哺乳动物体细胞染色体结构畸变。

（2）阴性结果表明在本试验条件下，受试物不引起培养的哺乳动物体细胞染色体结构畸变。

五、注意事项

1. 用溶剂去稀释溶解受试物时，溶剂必须是非致突变物，并且不与受试物发生化学反应，不影响细胞存活和 S_9 活性，使用时浓度不应大于 0.5%。

2. 如果实验结束时尚未得到明确结论时，应更换实验条件，如改变代谢活化条件、受试物与实验系统接触时间等重复试验。

六、思考题

1. 如何判定受试物在本实验系统中具有致突变性？
2. 如果实验结束时尚未得到明确结论时，应如何更换实验条件以得到实验结果？
3. 体外哺乳动物细胞染色体畸变试验的实验原理是什么？

实验四十九　化妆品对哺乳动物骨髓细胞染色体畸变试验

一、实验目的

1. 熟悉化妆品受试物对哺乳动物骨髓细胞染色体畸变毒性试验的设计原则和步骤。
2. 熟练评价化妆品受试物致骨髓细胞染色体畸变的可能性。

二、实验原理

外周血中小淋巴细胞几乎都处在细胞增殖周期的 G1 期或 G0 期（不同于体外培养的体细胞），一般条件下是不会再分裂的。当在培养物中加入适量的聚羟基脂肪酸（PHA），在 37℃下，经 52～72h 的培养，淋巴细胞开始转化，进入细胞增殖周期，可获得大量的有丝分裂的细胞。再经过秋水仙素处理，低渗、固定，即可在显微镜下观察到良好的中期染色体分裂象。电离辐射，有害物质作用于机体或体外细胞，均可引起细胞染色体的损伤，且与剂量（浓度）呈良好的线性关系。

三、仪器与试剂

1. 仪器　CO_2 培养箱，超净工作台，恒温水浴，振荡水浴摇床，压力蒸汽消毒器，干热烤箱，超低温冰箱（−80℃）或液氮生物容器，冰箱，天平（精密度 0.1g 和 0.0001g），混匀振荡器，匀浆器，菌落计数器，低温高速离心机，紫外灯，培养皿，普通显微镜，离心机，小鼠灌胃器；组织剪，眼科镊，注射器，离心管，电吹风机，玻璃片，酒精灯等。

2. 试剂　环磷酰胺，秋水仙素，肝素，冰醋酸，甲醇，氯化钾，吉姆萨（Giremsa）染液，生理盐水，RPMI-1640 培养液（含 20%胎牛血清），丝裂霉素 C 等。

（1）肝素：每支含肝素 12 500U，使用时用生理盐水配成 500U/ml，4℃冰箱内保存备用。

（2）双抗：青霉素 100U/ml，链霉素 100μg/ml。

（3）秋水仙素：配成 40μg/ml 浓度。称取秋水仙素 4mg，溶解于 100ml 0.85% NaCl 溶液中，经 6 号细菌漏斗过滤，4℃冰箱内保存。使用时吸取 0.05ml 或 0.1ml 加入到 5ml 细胞培养物中，其终浓度为 0.4～0.8μg/ml。

（4）PHA：每支 10mg，使用时用 2ml 生理盐水溶解。

（5）KCl 低渗液：KCl 1.88g，重蒸水 1000ml 使之溶解，其浓度为 0.025mol/L。

（6）冰醋酸甲醇固定液：冰醋酸 1 份，甲醇 3 份，混合而成。

3. 受试物 固体受试物应溶解在溶剂中并稀释至一定浓度。液体受试物可直接使用或稀释后使用。受试物现配现用。

4. 实验动物 首选小鼠。试验前动物要在实验动物房环境中至少适应 3～5 日。实验动物及实验动物房应符合国家相应规定。选用标准配合饲料，饮水不限制。

四、操作步骤

1. 选择受试物的最高剂量 实验前，预实验选择受试物的最高剂量。最高受试物剂量选择的标准是可以引起死亡或者抑制骨髓细胞有丝分裂指数（50%以上），最高剂量和最低剂量之间相差 10 倍，中间再设一个剂量。另设阴性对照组和阳性对照组，阳性对照物为已知的染色体断裂剂，如丝裂霉素 C（MMC），剂量为 0.02μg/ml，阴性对照组即仅含溶剂。

2. 给药 采用经口或经皮给药。一般采用一次性给药，但如果给药的剂量过大时，可一日内数次给药。如果一次剂量为 2000mg/kg 体重时仍未引起毒性效应，则只设 2000mg/kg 体重剂量组。

3. 标本采集 采集标本要分为两次，即每组动物分两个亚组，亚组 1 给药后 12～18h 处死并采集第一次标本；亚组 2 于亚组 1 处死后 24h 采集第二次标本。如果采用多次给药，于末次给药后 12～18h 采集标本。在第一次采集样品时，需设 3 个受试物剂量，在第二次采集样品时，则仅需设置最高剂量组。

4. 加入秋水仙素 小鼠称重，末次给药 4h 前，腹腔注射细胞分裂中期阻断剂秋水仙素 4mg/kg，37℃下培养 4h。用颈椎脱臼法处死小鼠，取出股骨，剔除肌肉等组织。

5. 取骨髓细胞悬液 剪去股骨两端，用注射器吸取 5ml 生理盐水，从股骨一端注入，以 10ml 离心管从股骨另一端接取流出的骨髓细胞悬液。

6. 离心 将细胞悬液以 1000r/min 的速度离心 5～7min，去除上清液。

7. 低渗处理 加入 0.075mol/L KCl 溶液 8ml，用滴管将细胞轻轻地混匀，移入 10ml 刻度放入离管中，37℃水浴中低渗处理 20min。

8. 离心 1000r/min，离心 7～10min，弃去上清液，收集细胞，加入 Hanks 液。

9. 固定 加入 3ml 固定液（冰醋酸：甲醇=1：3），混匀，轻轻吹打，以 1000r/min 速度离心 7～10min，弃去上清液。再加入 10ml 上述固定液，混匀，固定 15min，以 1000r/min 的速度离心 7～10min，弃去上清液，然后再重复处理上述步骤一次。

10. 制片 40～50cm 高度上对准下面玻片滴加悬液，以冲力使细胞分散。自然干燥或用微热电吹风机吹干，也可在酒精灯火焰上略加烘烤。此时可在显微镜下检查有无分裂象细胞。

11. 染色　用Giemsa染液染色15min，用自来水轻轻冲洗残留染液，待干。

12. 镜检　先在低倍镜下寻找分散良好的分裂象细胞，然后用高倍镜或目镜观察，进行染色体畸变计数，分析，分别记录染色体畸变细胞数及各种类型染色体畸变细胞数，选择良好的典型的染色体畸变图进行显微照相。

13. 结果表示

（1）染色体总畸变率及畸变率以式（6-4）、式（6-5）计算。

$$总畸变率（\%）=各种畸变类型数/分析总细胞数\times 100 \quad (6\text{-}4)$$

$$畸变率（\%）=染色体畸变数/染色体总数\times 100 \quad (6\text{-}5)$$

（2）畸变类型分析：包括断片（F）、双着丝粒（D）、环（R）、互换（E）等，电力辐射常见断片、双着丝粒、环等，而化学毒物常见单体断裂。

五、注意事项

1. 在评价时应综合考虑生物学意义和统计学意义，不能得到明确结论时，应改变实验条件。

2. 化妆品受试物应现配现用，否则就必须证实储存不影响其稳定性。

3. 接种的血样要新鲜，如不能立即培养，应放在4～25℃下，于24min内作培养。

4. 如低渗处理不当，染色体聚集一团，可将固定时间延长数小时或过夜，若低渗过度，往往细胞全部破碎，造成染色体丢失。

5. 离心速度过快，细胞团不易打散，速度过低，则使分裂象细胞大量丢失。

6. 玻片要严格清洁，使细胞均匀铺开。

六、思考题

1. 如何计算畸变的细胞？

2. 哺乳动物骨髓细胞染色体畸变试验的实验原理是什么？

3. 简述哺乳动物骨髓细胞染色体畸变试验步骤。

第六节　化妆品的致畸性与生殖毒性试验

实验五十　化妆品体外哺乳动物细胞基因突变试验

一、实验目的

1. 掌握评价化妆品体外哺乳动物细胞基因突变的试验方法，包括碱基对突变、移码突变和缺失等。

2. 评价受试物引起体外哺乳动物细胞基因突变的可能性。

二、实验原理

正向突变是指从原型至突变子型的基因突变，这种突变可引起酶和功能蛋白的改变。突变频率是指所观察到的突变细胞数与存活细胞数之比值。

在加入和不加入代谢活化系统的条件下，使细胞暴露于受试物一定时间，然后将细胞再传代培养。胸苷激酶正常水平的细胞对三氟胸苷（TFT）等敏感，因而在培养液中不能生长分裂，突变细胞则不敏感，在含有 6-硫代鸟嘌呤（6-TG）、8-azaguanine（AG）或 TFT 的选择性培养液中能继续分裂并形成集落。基于突变集落数，计算突变频率以评价受试物的致突变性。

三、仪器与试剂

1. 仪器 CO_2 培养箱，恒温水浴，振荡水浴摇床；压力蒸汽消毒器、干热烤箱、孵箱，超低温冰箱（–80℃）或液氮生物容器，冰箱，天平（精密度 0.1g 和 0.0001g），混匀振荡器，匀浆器，菌落计数器，低温高速离心机，紫外灯，培养皿，96 孔板等。

2. 试剂 灭菌蒸馏水，琼脂粉；氯化钠，柠檬酸，磷酸氢二钾，磷酸氢铵钠，硫酸镁，葡萄糖，V-B 培养基，牛肉膏，胰胨，肝 S_9 混合物，磷酸盐缓冲液，辅酶Ⅱ，6-磷酸葡萄糖，胸苷，次黄嘌呤，氨甲蝶呤，甘氨酸，胎牛血清，RPMI 1640 培养液，三氟胸苷等。

THMG 含除培养液以外的各物质终浓度如下所示。

胸苷 5×10^{-6}mol/L

次黄嘌呤 5×10^{-5}mol/L

氨甲蝶呤 4×10^{-7}mol/L

甘氨酸 1×10^{-4}mol/L

3. 受试物 固体受试物需溶解于某些介质（不含血清的培养液、水、二甲基亚砜）中并稀释至适合浓度；液体受试物可以直接稀释至适合浓度。

4. 细胞 HPRT 位点突变分析常用中国仓鼠肺细胞株（V-79）和中国仓鼠卵巢细胞株（CHO）。TK 位点突变分析常用小鼠淋巴瘤细胞株（L5178Y）和人类淋巴母细胞株（TK6）。

四、操作步骤

1. HPRT 位点突变分析

（1）预处理培养基：THMG/THG 为减少细胞的自发突变率，在实验前，先将细胞加在含 THMG 的培养液中培养 24h，杀灭自发的突变细胞，然后将细胞再接种于 THG（不含氨甲蝶呤的 THMG 培养液）中培养 1～3 日。

（2）实验前 1 日，将一定数量的细胞接种于培养瓶中，置于 37℃ CO_2 培养箱培养。

（3）实验时，吸去培养瓶中的所有的培养液，加入一定浓度的受试物、S_9 混合物（不加入 S_9 混合物的样品，用培养液补足）及一定量的不含血清培养液，置孵箱中处理 3～6h 后，吸去培养液，用 Hanks 液洗细胞 3 次，加入含胎牛血清的培养液。

（4）受试物与细胞作用后当日和第 3 日，将细胞按低密度分种，在第 7 日接种细胞，每个剂量 3 瓶。7 日后染色以测定细胞存活率。另将一定数量细胞接种于每个培养瓶中，每个剂量 8 瓶，3h 后加入 6-TG（终浓度为 5μg/ml），10 日后染色，计数突变细胞集落。

（5）统计学分析：试验结果用 χ^2 检验进行统计分析。

2. TK 位点突变分析（L5178Y 细胞，96 孔板法）

（1）处理：取生长良好的细胞，调整密度为 5×10^5/ml，按 1%体积加入受试物，37℃震摇处理 3h 后，离心，弃上清液，用 PBS 或不含血清的培养基洗涤细胞 2 遍，重新加入细胞培养液。

（2）PE_0（0 天的平板接种效率）测定：取适量细胞悬液，作梯度稀释至 8/ml，接种 96 孔板（每孔加 0.2ml，即平均 1.6 个细胞/孔），每个剂量作 1～2 块板，37℃、5% CO_2、饱和湿度条件下培养 12 日，计数每块平板有集落生长的孔数。

（3）表达：所得细胞悬液作 2 日表达培养，每日计数细胞密度并保持密度在 10^6/ml 以下。

（4）PE_2（第 2 日的平板接种效率）测定：第 2 日表达培养结束后，取适量细胞悬液作梯度稀释并接种 96 孔板，培养 12 日后计数每块平板有集落生长的孔数。

（5）TFT 抗性突变频率（MF）测定：第 2 日表达培养结束后，取适量细胞悬液，调整细胞密度为 1×10^4/ml，加入 TFT（三氟胸苷，终浓度为 3μg/ml），混匀，接种 96 孔板（每孔加 0.2ml，即平均 2000 个细胞/孔），每个剂量作 2～4 块板，37℃、5% CO_2、饱和湿度条件下培养 12 日，计数有突变集落生长的孔数。

（6）计算

1）平板效率（PE_0 和 PE_2）以式（6-6）计算。

$$PE=\ln\left(\frac{EW}{TW}\right)\Big/N \tag{6-6}$$

式中，EW——无集落生长的孔数；TW——总孔数。

2）相对存活率（RS%）以式（6-7）计算。

$$\text{相对存活率（RS\%）}=PE_0\text{（处理）}/PE_0\text{（对照）}\times100\% \tag{6-7}$$

3）突变频率（MF）以式（6-8）计算。

$$MF=\left[-\frac{\ln\left(\frac{EW}{DW}\right)}{n}\right]\Big/E_2 \tag{6-8}$$

式中，EW——无集落生长的孔数；DW——总孔数；n——每孔接种细胞数。

（7）结果评价：在下列两种情况下可判定受试物为阳性结果。

1）受试物引起突变频率与阴性对照组和空白对照组具有统计学意义，并与剂量相关的增加。

2）受试物在任何一个剂量条件下，引起具有统计学意义，并有可重复性的阳性反应。

阳性结果表明受试物可引起所用哺乳类细胞的基因突变。可重复的阳性剂量-反应关系意义更大。阴性结果表明在本试验条件下，受试物不引起所用哺乳类细胞的基因突变。

五、注意事项

1. 受试物应在使用前新鲜配制，否则就必须证实储存不影响其稳定性。

2. 用溶剂去稀释溶解受试物时，溶剂必须是非致突变物，并且不与受试物发生化学反应，不影响细胞存活和 S_9 活性，使用时浓度不应大于 0.5%。

3. 细胞在使用前应进行有无支原体污染的检查。

六、思考题

1. 简述 HPRT 位点突变分析的试验过程。

2. 简述体外哺乳动物细胞基因突变试验的实验原理。

实验五十一　小鼠睾丸生殖细胞染色体畸变试验

一、实验目的

1. 掌握评价小鼠睾丸细胞畸形的基本方法，并用 Giemsa 染液染色。
2. 观察小鼠染色体的数目及形态特征。

二、实验原理

睾丸是雄性动物生殖细胞发育和成熟的部位，是产生精子的器官。哺乳动物在性成熟以后，精巢内的性细胞总是在分批分期不断地成熟，因此我们可以获得减数分裂过程中各个时期染色体的标本。用适量的秋水仙素溶液注入动物腹腔内，可以阻止分裂细胞纺锤丝的形成，从而积累大量处于分裂中期的细胞。利用上述原理，通过常规的制片方法，观察小鼠睾丸细胞的染色体。

减数分裂是细胞分裂染色体数减半的过程，在动物中，减数分裂的结果总是在形成配子。一般情况下，细胞核中的染色体是看不见的，但在细胞分裂时，DNA 使得染色体变粗变短，在显微镜下就可以观察到。对于染色体的认知大部分都是通过观察分裂时期的染色体而获得的。每个染色体都有一个溢痕色体型畸变染色体结构损伤，表现为两个染色单体的相同位点均出现断裂或断裂重接。染色单体型畸变是指染色体结构损伤，表现为染色单体断裂或染色单体断裂重接。染色体数目畸变是指染色体数目发生改变，不同于正常二倍体核型，包括整倍体和非整倍体。

三、仪器与试剂

1. 仪器　生物显微镜，离心机，手术剪，镊子，离心管，表面皿，注射器，小漏斗，灌胃针，载玻片，滴管，吸管，纱布，计数板，染色缸，电吹风，擦镜纸，盖玻片（24mm×50mm）等。

2. 试剂　生理盐水，甲醇，0.4%环磷酰胺（4mg/ml），秋水仙素，柠檬酸三钠，甲醇，冰醋酸，氯化钾，磷酸二氢钾，磷酸氢二钠，甘油，氯化钾，柠檬酸钠等。

（1）0.4%秋水仙素：取 40mg 秋水仙素，加生理盐水至 100ml。

（2）1%柠檬酸三钠：取 1g 柠檬酸三钠，加蒸馏水至 100ml。

（3）0.075mol/L 氯化钾溶液：取氯化钾 5.59g，加蒸馏水至 1000ml。

（4）甲醇/冰醋酸（3：1，*V*/*V*）固定液：现用现配。

（5）60%冰醋酸：取 60ml 冰醋酸，加蒸馏水至 100ml，均宜新鲜配制。

（6）pH 6.8 磷酸盐缓冲液

成分：1/15 mol/L 磷酸盐缓冲液（pH 6.8）

　　磷酸二氢钾（KH_2PO_4）4.50g

　　磷酸氢二钠（$Na_2HPO_4 \cdot 12H_2O$）11.81g

　　加蒸馏水至 1000ml

（7）Giemsa 染液

成分：Giemsa 染料 3.8g

　　甲醇 375 ml

　　甘油 125 ml

配制：将染料和少量甲醇于研钵里仔细研磨，再加入甲醇至375ml和甘油，混合均匀，放置37℃恒温箱中保温48h。保温期间，振摇数次，促使染料的充分溶解，取出过滤，两周后用。

（8）Giemsa应用液：取1ml储备液加入10ml pH 6.8磷酸缓冲液。

（9）2.2%柠檬酸钠溶液：称柠檬酸钠（$C_6H_5Na_3O_7 \cdot 2H_2O$）4.4g，加纯化水至200ml。

3. 受试物 根据受试物的理化性质[水溶性和（或）脂溶性]确定受试物所用的溶剂，通常用水、植物油或食用淀粉等。

4. 实验动物 首选小鼠，6～8周龄，动物在实验室中至少应适应5日。实验动物及实验动物房应符合国家相应规定。

四、操作步骤

1. 动物准备 取100只小鼠，雄性，称重后随机分为大、中、小3个受试物剂量组、阳性对照组及阴性对照组，每组20只。小鼠灌胃前禁食，每日给药1次或者1日多次给药1/2、1/10或1/20 LD_{50}剂量，连续5日。当受试物的LD_{50}大于5g/kg体重时，可取5g/kg体重为最高剂量。阳性对照组用环磷酰胺（40mg/kg 体重），腹腔注射5日。阴性对照组灌胃相应的溶剂。试验结束前每组至少有5只存活动物。

2. 取材 于第1次给药后的第12～14日将受试动物处死。处死动物前6h，腹腔注射0.4% 4mg/kg秋水仙素溶液。取出两侧睾丸，去净脂肪，于生理盐水中洗去毛和血污，放入盛有适量2.2%柠檬酸钠溶液的表面皿中。

3. 软化 用眼科镊撕开被膜，剥离内容物置于200目筛网上，用小棒轻轻研磨过筛，分散在5ml软化液中。去除不能通过筛网的大块组织后，转移至10ml离心管内，室温下软化30min，其间每10min用滴管吹打混匀一次。

4. 低渗 以眼科镊撕开被膜，轻轻地分离曲细精管，加入1%柠檬酸三钠溶液 10ml，用滴管吹打曲细精管，室温下静置 20min。

5. 预固定 低渗结束后加入固定液5ml，冰水浴预固定10min后，1500r/min，离心8min。

6. 固定 仔细吸尽低渗液，加固定液（甲醇：冰醋酸=3：1）10ml固定。第一次不超过15min，倒掉固定液后，再加入新的固定液固定20min以上。如在冰箱（0～4℃）过夜固定更好，或者根据实际情况，固定2～3次。

7. 过滤 固定结束以后，固定液用1层擦镜纸过滤，去除大块组织。滤液以1500r/min离心8min。

8. 滴片 离心后，小心吸出上清液，离心管中留少量固定液（一般为0.3～0.5ml，固定液的多少取决于细胞的数量），混匀。将细胞悬液滴于事先冷冻的干净玻片上，每张玻片上滴2～3滴，轻吹细胞悬液扩散平，平铺于玻片上。

9. 染色 用1：10 Giemsa染液（pH 6.8）染色20min（根据室温染色时间不同而定增减时间），染好后用蒸馏水冲洗、晾干。

10. 封片 用滤纸及时擦干玻璃片背面的水滴，再用双层滤纸轻轻按压染片，以吸附玻片上残留的水分，再在空气中晃动数次，以促其尽快晾干，然后放入二甲苯中透明 5min，取出滴上适量光学树脂胶，盖上盖玻片，写好标签。

11. 观察计数 在低倍镜下按顺序寻找背景清晰、分散良好、染色体收缩适中的中期分裂象，然后在油镜下进行分析。由于低渗等机械作用的破坏，会导致处于中期的染色体发生丢失，所以，观察的中期相染色体数目应是 n 对双价体，每只动物至少分析 100 个中期分裂象的初级精母细胞。

12. 染色体数据分析 除了可见到裂隙、短片、微小体外，还要分析互相易位，X、Y 性染色体和常染色体的单价体。

13. 数据处理和结果判断 所得各组染色体畸变率用 χ^2 检验。当各剂量组与阴性对照组相比，畸变细胞率有显著性意义的增加，并有剂量-反应关系时；或仅一个剂量组有显著性意义的增加，经重复实验证实后，可判为实验结果阳性。

五、注意事项

低渗时吹打动作一定要轻，避免破坏细胞。

六、思考题

1. 睾丸生殖细胞染色体畸变试验中，如何描述小鼠染色体的数目及形态特征？
2. 简述睾丸生殖细胞染色体畸变试验的实验过程。

实验五十二　化妆品的小鼠精子畸形试验

一、实验目的

1. 熟悉化妆品致小鼠精子畸形的检测方法。
2. 掌握小鼠精子畸形试验的原理和步骤。

二、实验原理

小鼠精子畸形受基因控制，具有高度遗传性，许多常染色体及 X、Y 性染色体基因突变或某些染色体重排，如性-常染色体易位，都能直接或间接地决定精子形态，从而使精子发生畸形。

精子畸形是指精子的形态改变和畸形精子的数量增多。它是体现生殖细胞基因发生突变的结果，因此形态的改变提示基因及其蛋白质产物的改变。所以精子试验能评价化妆品受试物对精子的生成、发育的影响，可反应受试物在体内对生殖细胞的遗传毒性作用和对生殖细胞的潜在致突变性。

三、仪器与试剂

1. 仪器 生物显微镜，手术剪，眼科镊，注射器，灌胃针，载玻片，滴管，染色缸，擦镜纸，盖玻片等。

2. 试剂 生理盐水，蒸馏水，甲醇，0.4%环磷酰胺（4mg/ml），1%伊红染色液等。

3. 受试物 根据受试物的理化性质（水溶性和/或脂溶性）确定受试物所用的溶剂，通常用水、植物油或食用淀粉等。

4. 实验动物 首选小鼠，6～8 周龄，动物在实验室中至少应适应 5 日。实验动物及实验动物房应符合国家相应规定。

四、操作步骤

1. 染毒　实验前取 100 只小鼠，雄性，称重后随机分为大、中、小 3 个受试物剂量组、阳性对照组及阴性对照组，每组 20 只。小鼠灌胃前禁食，每日给药 1 次或者 1 日多次给药 1/2、1/10 或 1/20 LD_{50} 剂量，连续 5 日。当受试物的 LD_{50} 大于 5g/kg 体重时，可取 5g/kg 体重为最高剂量。阳性对照组用环磷酰胺（40mg/kg 体重），腹腔注射 5 日。阴性对照组灌胃相应的溶剂。实验结束前每组至少有 5 只存活动物。

2. 制片　用颈椎脱臼处死法处死小鼠后，剪开腹腔，分离两侧附睾，用眼科剪剖开附睾组织并剪碎，与适量生理盐水混匀后涂片。

3. 固定　待涂片干燥后，放入甲醇液中固定 5min。取出晾干。

4. 染色　将涂片于 1%伊红染色液染色，然后用蒸馏水轻轻冲洗，晾干。

5. 观察与计数　首先于低倍镜下选择背景清晰、精子分别均匀、重叠较少的区域。然后再于高倍镜下观察结构完整的 1000 个精子，计数其中畸形的精子。对于畸变细胞还应记录显微镜视野的坐标位置及畸变类型。精子畸形主要表现在头部，主要的类型有无钩、香蕉形、无定形、胖头、尾折叠、双头及双尾。无尾精子、头部重叠的或整个与另一个重叠的精子均不计数。判断双头及双尾精子时，要注意与两条精子的重叠部分的区别。

五、注意事项

眼科剪剖开附睾组织并剪碎，尽可能均匀。

六、思考题

1. 计算各组精子畸形的发生率。
2. 绘出镜下精子的畸形的形态。
3. 简述小鼠精子畸形试验的原理和步骤。

实验五十三　化妆品的生殖毒性试验

一、实验目的

1. 了解妊娠小鼠接触化妆品原料致胎鼠畸形的评价方法。
2. 掌握化妆品受试物致畸作用评价的基本方法。

二、实验原理

致畸性是指在胚胎发育期引起胎仔永久性结构和功能异常的化学物质特性。化妆品受试物对生殖细胞和胚胎发育的毒性作用可以导致不育、流产和畸胎的出现。在胚胎发育的器官形成期对妊娠动物给药，测试孕体着床前后直至器官形成期结束的化妆品毒性。在胎鼠出生前将妊娠动物处死，取出胎鼠，检查其骨骼和内脏畸形。观察受精后母鼠的受孕率、死胎、畸胎等，可以评价药物的生殖、发育毒性。

致畸发生的机制多见于：突变、染色体断裂、有丝分裂改变、改变核酸完整性或功能、减少前体或底物的补给、改变膜特性、渗透压不平衡和酶抑制作用等。

三、仪器与试剂

1. 仪器 生物显微镜，组织剪，培养皿，纱布，镊子，测量尺，棕色瓶等。

2. 试剂 生理盐水，维生素 A，甲醛，冰醋酸，0.4%环磷酰胺（4mg/ml），2，4，6-三硝基酚，氢氧化钾，甘油，水合氯醛，茜素红等。

（1）茜素红储备液：茜素红饱和液，50% 乙酸饱和液 5.0ml，甘油 10.0 ml，1%水合氯醛 60.0ml 混合，放入棕色瓶中。

（2）茜素红应用液：取储备液 3～5ml，用（1～2）g/100ml 氢氧化钾液稀释至 1000ml，存于棕色瓶中。

（3）茜素红溶液：茜素红 0.1g，氢氧化钾 10g，蒸馏水 1000ml。

（4）透明液 A：甘油 200ml，氢氧化钾 10g 蒸馏水 790ml。

（5）透明液 B：甘油与蒸馏水等量混合。

（6）固定液（Bouins 液）：2，4，6-三硝基酚（苦味酸饱和液）75 份、甲醛 20 份、冰醋酸 5 份。

3. 实验动物 首选为健康的性成熟小鼠。实验动物及实验动物房应符合国家相应规定。

四、操作步骤

1. "孕鼠"的检出和给受试物时间 取性成熟发情期的雌鼠和雄鼠按 2∶1 同笼，每日晨观察阴栓，查出阴栓的当日定为孕期零日。阴栓是雄鼠精囊与凝固腺分泌液在雌鼠阴道凝结而成的白色块状物，形似米粒，小鼠的阴栓不易脱落，位置较深时用镊子撑开阴道口方能看清。如果 5 日内没查出"受孕小鼠"，应调换雌鼠。

2. 分组 检出的"受孕小鼠"按随机分组。3 个剂量组（高、中、低），以及两组为阳性对照和阴性对照组。高剂量组应有母体毒性反应，或为最大给药量。摄食量的减少、体重增长缓慢或下降、阴道出血、流血等均是毒性反应的表现。低剂量组应为母体和胚胎毒性反应剂量。中间剂量应在高、低剂量组之间，剂量组间距应为几何级数，并能显示微小的毒性差别。也可用 LD_{50} 的 1/5～1/3 为高剂量组，低剂量组用 1/100～1/30 LD_{50}，按等比差在高、低剂量组间插进中间剂量，以期得出最小致畸剂量或最大无作用剂量。

3. 给药方式 在孕期 6～15 日，每日经口给予受试物。阳性对照组腹腔注射 0.4%环磷酰胺（4mg/ml），阴性对照组则腹腔注射等剂量生理盐水。孕鼠在孕期 0 日、6 日、10 日、15 日和 20 日称重，每日密切观察孕期母鼠，有无中毒症状，对有流产或早产征兆者（如见阴道出血），及时处死检查。

4. 孕鼠处死和一般检查 大鼠在分娩前 1～2 日称重后，处死。以防止自然分娩后母鼠吞食畸形仔鼠。剖腹取出子宫和卵巢，称重辨认子宫内的活胎、死胎及吸收数，并从左侧子宫角顶端开始直到右侧子宫顶端，按顺序编号记录；然后检查和记录黄体数。重点记录活胎、早期吸收和死胎数。

活胎：完整成形，肉红色，有自然运动，对机械刺激有运动反应；胎盘红色，较大。

晚死胎：完整成形，灰红色，无自然运动，对机械刺激无反应；胎盘灰红色，较小。

早死胎：紫褐色，未完整成形，无自然运动，胎盘暗紫。

吸收胎：暗紫或浅色点块，不能辨认胚胎和胎盘。

黄体：在卵巢表面呈黄色鱼子状突起，提示孕鼠的排卵数。

5. 活胎鼠的检查　记录每一只胎鼠的体重、体长、尾长、检查胎鼠的外观有无异常，如头部有无脑膨出、露脑、小头、小耳、小眼、无眼和睁眼、兔唇、下颌裂，躯干部有无腹壁裂、脐疝、脊柱弯曲，四肢有无小肢、短肢、并趾、多趾、无趾等畸形，尾部有无短尾、卷尾、无尾，肛门有无闭锁。

6. 胎鼠骨标本的制作与检查　将每窝1/2活的胎鼠放入95%（*V*/*V*）乙醇中固定2～3周，取出胎仔（或可去皮、去内脏及脂肪）流水冲洗数分钟后放入（1～2g）/100ml的氢氧化钾溶液内（至少5倍于胎仔体积）8～72h，透明后放入茜素红应用液中染色6～48h，并轻摇1～2次/日，至头骨染红为宜。再放入透明液A中1～2日，放入透明液B中2～3日，待骨骼染红而软组织基本褪色后，可将标本放在甘油中保存。也可将胎鼠剥皮、去内脏及脂肪后，放入茜素红溶液染色，当日摇动玻璃瓶2～3次，待骨骼染成红色时为止。将胎鼠放入透明液A中1～2日，换到透明液B中2～3日。待胎鼠骨骼已染红，而软组织的紫红色基本褪色后，可将标本放在甘油中保存。（剥皮法）将标本放入培养皿中，用透射光源，在体视显微镜下作整体观察，然后逐步检查骨骼。测量囟门大小、矢状缝的宽度，观察头顶间骨及后头骨缺损情况，然后检查胸骨的数目，缺失或融合（胸骨为6个，骨化不全时首先缺失的是第5胸骨，其次为缺失第2胸骨）。肋骨通常12～13对，常见畸形有融合肋、分叉肋、波状肋、短肋、多肋、缺肋、肋骨中断。脊柱发育和椎体数目（颈椎7个，胸椎12～13个，腰椎 5～6个，底椎4个，尾椎3～5个），有无融合、纵裂等。最后检查四肢骨。

7. 胎鼠的内脏检查　每窝的1/2胎鼠放入Bouins液中，固定两周后作内脏检查。先用自来水冲去固定液，将胎鼠仰放在石蜡板上，剪去四肢和尾巴，用刀片从头部到尾部逐段横切或纵切。按不同部位的断面观察器官的大小、形状和相对位置。

（1）经口从舌与两口角向枕部横切（切面1），观察大脑、间脑、延髓、舌及腭裂。

（2）在眼前面作垂直纵切（切面2），可见鼻部。

（3）从头部垂直通过眼球中央作纵切（切面3）。

（4）沿头部最大横位处穿过作横切（切面4）。

以上切面的目的可观察舌裂、腭裂、眼球畸形、脑和脑室异常。

（5）沿下颚水平通过颈部中部作横切，可观察气管、食管和延脑或脊髓。

以后自腹中线剪开胸、腹腔，依次检查心、肺、横膈膜、肝、胃、肠等脏器的大小、位置，检查结束后将其摘除，再检查肾脏、输尿管、膀胱、子宫或睾丸位置及发育情况。然后将肾脏切开，观察有无肾盂积水与扩大。

8. 统计方法及结果评定　各种率的检查用χ^2检验或*T*检验。结果应能得出受试物是否有母体毒性和胚胎毒性、致畸性，最好能得出最小致畸剂量。为比较不同有害物质的致畸强度，可计算致畸指数，以致畸指数10以下为不致畸，10～100为致畸，100以上为强致畸。为表示有害物对人体危害的大小，可计算致畸危害指数，如指数大于300说明受试物对人危害大，100～300 为中等，小于 100 为危害小。计算公式见式（6-9）、式（6-10）。

$$\text{致畸指数}=\frac{\text{雌鼠LD}_{50}}{\text{最小致畸剂量}}\times 100\% \quad (6\text{-}9)$$

$$\text{致畸危害指数}=\frac{\text{最大不致畸剂量}}{\text{最大可能摄入量}}\times 100\% \quad (6\text{-}10)$$

五、注意事项

1. 解释致畸试验结果时，必须注意种属差异。

2. 实验结果从动物外推到人的有效性很有限。

六、思考题

1. 如何计算小鼠的致畸指数？
2. 计算各组小鼠活胎和死胎的发生率。
3. 描述畸胎形态特点，分别计算各种畸胎的发生率。

第七节　化妆品致癌性试验

实验五十四　化妆品的慢性毒性/致癌性结合试验

一、实验目的

1. 熟悉化妆品慢性毒性试验的试验方法与步骤。
2. 熟练通过动物慢性毒性/致癌性试验评价化妆品的毒性。

二、实验原理

慢性毒性是指动物在正常生命期的大部分时间内接触受试物所引起的不良反应。最大无有害作用剂量是指在一定时间内，受试物按一定方式与机体接触，用现代的检测方法或灵敏的观察指标，未能观察到任何损害作用的最高剂量。慢性有害作用阈剂量是指受试物按一定方式与机体接触，用现代的检测方法或灵敏的观察指标，能够使机体在某项敏感观察指标发生异常所需的最小剂量，即使机体出现毒性反应的最低剂量。

化学致癌物指能引起肿瘤，或使肿瘤发生率增加的化学物。化学物质在体内的蓄积作用，是发生慢性中毒的基础。慢性毒性试验是使动物长期地以一定方式接触受试物引起的毒性反应的试验。当某种化学物质经短期筛选试验证明具有潜在致癌性，或其化学结构与某种已知致癌剂十分相近时，而此化学物质有一定实际应用价值时，就需用致癌性试验进一步验证。

将受试化学物质以一定方式染毒，观察动物的中毒表现，并进行生化指标、血液学指标、病理组织学等检查，以明确该化学物质的慢性毒性。在实验动物的生存期间及死后检查肿瘤出现的数量、类型、发生部位及发生时间，与对照动物相比，以明确此化学物质有无致癌性。

三、仪器与试剂

1. 仪器　胃器，电子天平，吸管，容量瓶，烧杯，棉棒，1ml 注射器，组织剪，眼科镊，鼠笼等。

2. 试剂　苦味酸，蒸馏水，化妆品受试物等。

3. 实验动物　常选大鼠。实验前动物要在实验动物房中环境至少适应 3～5 日。实验动物及实验动物房应符合国家相应规定。选用标准配合饲料，饮水不限制。

四、操作步骤

1. 经口给药　受试物是通过胃肠道吸收的，选用经口途径。把受试物混入饲料中、溶于饮水中，每日连续给药。

2. 经皮给药　与皮肤接触相关的受试物，则选择经皮给药为一个主要途径，并作为诱发皮肤病变的试验模型。

3. 试验前 取100只大鼠，雄雌各半，称重后随机分为3个受试物剂量组及一个空白对照组。高剂量组可以出现某些较轻的毒性反应，但不能明显缩短动物寿命。这些毒性反应可能表现在血清学中酶的水平的改变或体重增加受到轻度抑制（低于10%）。低剂量不能引起任何毒性反应，一般不应低于高剂量的10%。中剂量组应介于高剂量和低剂量之间。通过上述给药方式给药。在试验的前13周内，每周称量体重一次，以后每4周称量一次。在试验的前13周内，每周检查一次动物的食物摄取情况，以后如动物健康状况或体重无异常改变，则每3个月检查一次。

4. 试验期限 一般试验结束在24个月，但对于某些自发率低的肿瘤，大鼠的观察时间可延迟至30个月。若是观察肿瘤以外的病理变化可另设附加剂量组。20只附加剂量组和10只空白对照组的大鼠，持续观察12个月。

5. 临床观察和检查 每日进行一次详细的动物检查情况，记录所有的毒性作用的开始时间及其变化情况，尤其神经系统和眼睛的改变、可能肿瘤出现的部位及死亡情况。

6. 血液学检查 包括红细胞压积、红细胞计数、血红蛋白含量、白细胞计数、血小板或其他血凝功能试验。采血时间设在第3个月、第6个月、以后每隔6个月和实验结束时进行。眶静脉采血各组的20只大鼠。每次采集的血标本均取相同的大鼠。

在实验期间，如果发现大鼠的健康情况出现改变，应对其进行红细胞分类计查。高剂量和对照组动物要进行细胞分类计数。必要时也可对较低剂量组的动物进行细胞分类计数。

7. 尿液分析 收集各组10只大鼠尿样进行分析，最好是在做血液检查的同时进行并取自同一大鼠。分析指标：外观；每个大鼠的尿量和比重、蛋白质、糖、酮体、潜血（半定量）、沉淀物镜检（半定量）。

8. 临床化学检查 每6个月和实验结束时，收集各组每性别的10只大鼠的血液标本进行临床化学检查，尽可能在各个时间间隔内采取相同的大鼠血标本。分离血浆，进行下列指标测定：总蛋白浓度、白蛋白浓度、肝功能试验（如碱性磷酸酶、谷丙转氨酶、谷草转氨酶、γ谷氨酰转肽酶、鸟氨酸脱羧酶）、糖代谢（如糖耐量）、肾功能（如血尿素氮）。

9. 肉眼检查 一般包括下列器官和组织：脑（髓/脑桥，小脑皮质，大脑皮质），垂体，甲状腺（包括甲状旁腺），胸腺，肺（包括气管），心脏，唾液腺，肝，脾，肾，肾上腺，食管，胃，十二指肠，空肠，回肠，盲肠，结肠，直肠，膀胱，淋巴结，胰腺，性腺，生殖附属器官，乳腺，皮肤，肌肉，外周神经，脊髓（颈，胸，腰），胸骨或股骨（包括关节）和眼。肺和膀胱用固定剂填充能更好地保存组织。

10. 组织病理检查 所有的器官或组织（尤其肉眼可见的肿瘤或可疑为肿瘤部位的组织）都应保留以进行镜下检查，特别注意实验过程中死亡动物，详细描述发现的所有病变。

11. 数据处理和结果评价 可通过表格形式显示试验结果、试验各阶段动物组数、出现病变的动物数、病变类型特点等。慢性毒性与致癌合并试验应结合前期试验结果，并考虑到毒性效应指标和解剖及组织病理学检查结果进行综合评价。结果评价应包括受试物慢性毒性的表现、剂量-反应关系、靶器官、可逆性，得出慢性毒性相应的统计学分析。

12. 肿瘤发生率 肿瘤发生率是整个实验结束时，患瘤动物总数在有效动物总数中所占的百分率，计算见式（6-11）。

$$肿瘤发生率=\frac{实验结束时患瘤动物总数}{有效动物总数}\times 100\% \quad (6\text{-}11)$$

13. 致癌试验阳性的判断标准 采用世界卫生组织提出的4条判断诱癌试验阳性的标准。

（1）肿瘤只发生在染毒剂量组动物中，空白对照组无该类型肿瘤。

（2）染毒剂量组与空白对照组动物均发生肿瘤，但剂量组发生率明显增高。

（3）染毒剂量组动物中出现多发性肿瘤明显，对照组中无多发性肿瘤或只少数动物有多发性肿瘤。

（4）染毒剂量组与对照组动物肿瘤的发生率无显著性差异，但染毒组中肿瘤发现的时间较早。

上述4条中，试验组与对照组之间的数据，经统计学处理分析后出现任何一条有显著性差异即可认为该受试物的致癌试验为阳性结果。染毒剂量组和对照组肿瘤发生率差别不明显，但癌前病变差别显著时，则不能否定受试物的致癌性。

14. 致癌试验阴性结果的确立 只有当实验动物为两种种属、两种性别，至少3个剂量水平，其中一个接近最大耐受剂量，每组动物数至少50只，实验组肿瘤发生率与对照组无差异，才算阴性结果。

五、注意事项

1. 在所有大鼠被处死前，应收集血液样品，进行细胞分类计数。
2. 病理检查肉眼和病理检查常常是慢性/致癌性结合试验的基础。

六、思考题

1. 如何确定受试物的致癌试验阴性结果？
2. 致癌试验阳性的判断标准是什么？
3. 慢性毒性/致癌性结合试验的实验原理是什么？

第八节　化妆品毒物代谢动力学试验

实验五十五　化妆品毒物代谢及动力学试验

一、实验目的

1. 从化妆品受试物的吸收、分布、生物转化及排泄的信息中，预测其毒性作用。
2. 从化妆品受试物的基本的代谢动力学参数，了解在组织和（或）器官内是否具有潜在的蓄积性和诱导生物转化的作用。

二、实验原理

代谢是指外源性化学物质在生物体发生化学变化的全过程，而毒物代谢动力学是指定量研究毒物在体内吸收、分布、生物转化、排泄等过程随时间变化的动态规律的学科。生物利用度是指外源性化学物质由染毒部位进入体循环的速度和程度。

三、仪器与试剂

1. 受试物的准备 受试物的纯度不应低于98%。如果采用放射性同位素标记的受试物，其放射程度不应低于 95%，且应将放射性同位素标记在受试物分子的骨架上或具有重要功能的基团上。

2. 实验动物　一般首选大白鼠（每组不应少于 4 只），尽可能选用与其毒理学试验相同的品、系。选择实验动物还应考虑到最好能在同一动物身上取得完整的毒-时曲线。

四、实验步骤

1. 化妆品受试物染毒的方法

1）单次不同剂量染毒：单次不同剂量受试物染毒后，一般选用两个剂量水平，低剂量浓度应低于最大无作用剂量，高剂量浓度应能出现毒性作用或引起动物毒物动力学参数改变，但不会引严重中毒，保证取得完整的毒-时曲线之前动物不会死亡，或不会引起影响试验结果评价的过高死亡率。

不同时间测定血浆或全血中受试物浓度，绘制毒-时曲线或半对数曲线，分析速度类型和动力学模型等基本特征，用残数法或非线性最小二乘归法拟合毒-时曲线，计算毒物动力学参数。

2）低剂量多次重复染毒：多次重复染毒多使用低剂量水平，也可根据需要设置高剂量水平组；于不同时间测定血浆或全血中受试物浓度（或总放射活性强度），与单次染毒相比，确定重复染毒-时毒物动力学特征。

3）放射性同位素标记物：当使用放射性同位素标记的受试物染毒时，应考虑到所用剂量中放射性同位素标记的受试物浓度剂量，防止因放射性损伤所致的动物毒物动力学特征的改变。

2. 化妆品受试物的吸收途径

（1）经消化道吸收

1）一级吸收一级消除模型：经口染毒后，根据血毒-时资料测定受试物经消化道吸收入血的时滞、速度和剂量分数。单位受试物经口染毒常见的是一级吸收一级消除模型。

2）经口染毒后，观察消化道及其内容物中受试物的动态消除过程，估算受试物经消化道的吸收速度和吸收程度；观察肛门静脉、后腔静脉（或颈总动脉）血中受试物或其他代谢产物的浓度，确定有无肝脏首过作用及其程度；测定胆汁中受试物及其代谢产物，向十二指肠灌入受试物其他代谢产物的胆汁后测定血中受试物，确定有无肝-肠循环。

（2）经皮肤吸收

1）经皮肤染毒后，根据血毒-时资料，测定受试物经皮肤吸入血的时滞、速度和剂量分数，必要时还需结合皮下注射。单次经皮肤或皮下注射毒物常见的毒物动力学模型也是一级吸收一级消除。

2）观察受试物或放射性同位素标记从体皮肤表面的消失程、在皮肤的滞留量，研究、估算受试物经皮肤吸收的速度和程度；利用离体皮肤测定受试物穿透皮肤的能力和速度及在皮肤表面蒸发逸散的速度和程度。

（3）经呼吸道吸收：测定吸入气体和呼出气体中受试物的浓度，并根据实验动物的通气量、染毒时间计算呼吸道的收率、吸收速度常数或滞留率、滞留速度常数和吸入染毒剂量；根据血-毒时资料用 Wagner-Nelson 或 Loo-Rieglman 的吸收百分数时间作图法分析受试物。根据血毒-时资料用非线性最小二乘回归法分析拟合毒-时曲线，计算毒物动力学参数。

3. 化妆品受试物的分布

靶向分布模型：根据血毒-时资料，测定与分布速度、广度有关的毒物动力学参数，如分布-速度常数、表观分布容积等。染毒后不同时间处死动物，剖取各主要脏器组织，测定它们的质量、系数、受试物的浓度。计算毒-时曲线下面积。以血液为非靶组织计算各脏器组织的靶向系数、总靶向系数、质量-平均靶向系数或质量-平均总靶向系数，阐明受试物组织分布特征，寻找富集的脏器组织，探讨它们靶器官的关系，判断受试物蓄积的程度、广度和持续时间。

被观察的脏器、组织的种类，至少包括血、心、脑、肝、肾、肺、脾、骨骼肌、脂肪组织和可能的靶器官。对有生殖、胚胎毒性的受试物，还应观察它在生殖器官、胎盘、羊水和胎儿内的分布特征。取样时点不少于 4 个；用整体放射自显影技术，定性、定量观察受试物及其代谢产物在脏器、组织中的动态分布；需要时，测定受试物与血浆蛋白的结合率。

4. 化妆品受试物的生物转化 应采用适当的方法对血、尿、粪、胆汁等生物样品中的代谢产物进行分离、纯化、浓缩、分析、测定和鉴定，从而阐明毒物代谢产物的结构和代谢途径。

5. 化妆品受试物的消除与排泄

（1）根据血毒-时资料，测定与消除速度有关的毒物动力学参数，如消除速率常数、生物半衰期（$t_{1/2}$）、机体总清除率等。

（2）染毒后不同时间连续分段收集尿、粪，必要时还包括胆汁，测定其中的受试物及其代谢产物的量，直到所给剂量的 95%已被消除或在上述收集品中已检测到受试物或检测已长达 7 日为止。从而了解受试物及其代谢产物的排泄途径和速度。

（3）根据血尿中受试物测定资料，测定肾清除率及肾排泄速率常数等。

（4）检测哺乳期授乳动物乳汁中的受试物及其代谢产物，了解它们经乳排泄情况。

6. 样品的采集 观察期要求长于 4.5 个 $t_{1/2}$（95%受试物被消除），不应短于 3 个 $t_{1/2}$（87.5%受试物被消除）。准时采样，每一时相的采集时点应大于 3 个。血样应从动脉采取，总采血量不超过动物血容量的 1/10。尿样采用连续分段集尿法采集，在集尿期中点设采血点，以便计算肾清除率。脏器组织样品应采用放血的方法活杀动物后剖取。

7. 结果

（1）用表格形式汇集试验数据，应包括不同染毒组每只动物的编号、性别、染毒剂量、体重、染毒前后生物材料中受试物及其代谢产物的测定值（或放射活性强度）等原始数据。

（2）计算各剂量上述测定值的均值及标准差。

（3）画出不同染毒条件下的毒-时曲线。

（4）计算不同染毒条件下吸收、分布、代谢转化、消除或排泄有关的各项毒物动力学参数。

（5）对试验数据、曲线拟合的计算结果用适当的统计学方法处理。

（6）对进行生物转化研究的，给出代谢产物的化学结构，并提出代谢途径。

8. 结果评价

（1）根据试验结果，对受试物进入机体的途径、吸收速度和程度，受试物及其代谢产物脏器、组织和体液中的分布特征，生物转化的速度和程度，主要代谢产物的生物转化通路，排泄的途径、速度和能力，受试物及其代谢产物在体内蓄积的可能性、程度和持续时间做出评价。

（2）结合相关学科的知识对各种毒物动力学参数进行毒理学意义的评价。

五、注意事项

1. 染毒途径要尽可能地与人群实际接触的情况相似，最好选用与其他毒理学试验相同的染毒途径，染毒方式也应尽可能相同。可采用经口、经皮或吸入染毒。若要了解受试物的毒物动力学基本特征或为计算血管外途径染毒吸收程度提供参数，应经静脉注射染毒。

2. 经口染毒可采用灌胃、吞服胶囊、随饲料或饮水饲毒的方式进行，应注意这些不同的方式可能给毒物动力学带来的影响。采用饲毒的方式染毒时应注意剂量的准确度。

3. 经皮肤染毒时，应注意染毒面积、染毒密度及实验室温度、湿度、风速等因素对受试物毒物动力学的影响。

4. 吸入染毒时，应尽可能使受试物的实际浓度保持恒定，应控制其日内、日间的变异系数小于20%。

六、思考题

1. 吸入染毒时，为什么要使受试物的实际浓度保持恒定？为什么应控制其日内、日间的变异系数小于20%？

2. 如何评价化妆品毒物代谢及动力学试验的结果？

3. 化妆品毒物代谢及动力学试验的实验原理是什么？

第九节　化妆品亚慢性毒性试验

实验五十六　化妆品亚慢性经口毒性试验

一、实验目的

1. 在估计和评价化妆品原料的毒性时，我们进行亚慢性经口毒性试验可以获得受试物急性毒性资料。

2. 通过试验，我们可获得一定时期内反复接触受试物后引起的健康效应、受试物作用靶器官和受试物体内蓄积能力资料，估计接触的无有害作用水平，后者可用于选择和确定慢性试验的接触水平和初步计算人群接触的安全性水平。

二、实验原理

亚慢性经口毒性是指在实验动物部分生存期内，每日反复经口接触受试物后所引起的不良反应。未观察到有害作用的剂量水平指在规定的试验条件下，用现有的技术手段或检测指标未观察到任何与受试物有关的毒性作用的最大剂量。观察到有害作用的最低剂量水平指在规定的试验条件下，受试物引起实验动物组织形态、功能、生长发育等有害效应的最低剂量。

以不同剂量受试物每日经口给予各组实验动物，连续染毒90日，每组采用一个染毒剂量。染毒期间每日观察动物的毒性反应。在染毒期间死亡的动物要进行尸检。染毒结束后所有存活的动物均要处死，并进行尸检及适当的病理组织学检查。

靶器官是指实验动物出现由受试物引起的明显毒性作用的器官。

三、仪器与试剂

1. **仪器** 体重秤，组织剪，烧杯等。

2. **试剂** 蒸馏水，化妆品受试物等。

3. **受试物** 液体受试物一般不需稀释。若受试物为固体，应研磨成细粉状，并用适量水或者其他介质混匀，以保证受试物与皮肤有良好的接触。常用的介质有橄榄油、羊毛脂、凡士林等。

4. **实验动物** 首选大鼠。一般选用 6～8 周龄的大鼠。动物体重的变动范围不应超出平均动物体重的 20%。若该实验为慢性试验的预备实验，则在两个实验中所用的动物种系应当相同。

四、操作步骤

1. **动物准备** 实验前，取大鼠 80 只，雌雄各半，称重后随机分为低、中、高 3 个受试物剂量组和一个空白对照组，每组 20 只。最高受试物剂量的浓度应在引起中毒效应的前提下又不致造成动物过多死亡。低剂量组应不出现任何毒性作用。中间剂量组应引起较轻的可观察到的毒性作用。若设多个中间剂量组，则各组的灌胃给药的剂量应引起不同程度毒性作用。

2. **给药** 受试物可通过混入饲料或饮水、直接喂饲及灌胃进行染毒。大鼠每周 7 日持续给药。观察时间应至少为 90 日。如果接触水平超过 1000mg/kg 时仍未产生可观测到的毒性效应，而且可以根据相关结构化合物预期受试物毒性时，可以考虑不必进行 3 个剂量水平的全面试验观察。

3. **观察** 观察期间对动物的任何毒性表现均应记录，记录内容包括发生时间、程度和持续时间。观察应至少包括如下内容：皮肤和被毛的改变、眼和黏膜变化、呼吸、循环、自主神经和中枢神经系统、肢体运动和行为活动等改变。应计算每周饲料消耗量（或当通过饮水染毒时的饮水消耗量），记录每周体重变化。

4. **临床检查**

（1）眼科检查：在大鼠给药前后，使用眼科镜对所有实验动物进行眼科检查。

（2）血液检查：在大鼠给药前期、中期、结束及追踪观察结束时应测定红细胞容积、血红蛋白浓度、红细胞数、白细胞总数和分类，必要时测定凝血功能如凝血时间、凝血酶原时间、凝血激酶时间或血小板数等指标。

（3）临床血液生化检查：在大鼠给药前期、中期、结束及追踪观察结束时，检查指标包括电解质平衡、碳水化合物代谢、肝肾功能。可根据受试物作用形式选择其他特殊检查。推荐的指标包括钙、磷、氯、钠、钾、禁食血糖（不同动物品系采用不同的禁食期）、血清谷丙转氨酶、血清谷草转氨酶、鸟氨酸脱羧酶、γ 谷氨酰转肽酶、尿素氮、白蛋白、血液肌酐、总胆红素及总血清蛋白。必要时可进行脂肪、激素、酸碱平衡、正铁血红蛋白、胆碱酯酶活性的分析测定。此外，还可根据所观察到的毒性作用进行其他更大范围的临床生化检查，以便进行全面的毒性评价。

（4）病理检查：所有动物均应进行全面的大体尸检，内容包括动物的外观、所有孔道，胸腔、腹腔及其内容物。肝、肾、肾上腺、睾丸、附睾、子宫、卵巢、胸腺、脾、脑和心脏应在分离后尽快称重以防水分丢失。应将下列组织和器官保存在固定液中，以备日后进行病理组织学检查：所有大体解剖呈现异常的器官、脑（包括延髓/脑桥、小脑和大脑皮质、脑垂体）、甲状腺/甲状旁腺、胸腺、肺/气管、心脏、主动脉、唾液腺*、肝、脾、肾、肾上腺、胰、性腺、子宫、生殖附属器官*、皮肤*、食管、胃、十二指肠、空肠、回肠、盲肠、结肠、直肠、膀胱、前列腺、有代表性的淋巴结、雌性乳腺*、大腿肌肉*、周围神经、胸骨（包括骨髓）、眼*、股骨（包括关节面）*、脊髓（包括颈部、胸部、腰部）*和泪腺*。（*表示只有当毒性作用提示或作为被研究的靶器官时才需要检查这些器官）。

另外对下述器官和组织进行病理组织学检查。

1）所有最高剂量组和对照组动物的重要的和可能受到损伤的器官或组织，如高剂量组动物的器官或组织有病理组织学的病变，则应扩展至其他剂量组的相应器官和组织。

2）各剂量组大体解剖见有异常的器官或组织。

3）其他剂量组动物的靶器官。

5）在追踪观察组，应对那些在受试物剂量组呈现毒性作用的组织和器官进行检查。

5. 试验结果的评价 可通过表格形式总结试验结果，显示试验开始时各组动物数、出现损伤的动物数、损伤的类型和每种损伤的动物百分比。

6. 其他 此外，可另设一个追踪观察组，选用20只动物（雌雄各半），给予最高剂量受试物，染毒 90 日，在全程染毒结束后继续观察一段时间（一般不少于 28 日），以了解毒性作用的持续性、可逆性或迟发毒作用。

五、注意事项

1. 以不同剂量受试物每日经口给予各组实验动物，连续染毒 90 日，每组采用一个染毒剂量。染毒期间每日观察动物的毒性反应。在染毒期间死亡的动物要进行尸检。染毒结束后所有存活的动物均要处死，并进行尸检及适当的病理组织学检查。

2. 若采用灌胃方式染毒，则每时点应相同，并定期（每周）按体重调整染毒剂量，维持单位体重染毒水平不变。

3. 对那些毒性较低的物质来说，当通过饲料染毒时应特别注意确保大量的受试物混入不会对动物正常营养产生影响。

六、思考题

1. 为何实验结束后仍需另设一个追踪观察组？原因何在？
2. 亚慢性经口毒性的实验原理是什么？

实验五十七 化妆品亚慢性经皮毒性试验

一、实验目的

1. 了解化妆品亚慢性经皮毒性的试验设计原则和试验步骤。
2. 熟练评价化妆品受试物经皮渗透性、作用靶器官和慢性皮肤毒性试验剂量。

二、实验原理

亚慢性经皮毒性试验是指在实验动物期间，每日经皮反复接触受试物后所引起的不良反应。未观察到有害作用的剂量水平是指在规定的试验条件下，用现有的技术手段或检测指标未观察到任何与受试物有关的毒性作用的最大剂量。观察到有害作用的最低剂量水平是指在规定的试验条件下，受试物引起实验动物组织形态、功能、生长发育等有害效应的最低剂量。

靶器官是指实验动物出现由受试物引起的明显毒性作用的器官。

三、仪器与试剂

1. 仪器 体重秤，组织剪，烧杯，棉签，无刺激性胶布，纱布等。

2. 试剂 蒸馏水，脱毛剂（10%硫化钠），化妆品受试物等。

3. 受试物 液体受试物一般不需稀释。若受试物为固体，应研磨成细粉状，并用适量水或者其他介质混匀，以保证受试物与皮肤有良好的接触。常用的介质有橄榄油、羊毛脂、凡士林等。

4. 实验动物 首选大鼠，亚慢性试验作为慢性试验的预备试验时，则亚慢性试验和慢性试验两项试验中所采用的动物种系应当相同。动物在试验前至少要在实验室饲养环境中适应 5 日。实验动物及实验动物房应符合国家相应规定。选用标准配合饲料，饮水不限制。

四、操作步骤

1. 动物准备 取大鼠 80 只，雌雄各半，称重后试随机分为 3 个受试物剂量组和一个空白对照组，每组大鼠 20 只。最高剂量组的浓度应在引起中毒效应的前提下，又不会导致过多大鼠死亡。低剂量组以不出现任何毒性作用为佳。中间剂量组应引起较轻的可观察到的毒性作用。若设多个中间剂量组，则各组的染毒剂量应引起不同程度毒性作用。

2. 给药 实验前 24h，将大鼠背部涂药区的被毛剪掉和脱毛后。受试物薄而均匀地涂敷于整个涂药部位。涂药部位的面积不应小于动物体表面积的 10%，若受试物毒性较大，则可相对减小染毒区域的面积，涂药后用无刺激的胶带将受试物固定，防止大鼠舔食，在 90 日试验观察期间，实验动物必须保证每周每日给药。必要时给药前对涂药部位去毛。

3. 临床观察 实验中每日进行一次仔细检查，记录任何毒性表现发生时间、程度和持续时间。包括如下内容：皮肤和被毛的改变、眼和黏膜变化，呼吸、循环、自主神经和中枢神经系统、肢体运动和行为活动等改变。每周大鼠记录体重变化情况。

4. 临床检查

（1）眼科检查：在大鼠涂药后，最好对所有大鼠，至少应对最高剂量组和对照组大鼠，使用眼科镜或其他有关设备进行眼科检查。若发现眼科变化则应对所有动物进行检查。

（2）血液检查：在涂药前期、染毒中期、涂药后及追踪观察结束时应测定红细胞容积、血红蛋白浓度、红细胞数目、白细胞总数和分类，必要时测定凝血功能，如凝血时间、凝血酶原时间、凝血激酶时间或血小板数等指标。

（3）临床血液生化检查：涂药前期、涂药中期、涂药结束及追踪观察结束时进行，检查指标包括电解质平衡、碳水化合物代谢、肝肾功能。指标包括钙、磷、氯、钠、钾、血糖、血清谷丙转氨酶、血清谷草转氨酶、鸟氨酸脱羧酶、谷氨酰转肽酶、尿素氮、白蛋白、血液肌酐、总胆红素及总血清蛋白。必要时可进行脂肪、激素、酸碱平衡、铁血红蛋白、胆碱酯酶活性的分析测定。

（4）病理检查

1）肉眼检查：所有大鼠均应进行全面的肉眼检查，内容包括机体的外观、所有孔道，胸腔、腹腔及其内容物。肝、肾、肾上腺、睾丸、附睾、子宫、卵巢、胸腺、脾、脑和心脏应在分离后尽快称重以防水分丢失。应将下列组织和器官保存在10%甲醛固定液中，进行下一步病理组织学检查：所有解剖呈现异常的器官、脑（包括延髓/脑桥、小脑和大脑皮质、脑垂体）、甲状腺/甲状旁腺、胸腺、肺/气管、心脏、主动脉、唾液腺*、肝、脾、肾、肾上腺、胰、性腺、子宫、生殖附属器官*、皮肤、食管、胃、十二指肠、空肠、回肠、盲肠、结肠、直肠、膀胱、前列腺、有代表性的淋巴结、雌性乳腺*、大腿肌肉*、周围神经、胸骨（包括骨髓）、眼*、股骨（包括关节面）*、脊髓（包括颈部、胸部、腰部）*和泪腺*。（*表示只有当毒性作用提示或作为被研究的靶器官时才需要检查这些器官）。

2）病理组织学检查：应对下述器官和组织进行病理组织学检查。

A. 所有最高剂量组和空白对照组动物的重要器官和可能受到损伤的组织。

B. 各剂量组解剖见有异常的器官或组织。

C. 其他剂量组动物的靶器官。

D. 对追踪观察组，应对那些在剂量组呈现毒性作用的组织和器官进行检查。

5. 结果的处理　可通过表格形式总结实验结果，显示实验开始时各组动物数、出现损伤的动物数、损伤的类型和每种损伤的动物百分比。最后用统计学方法进行评价分析。

6. 其他　此外，另选用20只大鼠（雌雄各半），给予最高剂量受试物，给药90日，试验结束后继续观察一段时间（一般不少于28日），以了解毒性作用的持续性、可逆性或迟发毒作用。

五、注意事项

亚慢性试验作为慢性试验的预备试验时，亚慢性试验和慢性试验两项试验中所采用的动物种系应当相同。

六、思考题

1. 亚慢性经皮毒性试验与慢性经皮毒性试验有何不同?
2. 亚慢性经皮毒性试验的实验原理是什么?
3. 简述亚慢性经皮毒性试验的实验步骤。

第七章

人体化妆品安全性评价检验方法

化妆品是被直接用于人体的皮肤或黏膜上的，因此会出现局部的和全身的不希望出现的副作用。相对于人体暴露，动物试验和替代方法的预测价值是有限的，因此，在志愿者身上进行的皮肤相容性试验，证实化妆品对于人体皮肤或黏膜的安全性，是科学及伦理的需要。

人体特殊用途化妆品主要包括有育发类、健美类、美乳类、防晒类、祛斑类及脱毛类。它们主要的安全性评价检验项目包括有人体皮肤斑贴试验、人体试用试验及人体防晒化妆品防晒指数（SPF）的测定，具体内容主要见表 7-1。

表 7-1 特殊用途化妆品人体安全性评价检验项目

检验项目	育发类	健美类	美乳类	防晒类	除臭类	祛斑类	脱毛类
人体斑贴试验				O	O	O	
人体试用试验	O	O	O				O
人体 SPF 测定				O①			

注：O 表示必须进行此项实验；①产品 SPF 测定需要标注

本章着重对化妆品进行安全性评价检验方法进行说明，共分 3 个实验，分别对化妆品的人体皮肤斑贴试验、人体试用试验、人体防晒化妆品防晒指数（SPF）的测定等进行介绍。

实验五十八　化妆品人体皮肤斑贴试验

一、实验目的

熟练受试物引起人体皮肤不良反应的检测方法。

二、实验原理

当患者因皮肤或黏膜接触致敏原产生过敏后，同一致敏原或化学结构类似、具有相同抗原性物质在接触到体表的任何部位，将很快在接触部位出现皮肤炎症改变，此即变态反应性接触性皮炎。斑贴试验就是利用这一原理，我们将化妆品受试物配制成一定浓度，放置在一个特制的小室内敷贴于人体遮盖部位（常在后背、前臂屈侧），经过一定时间，根据有无阳性反应来确定受试物是否系致敏原（即致敏物质），从而确定受检的化妆品是否能引起人体皮肤不良反应。

三、仪器与试剂

1. 仪器　斑试器。

2. 试剂　化妆品受试物；低致敏胶带。

四、操作步骤

1. 受试者的选择

（1）选择 18～60 岁符合试验要求的志愿者作为受试对象。

（2）不能选择有下列情况者作为受试者。

1）近一周使用抗组胺药或近一个月内使用免疫抑制剂者。

2）近两个月内受试部位应用任何抗炎药物者。

3）受试者患有炎症性皮肤病临床未愈者。

4）胰岛素依赖性糖尿病患者。

5）正在接受治疗的哮喘或其他慢性呼吸系统疾病患者。

6）在近 6 个月内接受抗癌化疗者。

7）免疫缺陷或自身免疫性疾病患者。

8）哺乳期或妊娠妇女。

9）双侧乳房切除及双侧腋下淋巴结切除者。

10）在皮肤待试部位由于瘢痕、色素、萎缩、鲜红斑痣或其他瑕疵而影响试验结果的判定者。

11）参加其他的临床试验研究者。

12）体质高度敏感者。

13）非志愿参加者或不能按试验要求完成规定内容者。

2. 皮肤封闭型斑贴试验

（1）按受试者入选标准选择参加试验的人员，至少 30 名。

（2）选用面积不超过 50mm^2、深度约 1mm 的合格的斑试器材。将受试物放入斑试器小室内，用量为 0.020～0.025g（固体或半固体）或 0.020～0.025ml（液体）。受试物为化妆品产品原物时，对照孔为空白对照（不置任何物质），受试物为稀释后的化妆品时，对照孔内使用该化妆品的稀释剂。将加有受试物的斑试器用低致敏胶带贴敷于受试者的背部或前臂曲屈侧，用手掌轻压使之均匀地贴敷于皮肤上，持续 24h。

（3）分别于去除受试物斑试器后 30min（待压痕消失后）、24h 和 48h 按表 7-2 标准观察皮肤反应，并记录观察结果。

表 7-2　皮肤封闭型斑贴试验皮肤反应分级标准

反应程度	评分等级	皮肤反应临床表现
—	0	阴性反应
±（可疑反应）	1	仅有微弱红斑
+（弱阳性反应）	2	红斑反应；红斑、浸润、水肿、可有丘疹
++（强阳性反应）	3	疱疹反应；红斑、浸润、水肿、丘疹、疱疹；反应可超出受试区
+++（极强阳性反应）	4	融合性疱疹反应；明显红斑、严重浸润、水肿、融合性疱疹；反应超出受试区

五、注意事项

严格控制受试者的纳入标准。

六、思考题

皮肤封闭型斑贴试验皮肤反应分级标准是什么？

实验五十九 化妆品人体试用试验

一、实验目的

掌握化妆品受试物引起人体皮肤不良反应的检测方法。

二、实验原理

人体试用试验不仅能检出化妆品受试物的变应性，而且还能检测出不同强度的刺激性，阳性检出率很高。不同类型的化妆品使用与受试对象，根据人体试用试验皮肤反应分级标准可以得到结果，具有一定代表性。

三、试剂

试剂为化妆品受试物。

四、操作步骤

1. 受试者的选择 选择 18～60 岁符合试验要求的志愿者作为受试对象。不能选择有下列情况者作为受试者。

1）近一周使用抗组胺药或近一个月内使用免疫抑制剂者。

2）近两个月内受试部位应用任何抗炎药物者。

3）受试者患有炎症性皮肤病临床未愈者。

4）胰岛素依赖性糖尿病患者。

5）正在接受治疗的哮喘或其他慢性呼吸系统疾病患者。

6）在近 6 个月内接受抗癌化疗者。

7）免疫缺陷或自身免疫性疾病患者。

8）哺乳期或妊娠妇女。

9）在皮肤待试部位由于瘢痕、色素、萎缩、鲜红斑痣或其他瑕疵而影响试验结果的判定者。

10）参加其他的临床试验者。

11）体质高度敏感者。

12）非志愿参加者或不能按试验要求完成规定内容者。

2. 发类产品 按受试者入选标准选择自愿受试者至少 30 例，按照化妆品产品标签注明的使用特点和方法让受试者直接使用受试产品。每周 1 次观察或电话随访受试者皮肤反应，按表 7-3 皮肤反应分级标准记录结果，试用时间不得少于 4 周。

3. 健美类产品 按受试者入选标准选择自愿受试者至少 30 例，按照化妆品产品标签注明的使用特点和方法让受试者直接使用受试产品。每周 1 次观察或电话随访受试者有无皮肤反应或全身性不良反应如厌食、腹泻或乏力等，观察涂抹样品部位皮肤反应，按表 7-3 皮肤反应分级标准记录结果。试用时间不得少于 4 周。

4. 美乳类产品 按受试者入选标准选择正常女性自愿受试者至少 30 例，按照化妆品产品标签注明的使用特点和方法让受试者直接使用受试产品。每周 1 次观察或电话随访受试者有无皮肤反应或全身性不良反应如恶心、乏力、月经紊乱及其他不适等，按表 7-3 观察涂抹样品部位皮肤反应。皮肤反应分级标准记录结果。试用时间不得少于 4 周。

5. 脱毛类产品 按受试者入选标准选择自愿受试者至少 30 例，按照化妆品产品标签注明的使用特点和方法让受试者直接使用受试产品。试用后由负责医生观察局部皮肤反应，按表 7-3 皮肤反应分级标准记录结果。

6. 驻留类产品卫生安全性检验结果 pH≤3.5 或企业标准中设定 pH≤3.5 的产品 按受试入选标准选择自愿受试者至少 30 例，按照化妆品产品标签注明的使用特点和方法让受试者直接使用受试产品。每周 1 次观察或电话随访受试者有无皮肤反应，按表 7-3 皮肤反应分级标准记录结果。试用时间不得少于 4 周。

表 7-3 人体试用试验皮肤反应分级标准

皮肤反应	分级
无反应	0
微弱红斑	1
红斑、浸润、丘疹	2
红斑、水肿、丘疹、水疱	3
红斑、水肿、大疱	4

五、注意事项

严格挑选本试验的实验人员的纳入标准。

六、思考题

1. 美乳产品的人体试用试验过程是什么?
2. 人体试用试验皮肤反应分级标准是什么?

实验六十 人体防晒化妆品防晒指数（SPF）的测定

一、实验目的

掌握防晒化妆品 SPF 的测定方法。

二、实验原理

紫外线的波长可以分为短波紫外线（UVC）200～290nm、中波紫外线（UVB）290～320nm、长波紫外线（UVA）320～400nm。由于 UVC 被大气臭氧层完全吸收，来自太阳辐射的紫外线只有 UVB 和 UVA。因此，防晒化妆品主要功效体现在对 UVB 和 UVA 上。

防晒化妆品是指含有防晒剂，具有防护紫外线损失的特殊用途化妆品。防晒指数（sun protection factor，SPF）又称日光防护系数，是防晒化妆品保护皮肤避免发生日晒红斑的一种性能指标。所谓日晒红斑也称为紫外线红斑，主要是日光中 UVB 诱发的一种皮肤红斑反应。

最小红斑量（minimal erythema dose，MED）：引起皮肤清晰可见的红斑，其范围达到照射点大部分区域所需要的紫外线照射最低剂量（J/m^2）或最短时间（s）。SPF 计算主要是引起被防晒化妆品防护的皮肤产生红斑所需的 MED 与未被防护的皮肤产生红斑所需的 MED 之比，为该防晒化妆品的 SPF。SPF 值代表了产品的防晒性能，因此防晒化妆品中 SPF 值也常常代表 UVB 的防护效果指标，计算见式（7-1）。

$$\text{SPF}=\frac{\text{使用防晒化妆品防护皮肤的MED}}{\text{未防护皮肤的MED}}\times 100\% \quad (7\text{-}1)$$

三、仪器与试剂

1. 仪器 氙弧灯日光模拟器，必须符合以下条件，并且每年对光源光谱进行一次系统校验。

（1）可产生连续波段 290～400nm 的紫外线。

（2）光源输出经滤光片过滤后，波长小于 290nm 的紫外线应低于 1%。

（3）光源输出经滤光片过滤后，波长大于 400nm 的紫外线应低于 5%。

（4）光源输出应稳定、光线均一，所辐射平面其波动范围应小于 10%。

2. 试剂 化妆品受试物。

四、操作步骤

1. 受试者的选择

（1）选 18～60 岁健康志愿受试者，男女均可。

（2）既往无光感性疾病史，近期内未使用影响光感性的药物。

（3）受试者皮肤类型为Ⅰ型、Ⅱ型、Ⅲ型，即对日光或紫外线照射反应敏感，照射后易出现晒伤而不易出现色素沉着者。

（4）受试部位的皮肤应无色素沉着、炎症、瘢痕、色素痣、多毛等现象。

（5）妊娠、哺乳、口服或外用皮质类固醇激素等抗炎药物或近一个月内曾接受过类似试验者应排除在受试者之外。

（6）按本方法规定每种防晒化妆品的测试人数有效例数至少 10，最大有效例数为 20；每组数据的淘汰例数最多不能超过 5 例，因此，每组参加测试的人数最多不能超过 25 人。

（7）同一受试者参加 SPF 试验的间隔时间不应短于两个月。

2. MED 测定方法

（1）受试者体位：照射后背，可采取俯卧位或前倾位。

（2）样品涂布面积不小于 $30cm^2$。

（3）样品用量及涂布方法：按样品 $2.00mg/cm^2$ 的用量称取样品，使用乳胶指套将样品均匀涂布于试验区内（对于使用乳胶指套涂布均匀难度大的黏性较强产品、粉状产品等可直接使用手指涂布，并注意每次涂布前洗净手指），等待 15～30 日。

（4）预测受试者 MED 应在测试产品 24h 以前完成。在受试者背部皮肤选择一个照射区域，取 5 点用不同剂量的紫外线照射，24h 后观察结果。以皮肤出现红斑的最低照射剂量或最短照射时间为该受试者正常皮肤的 MED。

（5）测定受试样品的 SPF：在试验当日需同时测定下列 3 种情况下的 MED 值。

1）测定受试者的 MED：根据（4）项预测的 MED 值调整紫外线照射剂量，在试验当日再次测定受试者未防护皮肤的 MED。

2）测定在产品防护情况下皮肤的 MED：将受试产品涂抹于受试者皮肤，根据（4）项预测的 MED 和预估的 SPF 确定照射剂量后进行测定。在选择 5 点试验部位的照射剂量增幅时，可参考防晒产品配方设计的 SPF 范围：对于 SPF≤25 的产品，5 个照射点的剂量递增为 25%；对于 SPF＞25 的产品，5 个照射点的剂量递增不超过 12%。

3）测定在标准品防护情况下皮肤的 MED，测定标准样品防护下皮肤 MED，方法同上。

（6）紫外线照射的光斑面积不小于 $0.5cm^2$，光斑之间距离不小于 0.8cm，光斑距涂样区边缘不小于 1cm。

（7）排除标准：进行上述测定时如 5 个试验点均未出现红斑，或 5 个试验点均出现红斑，或试验点红斑随机出现时，应判定结果无效，需调整照射剂量或校准仪器设备后重新进行测定。

（8）SPF 的计算

1）样品对单个受试者的 SPF 值用式（7-2）计算：

$$个体\ SPF=\frac{样品防护皮肤的MED}{未加防护皮肤的MED}\times 100\% \tag{7-2}$$

2）样品防护受试者群体的 SPF 即为该受试者样品的 SPF。

个体 SPF 要求精确到小数点后一位数字，计算样品防护全部受试者 SPF 的算术均数，取其整数部分即为该测定样品的 SPF。估计均数的抽样误差可计算该组数据的标准差和标准误。要求均数的 95%可信区间（95% CI）不超过均数的 17%（如均数为 10，95% CI 应在 8.3 和 11.7 之间），否则应增加受试者人数（不超过 25）直至符合上述要求。

（9）SPF 标准品的制备方法

1）在测定防晒产品的 SPF 时，为保证试验结果的有效性和一致性，需要同时测定防晒标准品作为对照。

2）防晒标准品为 8%胡莫柳酯制品，其 SPF 均值为 4.47，标准差为 1.297。

3）所测定的标准品 SPF 必须位于可接受限值范围内，即 4.47±1.297，所测定的 SPF 可信限内必须包括 SPF 4。

4）标准品的制备见表 7-4。

表 7-4　SPF 标准品的制备表

成分	质量分数（%）
A 相：	
胡莫柳酯（homosalate）	8.00
羊毛脂（lanolin）	5.00
硬脂酸（stearic acid）	4.00
白凡士林（white petrolatum）	2.50
羟苯丙酯（propylparaben）	0.05
B 相：	
水（water）	74.30
丙二醇（propylene glycol）	5.00
三乙醇胺（triethanolamine）	1.00
羟苯甲酯（methylparaben）	0.10
EDTA 二钠（disodium EDTA）	0.05

制备方法：将 A 相和 B 相分别加热至 72～82℃，分别搅拌至全部溶解，在搅拌下将 A 相加入至 B 相中，保温乳化 20min 后降温，至室温时（15～30℃）停止搅拌，出料灌装。

五、注意事项

严格挑选受试者的纳入标准。

六、思考题

1. 人体防晒化妆品防晒指数（SPF）的测定原理是什么？
2. 人体防晒化妆品防晒指数（SPF）的测定步骤是什么？
3. 如何计算人体防晒化妆品防晒指数（SPF）值？

参 考 文 献

曹进，宋钰，黄湘鹭，等. 2011. 化妆品包装材料的安全性检测. 日用化学品科学，34（11）：35-37
曹美龄，徐立，麦琦. 2008. 染发剂中对苯二胺的测定方法研究与改进. 中国卫生检验杂志，18（1）：168-169
陈蓓，李莉，吉文亮. 2010. 高效液相色谱法测定化妆品中二苯酮-2、二苯酮-3与甲氧基肉桂酸乙基己酯. 环境监测管理与技术，22（6）：61-63
陈宇宇，温文忠，李敏，等. 2014. 化妆品防腐剂及其在儿童化妆品的适应性评价. 精细与专用化学品，22（10）：13-15
陈志蓉，高晓譞，刘洋，等. 2011. 高效液相色谱法测定化妆品中的苯氧异丙醇. 日用化学工业，41（4）：310-312
程树军，邹志飞，黄韧. 2006. 化妆品毒性检验壁垒性替代技术的研究进展. 中国比较医学杂志，16，379-382
迟少云，徐慧，王尊文. 2013. 氧化型染发剂中8种染料测定方法的改进. 中国卫生检验杂志，23（6）：1373-1375
崔凤杰，谷婕，张坤，等. 2017. 高效液相色谱法测定化妆品中22种紫外吸收剂. 日用化学工业，47（1）：52-56
邓基伟. 2014. 我国化妆品监管和美国化妆品监管的比较研究. 郑州：郑州大学
高瑞英. 2015. 化妆品质量检验技术. 北京：化学工业出版社
高珊，李国君，李煜，等. 2013. 化妆品安全性毒理学评价. 首都公共卫生，7（1）：39-42
高希青. 2007. 化妆品安全性问题的初步探讨. 日用化学品科学，30（6）：27-29
郭宝岚，赵康峰，治洪，等. 2007. 受检防晒类化妆品样品皮肤损害特点分析. 中国卫生监督杂志，14（4）：267-269
郭瑞娣. 2009. 化妆品防晒剂中二氧化钛的分光光度测定法. 环境与健康杂志，26（11）：1007-1008
国家食品药品监督管理总局. 2015. 化妆品安全技术规范
韩亚红. 2008. 国际化妆品发展趋势——绿色化妆品. 日用化学品科学，31（8）：9-10
贺锡雯. 2003. 离体替代试验方法在毒理学安全性评价中的应用进展. 中国化妆品，（10）：82-83
贾丽，曹英华，冯月超，等. 2012. HPLC-DAD 法测定化妆品中的限用着色剂. 现代科学仪器，6：140-143
姜丽民. 1998. 化妆品中铅、镉测定方法的改进. 甘肃科技，14（1）：34-35
姜禄顺，牛春霞，邢玉平. 2002. 化妆品的毒副作用与安全性评价. 聊城大学学报（自然科学版），15（3）：104-106
赖红梅. 2011. 气相色谱法同时测定化妆品中苯甲醇、苯甲酸及其盐. 中国卫生检验杂志，21（8）：1894-1897
李璐. 2014. 化妆品中抗氧化剂及化妆品塑料包装中双酚A的测定. 长春：吉林大学
李青彬，赵晓军，王香，等. 2006. 化妆品微生物污染状况及其分析. 中国卫生检验杂志，16（2）：245-247
林晓佳，何敏恒，陈晓珍，等. 2017. 高效液相色谱法测定化妆品中7种4-羟基苯甲酸酯. 当代化工，46（6）：1256-1259
刘凤霞. 2014. 化妆品中铅含量的测定方法研究进展. 青岛医药卫生，46（4）：449-451
刘海山，钱晓燕，吕春华，等. 2013. 高效液相色谱法同时测定化妆品中的10种合成着色剂. 色谱，31（11）：1106-1111
刘宪萍. 2010. 浅析我国化妆品质量安全及其标准化工作. 日用化学品科学，33（10）：39-40
吕春华，黄超群，陈梅，等. 2012. 柱前衍生-萃取阻断反应-高效液相色谱法测定化妆品中游离甲醛. 色谱，30（12）：1287-1291
曲宝成，边海涛，毛希琴，等. 2015. 高效液相色谱法测定化妆品中11种二苯酮类紫外线吸收剂. 色谱，33（12）：1327-1332
任国杰，孙稚菁，王灵芝，等. 2017. 彩妆中着色剂的使用情况研究. 香料香精化妆品，1：42-45
孙小颖，李英，刘丽，等. 2009. 高效液相色谱法同时测定化妆品中的9种水溶性着色剂. 色谱，27（6）：852-855
王彩红，刘国霞，阴军英. 2011. 反相高效液相色谱法测定化妆品中的苯甲酸和山梨酸. 化学分析计量，20（4）：51-53
王帆，季思伟，马辰. 2012. 化妆品中二苯酮-2和二苯酮-3的高效液相色谱测定法. 环境与健康杂志，29（1）：69-71
王瑞敏，杜进祥，刘峰，等. 2016. 防晒化妆品中二氧化钛纳米颗粒定量检测的样品前处理研究. 分析试验室，35（11）：1278-1281
王卫华，徐锐锋，张雯迪，等. 2010. 高效液相色谱法测定化妆品中对羟基苯甲酸酯类防腐剂. 中国卫生检验杂志，20（12）：3183-3184
王艳萍，赵虎山. 2002. 化妆品微生物学. 北京：中国轻工业出版社
王志鹏，戚燕，吴松，等. 2011. 防晒类化妆品中二乙氨基羟苯甲酰基苯甲酸己酯的高效液相色谱测定法. 环境与健康杂志，28（2）：160-162
吴海大. 2002. 化妆品及其原料的安全性. 日用化学品科学，25（1）：18-20
吴佩慧，于春媛，刘东红，等. 2016. 化妆品安全风险概述. 首都食品与医药，23（12）：6

杨洋，王莉，卢剑. 2013. 我国化妆品检验技术现状及发展趋势. 日用化学工业，43（1）：68-72

杨悦，尹戎，董丽. 2003. 美国 FDA 药品不良反应监测体系简介. 中国工业医学杂志，16（5）：305-307

杨兆弘. 2011. 染发剂的安全性研究进展. 工业卫生与职业病，（4）：250-253

姚超，吴凤芹，林西平，等. 2003. 纳米技术与纳米材料（Ⅵ）-纳米氧化锌在防晒化妆品中的应用. 日用化学工业，33（6）：393-397

袁李梅，邓丹琪. 2009. 防晒剂的特性及应用. 皮肤病与性病，31（2）：20-23

曾庆梅，张冬冬，杨毅，等. 2007. 食品微生物安全检测技术. 食品科学，28（10）：632-637

张群英. 2013. 化妆品包装材料物质迁移及阻隔性能研究. 广州：华南理工大学

张圣军，邹鹏飞，路万成，等. 2012. 化妆品安全浅析//中国中医美容与体质养颜学术研讨会

张小霞. 2007. 国内外化妆品毒理安全性评价的现状及探讨. 香料香精化妆品，（2）：30-32

张志宽. 2005. 浅析欧美食品安全监管的基本原则. 中国工商管理研究，6：7-10

赵华，陈志蓉. 2011. 化妆品中三氯卡班反相高效液相色谱法检测. 中国公共卫生，27（7）：928-929

赵华. 2014. 化妆品安全和风险控制. 日用化学品科学，（3）：30-33

赵惠清，苏军，李伟，等. 2014. 高效液相色谱法检测化妆品中的三氯生、三氯卡班. 中国卫生检验杂志，24（20）：2915-2917

郑荣，茹歌，王柯. 2015. 柱前衍生-高效液相色谱法测定化妆品中游离甲醛. 香料香精化妆品，6：33-36

郑星泉. 1994. 化妆品卫生检验. 天津：天津大学出版社

中华人民共和国国家质量检验检疫总局. 2002. 中华人民共和国国家标准：化妆品分类（GB/T 18670-2002）. 北京：中国标准出版社

中华人民共和国卫生部. 2010. 中华人民共和国卫生行业标准：牙膏功效评. WS/T 326-2010. 北京：中国标准出版社

中华人民共和国卫生部. 2007. 化妆品卫生规范. 北京：中华人民共和国卫生部

Bernard F X，Barrault C，Deguercy A，et al. 2000. Development of a highly sensitive in vitro phototoxicity assay using the SkinEthic reconstructed human epidermis . Cell Biolo Toxicol，16（6）：391-400

Cario-Andre M，Briganti S，Picardo M，et al. 2002. Epidermal reconstructs：a new tool to study topical and systemi c photoprotective molecules. J Photochem Photobiol B，68（2-3）：79 -87

Duval C, Schmidt R, Regnier M, et al. 2003. The use of reconstructed human skin to evaluat e UV-induced modifications and sunscreen efficacy . Exp Dermatol，2：64-70

Liebsch M，Traue D，Barrabas C，et al. 2000. The ECVAM prevalidation study on the use of EpiDerm for skin corrosivity testing. ATLA，28：371-401

Medina J, Elsaesser C, Picarles V, et al. 2001. Assessment of the phototoxic potential of compounds and fini shed topical poducts using a human reconstructed epidermis. In Vitro Molec Toxicol，14（3）：157 -168

Rodriguez H，O' Connell C，Barker PE，et al. 2004. Measurement of DNA biomarkers for the safety of tissue-engineered medical product s，using artificial skin as a model. Tissue Eng，10（9 -10）：1332 -1345

Skold M，Borje A，Harambasic E，et al. 2004. Contact allergens formed on air exposure of linalool. Identification and quantification of primary and secondary oxidation products and the effect on skin sensitization. Chem Res Toxicol，17（12）：1697 -1705

Toyoshima M，Hosoda K，Hanamura M，et al. 2004. Alternative methods to evaluate the protective ability of sunscreen against photogenotoxicity. J Photochem Photobiol B，73（1-2）：59-66

附　录

附录1　各种金属元素的检出限、定量下限、检出浓度和最低定量浓度

附表1　各种金属元素的检出限、定量下限、检出浓度和最低定量浓度

元素	检出限（μg/L）	最低检出浓度（μg/kg）	定量限（μg/L）	最低定量浓度(μg/kg)
锂（Li）	0.1	5	0.3	15
铍（Be）	0. 04	2	0.13	6.7
钪（Sc）	0.06	3	0.2	10
钒（V）	0.1	5	0.3	15
铬（Cr）	0.3	15	1	50
锰（Mn）	1	50	3.3	167
钴（Co）	0.03	1.5	0.09	4.5
镍（Ni）	0.2	10	0.6	30
铜（Cu）	1.6	80	5.3	267
砷（As）	0.02	1	0.07	3.3
铷（Rb）	0.08	4	0.27	13
锶（Sr）	0.3	15	0.9	45
银（Ag）	0.02	1	0.07	3.3
镉（Cd）	0.02	1	0.07	3.3
铟（In）	0.02	1	0.07	3.3
铯（Cs）	0.02	1	0.07	3.3
钡（Ba）	0.65	32	2.2	108
汞（Hg）	0.02	1	0.07	3.3
铊（Tl）	0.02	1	0.07	3.3
铅（Pb）	0.6	30	1.8	90
铋（Bi）	0.12	6	0.4	20
钍（Th）	0.08	4	0.27	13
镧（La）	0.1	5	0.3	15
铈（Ce）	0.03	1.5	0.09	4.5
镨（Pr）	0.02	1	0.07	3.3
钕（Nd）	0.02	1	0.07	3.3
镝（Dy）	0.02	1	0.07	3.3
铒（Er）	0.02	1	0.07	3.3
铕（Eu）	0.02	1	0.07	3.3
钆（Gd）	0.02	1	0.07	3.3
钬（Ho）	0.02	1	0.07	3.3
镥（Lu）	0.02	1	0.07	3.3
钐（Sm）	0.02	1	0.07	3.3
铽（Tb）	0.02	1	0.07	3.3
铥（Tm）	0.02	1	0.07	3.3
钇（Y）	0.05	2.5	0.15	7.5
镱（Yb）	0.02	1	0.07	3.3

附录 2　每元素推荐测定的同位素

附表 2　每元素推荐测定的同位素

元素	质量数	元素	质量数
Li	7	Hg	202
Be	9	Tl	205
Sc	45	P	208
V	51	Bi	209
Cr	52	Ce	140
Mn	55	Pr	141
Co	59	Nd	146
Ni	59	Sm	147
Cu	63	Eu	153
As	75	Gd	157
Rb	85	Tb	159
Sr	88	Dy	163
Y	89	Ho	165
Ag	107	Er	166
Cd	111	Tm	169
In	115	Yb	172
Cs	133	Lu	175
Ba	137	Th	232
La	139		

附录 3　石棉矿物 X 线衍射数据

石棉矿物 X 线衍射数据列于附表 3-1～附表 3-6，其中 2θ 为衍射角，d 为晶面间距，I/I_0 为衍射峰相对强度，hkl 为衍射指数。

附表 3-1　蓝闪石石棉的 X 线衍射数据

2θ (°)	d (Å)	I/I_0	hkl
10.75	8.23	100	110
18.25	4.85	13	111
19.35	4.46	20	021
19.87	4.45	34	040
23.17	3.84	22	131
26.34	3.38	15	131
29.18	3.05	53	310
33.26	2.69	57	151
34.75	2.57	16	061
35.72	5.22	28	202
31.37	2.85	16	351
37.01	2.43	17	312

续表

2θ (°)	d (Å)	I/I_0	hkl
42.19	2.14	15	261
56.55	1.630	15	461
58.17	1.583	12	153
61.40	1.509	11	263
分子式		$Na_2(Mg.Fe.Al)_5Si_8O_{22}(OH)_2$	
晶系		单斜	

附表 3-2　直闪石石棉的 X 线衍射数据

2θ (°)	d (Å)	I/I_0	hkl
9.52	9.30	25	200
9.90	8.90	30	020
10.68	8.26	55	210
17.50	5.04	14	011
19.74	4.50	25	410
24.33	3.65	35	430
26.53	3.36	30	141
27.50	3.24	60	421
29.18	3.05	100	610
31.45	2.84	40	260
33.45	2.68	30	361
33.39	2.59	30	112
35.33	2.54	40	640
39.02	2.31	20	551
42.25	2.14	30	432
52.08	1.73	30	771
57.13	1.61	30	423
分子式		$(Mg.Fe^{2+})_7Si_8O_{22}(OH)_2$	
晶系		斜方	

附表 3-3　镁铁闪石石棉的 X 线衍射数据

2θ (°)	d (Å)	I/I_0	hkl
9.69	9.12	50	020
10.62	8.30	100	–110
19.48	4.55	40	040
21.42	4.14	40	220
22.97	3.87	30	–131
27.37	3.260	80	–240
29.18	3.060	90	310
32.48	2.754	70	151
34.17	2.623	50	061
35.85	2.504	30	022

续表

2θ（°）	d（Å）	I/I_0	hkl
39.28	2.293	30	–351
41.22	2.190	50	261
44.45	2.038	20	351
55.32	1.659	50	461
56.36	1.631	40	1110
60.82	1.518	40	353
分子式		$(Fe^{2+}.Mg)_7Si_8O_{22}(OH)_2$	
晶系		单斜	

附表 3-4　透闪石石棉的 X 线衍射数据

2θ（°）	d（Å）	I/I_0	hkl
10.55	8.38	100	110
21.10	4.200	35	220
26.36	3.376	40	041
27.24	3.268	75	240
28.54	3.121	100	310
30.41	2.983	40	151
31.90	2.805	45	330
33.07	2.705	90	151
34.56	2.592	30	061
35.46	2.529	40	202
37.79	2.380	30	350
38.49	2.335	30	351
38.76	2.321	40	421
41.74	2.163	35	132
44.98	2.015	45	402
48.09	1.892	50	510
55.71	1.649	40	461
分子式		$Ca_2Mg_5Si_8O_{22}(OH)_2$	
晶系		单斜	

附表 3-5　阳起石石棉的 X 线衍射数据

2θ（°）	d（Å）	I/I_0	hkl
9.77	9.049	37	020
10.49	8.4392	100	110
26.34	3.3858	44	131
28.47	3.1320	54	310
30.36	2.9438	28	151
33.07	2.7108	80	151
34.42	2.5974	30	061
35.38	2.5373	50	202

续表

2θ（°）	d（Å）	I/I_0	hkl
38.37	2.3431	30	351
41.63	2.1663	20	132
44.78	2.0207	16	351
55.52	1.6532	17	461
58.36	1.5797	16	153
分子式		$Ca_2Mg_5Si_8O_{22}(OH)_2$	
晶系		单斜	

附表 3-6 温石棉的 X 线衍射数据

2θ（°）	d（Å）	I/I_0	hkl
12.05	7.36	100	002
19.48	4.56	25	110
24.27	3.66	50	004
34.42	2.604	15	131
35.85	2.500	20	132
36.62	2.451	30	202
43.16	2.093	10	204
48.81	1.828	3	008
60.43	4.531	30	029
分子式		$Mg_{12}Si_8O_{20}(OH)_{18}$	
晶系		单斜	

附录 4 规范性附录

附录 4-1 过氧化氢含量的标定方法

A.1 范围

本附录规定了过氧化氢含量的标定方法。

A.2 过氧化氢含量的测定原理

H_2O_2 分子中含有一个过氧键—O—O—，既可在一定条件下作为氧化剂，又可在一定条件下作为还原剂。在稀 H_2SO_4 介质中，室温条件下 $KMnO_4$ 可将 H_2O_2 定量氧化，反应方程式为

$$5H_2O_2 + 2MnO_4^- + 6H^+ \rightleftharpoons 2Mn^{2+} + 5O_2\uparrow + 8H_2O$$

该反应开始时速度较慢，滴入第一滴后溶液不易褪色，随着反应的进行，生成的 Mn^{2+} 对反应有催化作用，反应速度加快，故能顺利滴定，当滴定到溶液中有稍过量的 MnO_4^- 后，溶液出现微红色显示终点，通过消耗 $KMnO_4$ 溶液的浓度和体积，可以计算过氧化氢的含量。

A.3 试剂和溶液

A.3.1 硫酸溶液，取 10ml 浓硫酸缓慢加入 150ml 水中，边加入边搅拌，然后摇匀，备用。

A.3.2 高锰酸钾标准滴定溶液，0.1mol/L。

A.3.2.1 高锰酸钾标准溶液的配制

称量 1.0g 固体 $KMnO_4$，置于大烧杯中，加水至 300ml（由于要煮沸使水蒸发，可适当多加些水），煮沸约 1h，静置冷却后用微孔玻璃漏斗或玻璃棉漏斗过滤，滤液装入棕色细口瓶中，贴上标签，一周后标定。保存备用。

A.3.2.2 高锰酸钾标准溶液的标定

准确称取 0.13～0.16g 基准物质 $Na_2C_2O_4$ 三份，分别置于 250ml 的锥形瓶中，加约 30ml 水和 3mol/L H_2SO_4 10ml，盖上表面皿，在石棉铁丝网上慢慢加热到 70～80℃（刚开始冒蒸气的温度），趁热用高锰酸钾溶液滴定。开始滴定时反应速度慢，待溶液中产生了 Mn^{2+}后，滴定速度可适当加快，直到溶液呈现微红色并持续半分钟不褪色即终点。根据 $Na_2C_2O_4$ 的质量和消耗 $KMnO_4$ 溶液的体积计算 $KMnO_4$ 浓度。用同样方法滴定其他两份 $Na_2C_2O_4$ 溶液，相对平均偏差应在 0.2%以内。

A.4 仪器和设备

酸式滴定管，50ml。

A.5 实验步骤

称取 0.3g 过氧化氢（精确到 0.0001g），置于 250ml 锥形瓶中，加入 20～30ml 水，振摇，加入 100ml H_2SO_4 溶液，振摇，用 $KMnO_4$ 标准溶液[c（1/5KMnO$_4$）=0.1mol/L]滴定至微红色，半分钟内不褪色为终点。记录消耗 $KMnO_4$ 溶液的体积，平行测定 3 次，极差应小于 0.1ml，根据 $KMnO_4$ 标准溶液浓度和消耗的体积，计算过氧化氢的含量。

A.6 计算公式

过氧化氢质量分数按下式计算

$$\omega=\frac{V\times c\times 17.01}{m\times 10^3}\times 100$$

式中，ω——过氧化氢的质量分数，%；V——高锰酸钾标准滴定溶液的体积，ml；c——高锰酸钾标准滴定溶液的浓度，mol/L；17.01——过氧化氢的摩尔质量[M（1/2 H_2O_2）]，g/mol；m——样品取样量，g。

附录 4-2 橙黄 I 阳性结果的确证

如检出橙黄 I 阳性样品，需经液相色谱-三重四级杆质谱法进行确证。

A.1 前处理过程见样品处理

A.2 参考色谱条件

色谱柱：C_{18} 柱（100mm×2.1mm×1.7μm）或等效色谱柱。

流动相 A：乙腈。

流动相 B：20mmol/L 乙酸铵水溶液（用氨水调节 pH=8.0）。

流动相梯度洗脱程序：见附表 4-1。

附表 4-1 流动相梯度洗脱程序表

时间（min）	V（流动相 A）（%）	V（流动相 B）（%）
0.0	5	95
3.0	5	95
6.0	30	70
6.01	5	95
8.0	5	95

流速：0.3 ml/min。

柱温：30℃。

进样量：2 μl。

A.3 参考质谱条件

离子源：电喷雾离子源（ESI）。

扫描方式：负离子扫描。

监测方式：多反应监测模式（MRM）。

干燥气：N_2。

碰撞气：Ar。

雾化器温度：250℃。

雾化器气流：3.0L/min。

干燥气气流：15L/min。

离子化电压：3.5kV。

脱溶剂气温度：250℃。

加热块温度：400℃。

碰撞气电压：230kPa。

A.4 定性

用液相色谱-三重四级杆串联质谱仪进行样品定性测定，如果样品中橙黄Ⅰ的色谱峰保留时间与浓度相近标准工作溶液相一致（变化范围在±2.5%之内），并且在校正背景后样品的质谱图中，所选择的检测离子均出现（见附表 4-2），而且样品中所选择的离子对相对丰度与标准样品的离子对相对丰度相一致（离子相对丰度比见附表 4-3），相对丰度偏差符合附表 4-3 要求，则可以判断样品中存在橙黄Ⅰ。

附表 4-2 母离子、特征碎片离子、裂解电压及碰撞能

待测物/母离子（*m/z*）	碎片离子（*m/z*）	碰撞能（*V*）	碎片离子丰度比
橙黄Ⅰ/327	171	21	27.8%
	156	32	

附表 4-3 相对离子丰度的最大允许偏差

相对离子丰度（*k*）	*k*>50%	50 %≥*k*>20%	20%≥*k*>10%	*k*≤10%
允许的最大偏差	±20%	±25%	±30%	±50%

A.5 检出限

本实验方法对橙黄Ⅰ的检出浓度为1.0μg/g。